U0173058

极端干旱区多年生荒漠植物微生物生态学

曾凡江　张志浩　薛　杰　著

科学出版社

北　京

内 容 简 介

本书采用分子生物学与土壤生态学相结合的研究手段，以极端干旱区典型的多年生荒漠植物疏叶骆驼刺、花花柴、头状沙拐枣、多枝柽柳及与它们根相关的微生物群落为研究对象，系统总结了根际微生物群落的垂直分布特征、根相关微生物群落的构建过程、微生物与凋落物分解的内在联系、豆科植物根瘤菌的海拔分布格局、豆科与非豆科植物种间互作的微生物学过程等方面的研究成果。本书将有助于深入理解荒漠植物的逆境适应策略，并为区域退化植被的有效保护和稳定修复提供翔实的科学数据。

本书可供微生物生态学、植物生态学及其他相关专业的本科生、研究生、科研人员，以及关注深根植物、植被修复的各级生产和管理人员参考。

图书在版编目(CIP)数据

极端干旱区多年生荒漠植物微生物生态学/曾凡江，张志浩，薛杰著. 一北京：科学出版社，2023.8

ISBN 978-7-03-076093-7

Ⅰ. ①极… Ⅱ. ①曾… ②张… ③薛… Ⅲ. ①干旱区-荒漠-多年生植物-微生物生态学 Ⅳ. ①Q945.48

中国国家版本馆 CIP 数据核字(2023)第 140284 号

责任编辑：韩学哲 孙 青/责任校对：宁辉彩

责任印制：赵 博/封面设计：刘新新

科学出版社 出版

北京东黄城根北街 16 号

邮政编码：100717

http://www.sciencep.com

北京天宇星印刷厂印刷

科学出版社发行 各地新华书店经销

*

2023 年 8 月第 一 版 开本：720×1000 1/16

2024 年 1 月第二次印刷 印张：12 1/4

字数：243 000

定价：158.00 元

(如有印装质量问题，我社负责调换)

前　言

干旱区降水稀少、土壤贫瘠、蒸发强烈、风沙频繁，生态系统脆弱，生态问题突出。荒漠植物在长期的演化过程中，形成了多种适应机制。在年均降水量小于 100 mm 的极端干旱区，多年生荒漠植物大多是深根性植物和高根冠比植物，其根系可直接利用地下水（深达 5～15 m），地下生物量通常是地上生物量的十几倍甚至几十倍。这些植物是荒漠-绿洲过渡带的优良防风固沙植物和优质饲草植物，在维持区域荒漠生态系统稳定、保障绿洲生态安全、促进畜牧业发展等方面发挥着重要的作用。然而，随着气候变化（特别是降水格局变化）和人类活动影响的加剧，荒漠-绿洲过渡带在逐渐退缩、地下水位明显下降，绿洲近外围的多年生荒漠植被出现了很大程度的退化。因此，阐明极端干旱区多年生优势荒漠植物的退化机制、修复过程和维持策略，将为区域退化荒漠生态系统的有效保护和合理利用提供重要的科学依据，进而为区域经济社会发展和生态环境建设提供重要的技术支撑。

在植物的体内、体表和周围土壤中栖息着大量且丰富的微生物，包括细菌、古菌和真菌等，它们的定殖和所提供的服务对植物的生存至关重要。根际是植物根表面 2 mm 内的区域，是植物与微生物相互作用的关键场所。根际中的有益微生物通过生物固氮、无机磷溶解以及产生铁载体、植物激素、抗生素等途径帮助宿主植物获得水分和养分，以增强其防御力，进而调控宿主植物对生物和非生物胁迫的响应。反过来，植物通过释放根系分泌物从周围非根际土壤中选择有益微生物到达根际，提高它们在根系定殖中的竞争力。一小部分根际微生物还可以进入根内部组织，建立植物内生微生物群落。这些与根相关的有益微生物显示出巨大的应用潜力。在过去的 20 年里，高通量测序技术的应用较为全面地表征了微生物群落多方面的特性，极大地促进了当前对植物-微生物相互作用关系的理解和应用。目前，许多学者已经表征出拟南芥（*Arabidopsis thaliana*）、小麦（*Triticum aestivum*）、水稻（*Oryza sativa*）等模式植物或作物相关的微生物群落，厘清了这些微生物群落的构建机制，揭示了微生物在宿主植物适应环境变化过程中所发挥的生态功能，从中筛选出的有益菌株表现出了促进植物生长的优良特性，部分菌株实现了规模化应用。由此可以推断，除自身生理调节外，荒漠植物对极端生境的适应也部分源自其相关的微生物群落，而相关的研究较少。

干旱区优势荒漠植物的多样性低且稳定性差，当前对这些植物在生存和维持过程中与微生物的相互作用关系及其关键驱动因素的研究尚少。加之根系分布普遍较深的特点，使干旱区荒漠植物的微生物生态学过程的研究成为荒漠植物逆境适应机制和荒漠生态系统碳汇功能稳定维持机制等研究中的瓶颈和最不确定的因素。多年生荒漠植物微生物群落的物种组成、多样性和构建过程是怎样的？它们与宿主植物的生长发育阶段和功能性状的关联关系如何？它们在宿主适应环境变化过程中执行了哪些关键的生态学功能？哪些主要因素驱动了它们的变化？针对这些问题，本研究从微生物群落的物种组成谱和功能丰度谱及其与环境因素的内在关联关系入手，对极端干旱区典型的多年生荒漠植物的微生物生态学过程进行了详细探讨。对这些关键科学问题的回答将有助于深入理解干旱区荒漠植物的逆境适应策略，同时将为区域退化植被的有效保护和稳定修复提供翔实的科学数据。

本研究依托中国科学院新疆生态与地理研究所荒漠与绿洲生态国家重点实验室、新疆策勒荒漠草地生态系统国家野外科学观测研究站（简称策勒国家站）和新疆荒漠植物根系生态与植被修复重点实验室等平台，由新疆生态环境变化评估项目、新疆维吾尔自治区自然科学重点基金项目（2021D01D02）、国家重点研发计划项目（课题）（2022YFF1302504）、国家自然科学基金面上项目（41977050）、国家自然科学基金委-新疆联合基金培育项目（U1903102）、国家自然科学基金委-新疆联合基金重点支持项目（U1203201；U1603233）共同资助完成。

在以上项目的资助下，本研究采用微生物生态学、分子生物学、植物生理生态学、土壤生态学相结合的实验研究方法，综合野外研究、定位实验、数值模拟等手段，以极端干旱区典型的多年生荒漠植物疏叶骆驼刺（*Alhagi sparsifolia* Shap.，简称骆驼刺）、花花柴[*Karelinia caspia*（Pall.）Less.]、头状沙拐枣（*Calligonum caput-medusae* Schrenk）、多枝柽柳（*Tamarix ramosissima* Ledeb.）及与它们根相关的细菌和真菌群落为研究对象，解析了根际生境和微生物群落在土壤剖面上的垂直分布特征，探究了根相关微生物群落的构建过程及对土壤资源变化的响应机制，明确了不同土壤深度微生物与凋落物分解的内在联系，揭示了豆科植物根瘤菌的海拔分布格局，厘清了豆科与非豆科荒漠植物种间互作的微生物学过程。本研究旨在从微生物生态学的角度为多年生荒漠植物耐极端生境的机制研究提供理论依据，期望为干旱区微生物种质资源库的挖掘和同行的研究提供参考。

全书共 8 章，各章节编写分工如下：第 1 章，曾凡江、张志浩、薛杰；第 2 章，曾凡江、高欢欢、张志浩；第 3 章，张志浩、曾凡江、薛杰；第 4 章，张志浩、曾凡江、薛杰；第 5 章，曾凡江、郭平林、张志浩；第 6 章，曾凡江、庞金凤、张志浩；第 7 章，张志浩、曾凡江、薛杰；第 8 章，曾凡江、张志浩、薛杰。

本研究得到了中国科学院新疆生态与地理研究所李向义、桂东伟、高霄鹏研究员，李利、李磊、鲁艳、黄彩变、张波、买尔当·克依木、唐钢梁、Akash Tariq、

Waqar Islam 副研究员，热甫开提·沙比提、林丽莎工程师，王鹏、刘维、托合提热介甫·图尔苏、张蓉蓉、朱玉荷、张爱林等工作人员的热情帮助与指导。博士研究生柴旭田、高艳菊、杜艺、张玉林、丁雅、赵广兴、丛孟菲、昌晶晶、Abd Ullah、于成龙，硕士研究生马兴羽、宋佼阳、齐艳莹、张晴晴等参与了本书的校对和修改工作。此外，美国沙漠研究所 Henry Sun 教授，临沂大学刘波教授等单位和同仁也为本书的出版给予了大力支持和帮助，在此一并表示感谢！

鉴于作者的能力和水平有限，研究工作中还存在许多不足之处，在写作中难免会出现疏漏，敬请各位专家、同行批评指正，恳请读者提出宝贵批评意见。

作　者

2022 年 12 月

目　　录

第1章　绪　　论

1.1　荒漠生态系统的环境特征与荒漠植物的逆境适应策略

干旱与半干旱区约占地球陆地面积的 40%（IPCC，2021）。按照联合国环境规划署的定义（UNEP，1992），根据干旱指数（aridity index，AI，年均降水量与年均潜在蒸发量的比值）的梯度，将干旱与半干旱区划分为极端干旱区（AI<0.05）、干旱区（0.05<AI<0.20）、半干旱区（0.20<AI<0.50）和半湿润半干旱区（0.50<AI<0.65）。这些生态系统最突出的特征是降水稀少、潜在蒸发量大。除此之外，温度的极端波动、土壤养分含量偏低、紫外线辐射强等因素极大地限制了荒漠植物的生长（图 1.1）。

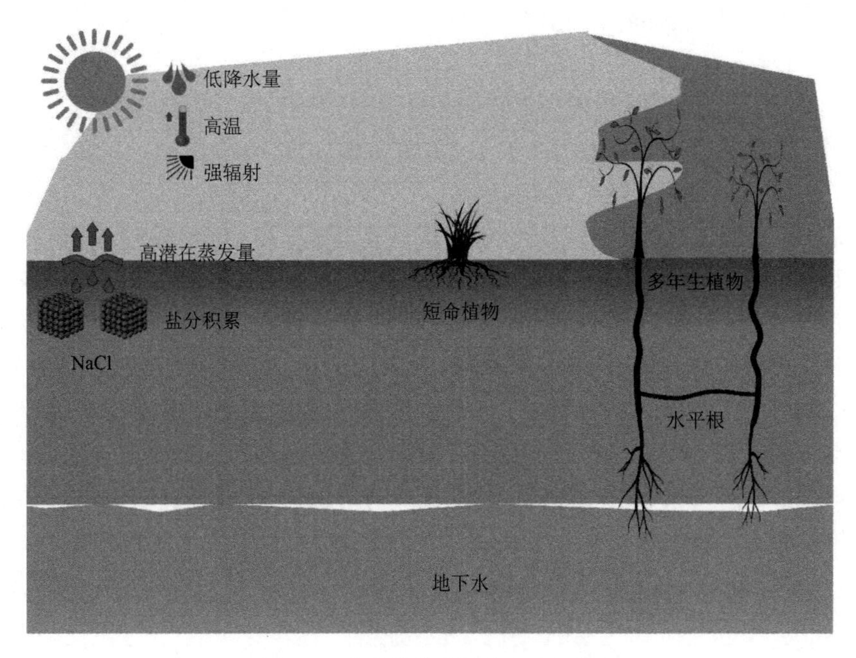

图 1.1　荒漠植物所处的生存环境

荒漠植被由短命的一年生植物或肉质（茎或叶肉质化）多年生植物，以及非肉质多年生植物（灌木、草本植物和乔木等）组成（Alsharif et al.，2020）。极端的环境条件使这些荒漠植物在长期的演化过程中拥有了独特的适应机制，主要包括降低气孔导度、改变叶片反射率和方向、增厚蜡质层、积累酚类化合物和渗透调节物质、激活抗氧化防御体系、光呼吸、景天酸代谢（CAM）、热激蛋白的表达、形成根鞘（草本植物）、种子休眠（一年生植物）、发达的根系（多年生植物）等形态和生理调节（Makhalanyane et al.，2015）。其中，短命植物与多年生植物在适应策略上最大的区别在于对地上和地下生物量的相对投资。为适应干旱环境，多年生荒漠植物的根系比短命植物更发达，地下部分的生物量通常是地上部分的十几倍甚至几十倍。相反，短命植物的根冠比要小得多。例如，在我国极端干旱区广泛分布的骆驼刺，其根系平均分布深度为15～20 m，而地上部分只有80 cm左右，地下部分生物量是地上部分生物量的70倍（Liu et al.，2013）。在夜间，多年生荒漠植物利用深根将白天吸收的水分释放到浅层土壤中，为浅根系植物提供了水分来源（Caldwell et al.，1998），促进了整个群落的繁荣，共同维持了荒漠生态系统的稳定（图1.1）。因此，这种对根系生物量的大量投资赋予了多年生荒漠植被极强的抵御贫瘠土壤和极端干旱的能力，使它们成为防风固沙先锋植物和优质饲草，在维持荒漠生态系统稳定、保障绿洲生态安全、促进农牧民增收方面发挥着重要作用（Zhang et al.，2020b）。

1.2 荒漠植物微生物生态学的研究意义

植物并非独立的实体，与动物类似，植物与其相关的微生物群落之间也存在复杂的相互作用，共同组成一个独特的生态单元，称为共生功能体（Vandenkoornhuyse et al.，2015）。具有植物生长促进（plant growth promoting，PGP）特征的微生物与植物宿主的协同作用能够扩展宿主的基因组和代谢能力，提供一系列必要的生命维持功能，如营养获取、免疫调节和生物或非生物抗性等（Bever，1994；Bever et al.，2010；Schnitzer et al.，2011；Fitzpatrick et al.，2018），有利于共生功能体的适应性和表型可塑性。植物微生物群落与其提供的功能在胁迫和环境刺激下会发生变化，这种变化并非是植物的被动反应，而是在数百万年的共同进化过程中，植物通过主动寻求与微生物的合作对抗胁迫的表现（Durán et al.，2018）。鉴于植物微生物群落的重要性，人们越来越期望通过模拟和管理植物与微生物间的相互作用以发展绿色农业和修复退化植被，但目前我们对植物微生物群落的认识仍处于起步阶段。

生物多样性和功能在时间和（或）空间上形成的过程被称为群落组装（或称装配，assembly）（Graham et al.，2017；Xun et al.，2019），分为确定性和随机性过程（Tripathi et al.，2018）。微生物通过环境的水平传播和宿主亲本的垂直传播组装到植物的表面和内部，这些过程涉及物种组成和丰度的动态变化，以及不同生态位形成。根系是植物养分输出的主要器官，为附近的微生物提供了碳（C）和能量来源，维持了一个由非根际土（bulk soil）-根际土（rhizosphere soil）-根内（endosphere）微生物组成的具有一定功能和结构的复杂食物网，共同组成植物的根系微生物群落（root-associated microbial community）（图 1.2）。根系微生物群落是研究植物与微生物相互作用的理想模型（Edwards et al.，2015）。大量基于模式植物和经济作物的研究表明，植物首先通过根部的分泌活动吸引非根际微生物到达根际（Jones et al.，2009；Hirsch and Mauchline，2012），随后在根表面被进一步选择，最终进入根内（van der Heijden and Schlaeppi，2015）。根际中的有益微生物通过生物固氮、无机磷溶解以及产生铁载体、植物激素、抗生素等途径帮助宿主植物获得水分和养分，以增强其防御力，进而调控宿主植物对生物和非生物胁迫的响应。一些具有固氮功能的微生物可以在豆科植物根部结瘤并将空气中的氮气转化为氨态氮，供豆科植物生长发育。利用豆科植物的生物固氮作用，将其与非豆科植物间作可以促进非豆科植物对氮素的吸收，提高土壤肥力和单位土地的生产力（陈莹等，2022）。因此，揭示植物根系微生物群落的组装机制，探究其群落功能，有助于深入理解植物与微生物的共生关系以及植物的生存策略。

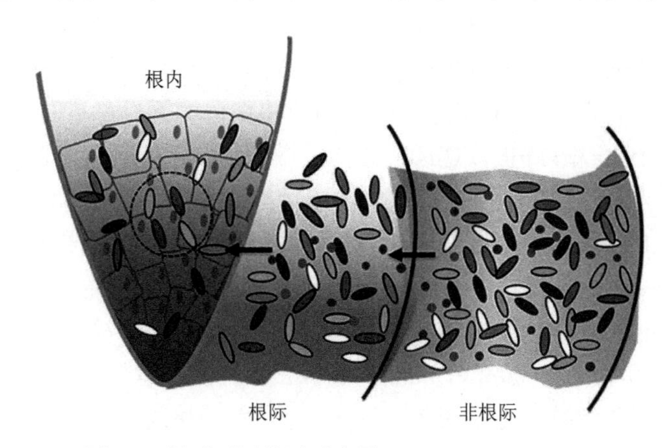

图 1.2 根系不同分区示意图（Chen et al.，2018）

根系微生物群落的组装过程受多种生物和非生物因素的共同影响，包括宿主的生长发育阶段、宿主的功能性状、土壤理化性质和地理因素等（Chen et al.，2018，2019）。例如，在植物生长发育早期定植的微生物具有优先效应（Fukami and Tadashi，2015），通过分泌抗生素、挤占生态位和调控宿主免疫系统排斥后来的微生物类群。同时，这种优先效应会随着宿主的生长发育得到不断强化，并且可以稳定地遗传给后代（Morella et al.，2020）。这为植物遗传育种改良提供了捷径，在实现期望的植物表型的同时大大缩短了育种年限（Toju et al.，2018）。

尽管荒漠生态系统的初级生产力不及水分和养分状况较好的其他生态系统，且更加脆弱，对环境变化更为敏感，但荒漠植物和其根系微生物分别具有各自独特的生态位和适应性特征，在干旱、高温、高辐射、低资源有效性的恶劣环境中协同进化（Martirosyan et al.，2016）。因此，荒漠植物对极端生境的适应部分源自其相关的微生物群落。由于荒漠植被稀疏、多样性低，与荒漠植物相关的微生物群落的物种组成、多样性、生态功能及关键驱动因素的研究相对有限，对上述知识的补充将有助于深入理解荒漠植物与微生物的共生关系，揭示荒漠植物的适应机制，为区域退化荒漠生态系统的有效保护和合理利用提供重要的科学依据，进而为区域经济社会发展和生态环境建设提供重要的技术支撑。

1.3　荒漠植物微生物生态学的研究进展

植物的根、茎、叶、花、种子和果实等为微生物提供了大量的栖息地（Compant et al.，2005；Maestre et al.，2012；Rosier et al.，2016）。它们在帮助宿主应对荒漠恶劣生境方面发挥了重要作用。然而，与经济作物相比，荒漠植物与微生物间的互作关系还没有得到充分研究（Zhang et al.，2022）。

现有的研究表明，影响荒漠植物微生物群落组装的因素包括宿主根系分区和土壤因素。骆驼刺在30天和多年生阶段细菌和真菌群落显著不同于60天至2年生阶段。沿着土壤-根际-根内连续体方向，微生物α多样性逐渐降低，而群落异质性逐渐增大，显示出明显的宿主选择效应。在群落构建过程方面，30天（41.21%）和多年生（46.83%）阶段，以及根际微生物群落（46.90%）的构建以同质性选择为主（Zhang et al.，2022a，2022b）。Citlali等（2016）发现生态位适应是影响墨西哥不同地区的两种仙人掌科（Cactaceae）植物龙神柱（*Myrtillocactus geometrizans*）和壮干仙人掌（*Opuntia robusta*）不同生态位（根内、根际和叶际等）中微生物群落组装的主要因素，这与其他荒漠多肉植物的微生物群落组成相似；同时，从这两种植物的种子中分离得到的有益菌株表现出耐干旱的优良特性。与具有浅根系的仙人掌科不同，Marasco等（2018）则认为随机性过程和土壤因素主导了纳米布沙漠多年生荒漠深根植物 *Stipagrostis sabulicola*、*Stipagrostis seelyae* 和 *Cladoraphis spinosa* 根鞘–根系统（rhizosheath，通过根毛、菌丝和黏液作用附着在根上的土壤，是部分荒漠旱生植物的适应性特征）中微生物群落的演替过程，而非植物类型。骆驼刺作为固氮植物与花花柴的种间互作能显著改变根际和非根际微生物的群落结构，并招募更多的关键类群（keystone），使根际微生物网络更加复杂，并提高非根际网络的模块化和稳定性（Zhang et al.，2021a）。土壤水分和氮素的变化能显著改变骆驼刺根际真菌的群落结构，而对细菌的影响不显著；氮素添加和干旱胁迫能够提高骆驼刺根际微生物互作网络的复杂性及对资源变化的反应速度（Zhang et al.，2021b）。风积土和灰漠土是荒漠生态系统中两种典型的土壤，它们在理化性质上的差异（如盐分和土壤有机碳等）显著影响了荒漠植物的生长和相关微生物的群落结构（Peng et al.，2023）。

目前，虽然已有一些研究探讨了荒漠植物与微生物群落间的关系，但关于多年生荒漠植物根际生境和微生物群落在土壤剖面上的垂直分布特征，根相关微生物群落的构建过程及对土壤资源变化的响应机制，不同土壤深度微生物与凋落物分解的内在联系，荒漠豆科植物根瘤菌的海拔分布格局，豆科与非豆科荒漠植物种间互作的微生物学过程等方面的研究仍十分有限，值得深入研究。

1.4　微生物生态学的研究方法

微生物生态学研究的首要目标是分析特定环境中微生物的组成及其变化特征。然而，利用精度低的分析方法很难推断出微生物群落组装的一般原理。

由于可被人为培养的微生物占很小比例（<1%），从而使得对特定环境中微生物群落结构的分析受到很大限制。基于传统的纯培养方法对微生物的分辨能力低，分子生物学的方法提供了一种不依赖培养的途径，可以在很大程度上挖掘出微生物群落的结构及其在生态系统中的功能（温学发，2020）。利用分子生物学技术可以直接对环境样品中的原核微生物核糖体 RNA（rRNA）和真核微生物内转录间隔区（internal transcribed spacer，ITS）基因中特定的序列区域进行扩增子测序，普查群落的物种组成，掌握其多样性和变化规律（高贵锋和褚海燕，2020）。目前，大多数微生物生态学的研究集中在特定环境中微生物的物种组成，并分析它们潜在的功能特征或执行的生态功能（Zimmerman et al.，2014）。此外，植物-微生物-环境因子间的相互作用方面的研究也受到越来越多的关注。

在过去的十多年中，微生物的研究手段得到了快速的发展，且迅速商业化，尤其是二代测序（next-generation sequencing，NGS）技术将微生物生态学研究的难度和成本大大降低，这有助于更好地发掘出微生物在生态系统中的功能，使我们已经有能力较为全面地刻画出微生物群落在各方面的特性，从而深入探讨它们在特定生态系统的意义。高通量测序（high-throughput sequencing）是目前主流的分析方法，也称第二代测序技术，有 Roche Inc 公司的 454 焦磷酸测序和 Illumina Inc 公司的 MiSeq/HiSeq 测序 2 种。然而，这些方法本身也存在一些问题，如在 PCR 扩增过程中，不同的引物和扩增区域的选择会对微生物序列的理解产生很大偏差，容易被扩增的序列会掩盖真正的优势门类。另外，高通量测序得到的多为几百个碱基或者更短的序列，拼接成完整的基因有一定困难，即使获得整条序列，由于很多基因的功能还不清楚，也很难获得由序列到功能的准确图谱。

随着微生物分子生物学方法和数据分析工具的不断改进和完善，对环境中微生物群落组成、微生物之间及微生物与环境因子之间的相互作用的理解也在不断地加深。在扩增子基础上，还可以进一步开展宏基因组学（metagenomics）和宏转录组学（metatranscriptomics）研究，通过鸟枪法测序（shotgun sequencing）技术，结合全微生物组关联分析（microbiome-wide association study，MWAS）的策略，分别从DNA和RNA水平上更为全面和精确地表征整个微生物群落的功能代谢谱和活性表达谱，进而从原理上阐明微生物群落在生态系统中发挥作用的根本机制。

第 2 章　多年生荒漠植物根际微生物的群落特征

根际是根系与土壤间进行物质交流的热点区域（图 2.1）（McNear，2013）。根系释放的养分在根际维持了一个具有复杂功能的局部生态系统。与周围土壤相比，根际土壤的物理和化学性质显著不同，并且其中的酶和微生物的群落结构也明显区别于周围土壤（Philippot et al.，2013）。

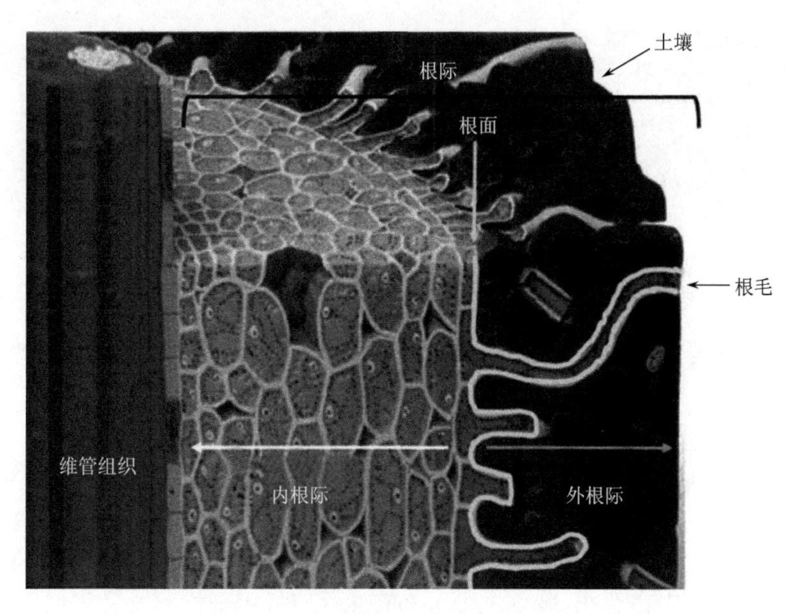

图 2.1　根际示意图（McNear，2013）

根际微生物是指活动于根系特定范围（通常为 2 mm）内土壤中的古菌、细菌和真菌，这些微生物的数量比根外多几倍至几十倍。它们与植物间为共生关系，大部分为异养型微生物（Badri and Vivanco，2009）。根际微生物通过分泌有机酸、释放胞外酶等一系列生物活动从土壤中获取氮（N）、磷（P）等养分，并通过微生物-植物共同体将这些养分提供给植物，间接影响了植物群落的组成和功能。因此，探究根际微生物群落的组成、动态和驱动因素有助于制定促进农作物和自然生态系统中植物生长的新策略。

荒漠生态系统的降水稀少、沙漠化严重、土壤养分贫瘠。尽管生存条件恶劣，但在世界各地的沙漠中均发现了种类丰富的微生物，平均每克土壤中微生物数量达 1.6×10^7 个（Skujins，1984）。然而，与其他水分和养分条件较好的生态系统相比，关于荒漠生态系统中土壤微生物的群落结构、驱动因素及它们与荒漠植物的相互作用的研究仍然较少。

本章依托中国科学院新疆生态与地理研究所布设在吐鲁番盆地和塔里木盆地的两个长期定位观测研究站点，中国科学院吐鲁番沙漠植物园和策勒国家站，探究在这两个区域广泛分布的多年生荒漠植物骆驼刺、多枝柽柳、头状沙拐枣的根际微生物的群落特征，从土壤-微生物-植物角度，揭示根际微生物群落的多样性、种群分布、功能类型及与生境因子相互关系（图 2.2）。两个依托站点的环境状况如下。

骆驼刺
Alhagi sparsifolia

多枝柽柳
Tamarix ramosissima

头状沙拐枣
Calligonum caput-medusae

图 2.2　3 种典型的多年生荒漠植物

中国科学院吐鲁番沙漠植物园位于吐鲁番盆地东南缘（89°11′E，40°51′N），海拔−105～−76 m，是全球唯一海平面以下的植物园。来自印度洋的潮湿空气被青藏高原阻隔，在该区域形成了典型的暖温带大陆性气候，多年平均降水量为 16.4 mm，且多集中在春季，降水主要分布在 4～7 月，年平均蒸发量达到 3000 mm，干旱指数为 0.005，属于极端干旱区。年平均日照时数为 3049.5 h，年平均气温 13.9℃，最高温度达到 47.6℃，最低温度−28.0℃，年积温可达 3000～3500℃。年平均大风日数 26.8 天，且主要集中在 4～7 月，占全年大风日数的 55%～80%，瞬间最大风速达 40 m/s 以上。该区域地表多被结皮覆盖，植被覆盖率为 15%～50%，主要由多年生植物骆驼刺、梭梭、柽柳、沙拐枣和白刺等组成（吴楠等，2013）。

策勒国家站位于塔克拉玛干沙漠南缘的策勒县（80°43′45″E，37°00′57″N），中昆仑山北麓，新疆策勒绿洲一沙漠过渡带前沿，海拔 1360 m。该研究区域位于亚欧大陆腹地，远离海洋，是典型的暖温带大陆性荒漠气候，年平均降水量仅为 35.1 mm，且主要集中在 5 月和 7 月，年平均蒸发量高达 2595.3 mm，干燥度 20.8，干旱指数为 0.013，水分亏值较大，与吐鲁番沙漠植物园研究区域相似，均属于极端干旱区（高欢欢等，2019）。本区年平均日照时数 2683 h，全年日照率达 61%，太阳总辐射量 60.45×10^{8} J/（cm^{2} • a）。年平均气温 11.9℃，全年 7 月最热、1 月最冷，最高气温 41.9℃，最低气温−23.9℃，无霜期 196 天，活动积温（>10℃）平均为 4322℃。该区域多大风，年平均 9 次，风沙灾害频繁，起沙风次年均 90 天，多浮尘天气，主要风向为西北风，生态环境恶劣，地表植被覆盖度较低，主要由本土建群植物骆驼刺、花花柴、柽柳、胡杨等组成（曾凡江等，2020）。

2.1　根际微生境特征

根际微生物群落受植物生理与土壤物理化学性质的相互作用和反馈调控。之前的研究表明，植物根系通过改变土壤 pH、含氧量等，以及提供能量（来自根凋落物）和富碳根系分泌物等改变根际环境（Marschner et al.，1987；Dennis et al.，2010）。拥有这一生态位的微生物群落对植物健康有利也有弊，环境因子的变化会潜在地打破这种平衡，影响生态系统的稳定和功能。根际微生物群落组装的环境驱动因素在不同的时空尺度上得到了初步研究（Marschner et al.，2004；Fang et al.，2005；Singh et al.，2007；Chen et al.，2019），其中根际养分水平是影响根际微生物群落组装的主要因素。本节主要通过分析不同植物和不同土壤深度的根际土壤 pH、电导率（EC）及 C、N、P 等元素的含量，旨在揭示多年生荒漠植物根际生境的多样性特征。

在两个站点周边 3 种植物的分布区，选取立地条件相似、地下潜水埋深基本相同的 3 个 20 m×20 m 的单纯植被样方，共计 9 个样方进行调查取样。取样时 3 种植被物候期分别为：骆驼刺开花期、多枝柽柳营养生长期和头状沙拐枣果实期。

取样前所有工具、容器经过严格的消毒，防止微生物交叉污染。正式取样前，先将土壤表层、根系周围枯落物清除。每个样方分别随机选取 6～10 株植物，对所调研的植物根系进行垂直剖面的挖掘。如图 2.3 所示，先用挖掘机挖掘周边大型土方，制造出取样剖面，再开展人工挖掘清理根系周围土壤，获取根际土壤样品。骆驼刺和多枝柽柳为克隆植物，在选择剖面时沿主根进行挖掘。由于早期洪水过境，在 3.5 m 以下形成了厚实坚硬的灌淤层，挖掘机和人工十字镐等挖掘工具均无法破除这一土层，因此，骆驼刺和多枝柽柳的挖掘深度到 3.5 m。头状沙拐枣在挖掘至 2.5 m 土层后不再有垂直根系，因此取样最深土层为 2.5 m（高欢欢等，2019）。

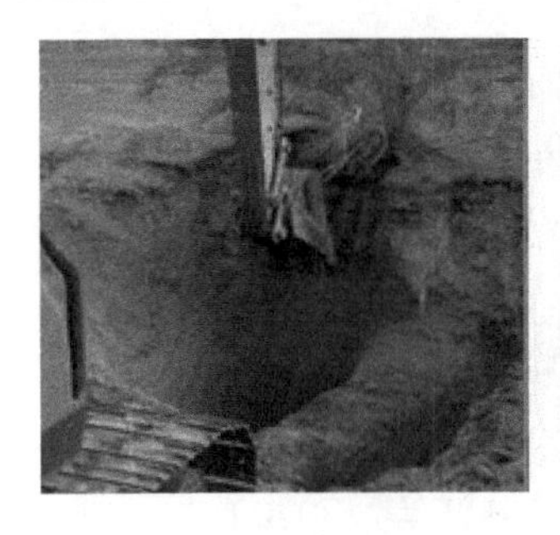

图 2.3　野外根系的挖掘和采集

当挖掘到整体根系、去除大部分周边土壤后，每 50 cm 为一个取样深度，由下而上取样，防止上层土壤对下层的污染。由于根际是一个不确定的范围，本研究选用国际上比较常用的抖土法，轻轻将根系外围附着的土壤抖落，剩余紧贴根系约 2 mm 范围内的土壤视为根际土壤，用无菌刷或消毒刀片将这部分土壤取到无菌袋中。由于根际土较少，每种植物每个样方所有植株不同土壤深度所取得的土壤作为一个重复。同时采集相对应的根外土壤样品（根外 10～20 cm 范围内土壤）用于根外三大微生物数量等指标的测定。土壤样品采集后将土方回填平复，所有土壤样品放置在 4℃车载冰箱暂时储存并带回实验室。在无菌实验室将土壤样品进行分装。每个根际土壤样品分为 3 份，分别封装在无菌袋中，一份储存在 4℃环境下进行微生物数量和功能多样性检测，该部分土壤样品检测及培养预处理在 7 天内进行；一份储存在−70℃条件下以备 DNA 提取并用保冷剂密封保存送往生工生物工程（上海）股份有限公司进行分析；一份自然条件下风干用于土壤 pH、电导率、总有机 C、总 N、总 P 等指标的检测。根外土壤样品储存在 4℃环境下进行微生物数量、功能多样性和土壤相对含水率的检测。

2.1.1　根际生境基本特征

自然条件下，3 种植物根际土壤含水率较低，均为 1.01%～1.12%（图 2.4）。随着土壤深度的增加，不同植物呈现不同的含水率变化特征。多枝柽柳和骆驼刺土壤含水率变化规律一致，随土壤深度的增加土壤含水率呈现增大趋势，在到达 150～200 cm 之后逐渐降低，在 300～350 cm 又上升至最高。头状沙拐枣根际土壤含水率在 100 cm 土壤深度内呈现递减趋势，在 100～250 cm 土层范围内，随着土壤深度的增加呈现逐渐增大的趋势（图 2.4）。

双因素方差分析显示，植物种、土壤深度及其交互作用对根际土壤 pH 及 EC 均有极显著影响（$P<0.001$）（表 2.1）。3 种植物根际土壤 pH 为 7.85～8.37，均呈弱碱性（pH>8.5 为强碱性），随土壤深度变化存在不同的变化规律（图 2.5）。3 种

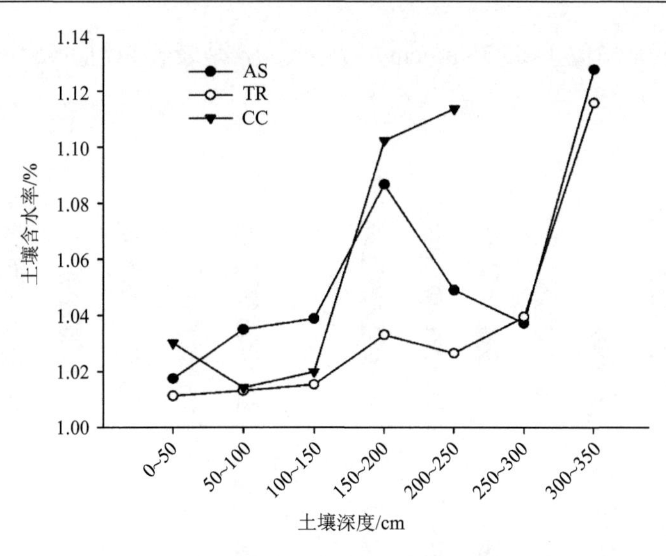

图 2.4　3 种植物根际土壤水分随土壤深度的变化

AS. 骆驼刺；TR. 多枝柽柳；CC. 头状沙拐枣，下同

植物根际土壤 pH 最小值均出现在 0～50 cm 土层。骆驼刺根际土壤 pH 随土壤深度的增加呈现逐渐递增的趋势，0～50 cm 土层 pH 最低，为 7.85；250～300 cm 土层 pH 最高，为 8.25；200～250 cm、250～300 cm、300～350 cm 土层 pH 差异不显著（P>0.05）。多枝柽柳 0～50 cm 土层根际土壤 pH 显著低于其他 6 个土层（P<0.05），为 7.90；头状沙拐枣根际土壤 pH 随土壤深度的增加呈现先增大后减小的趋势，100～150 cm 土层 pH 达到最大值，为 8.23，显著高于其他土层（P<0.05）。

表 2.1　植物种、土壤深度及交互作用对生境特征的双因素方差分析

变异来源	pH	EC	C	N	P	C∶N	C∶P	N∶P
植物种	0.02	<0.001	<0.001	<0.001	<0.001	<0.001	<0.001	<0.001
土壤深度	<0.001	<0.001	<0.001	<0.001	<0.001	<0.001	<0.001	<0.001
植物种×土壤深度	<0.001	<0.001	<0.001	<0.001	<0.001	<0.001	<0.001	<0.001

骆驼刺根际土壤 EC 范围为 380.33～767.33 μS/cm，均值为 598.81 μS/cm；多枝柽柳根际土壤 EC 范围为 106.47～460.68 μS/cm，均值为 199.30 μS/cm；头状沙拐枣根际土壤 EC 范围为 162.23～199.87 μS/cm，均值为 183.43 μS/cm。骆驼刺根际土壤 EC 显著高于其他两种植物。骆驼刺和头状沙拐枣根际土壤 EC 随土壤深度增加没有明显的变化规律性，两种植物的共同点是土壤 EC 最大值均出现在 100～150 cm 土层；多枝柽柳 0～50 cm 土层 EC 值最大，为 460.68 μS/cm，显著

高于其他土层平均值（155.70 μS/cm）（P<0.05），是最低 EC 值（50～100 cm）的 4.32 倍。

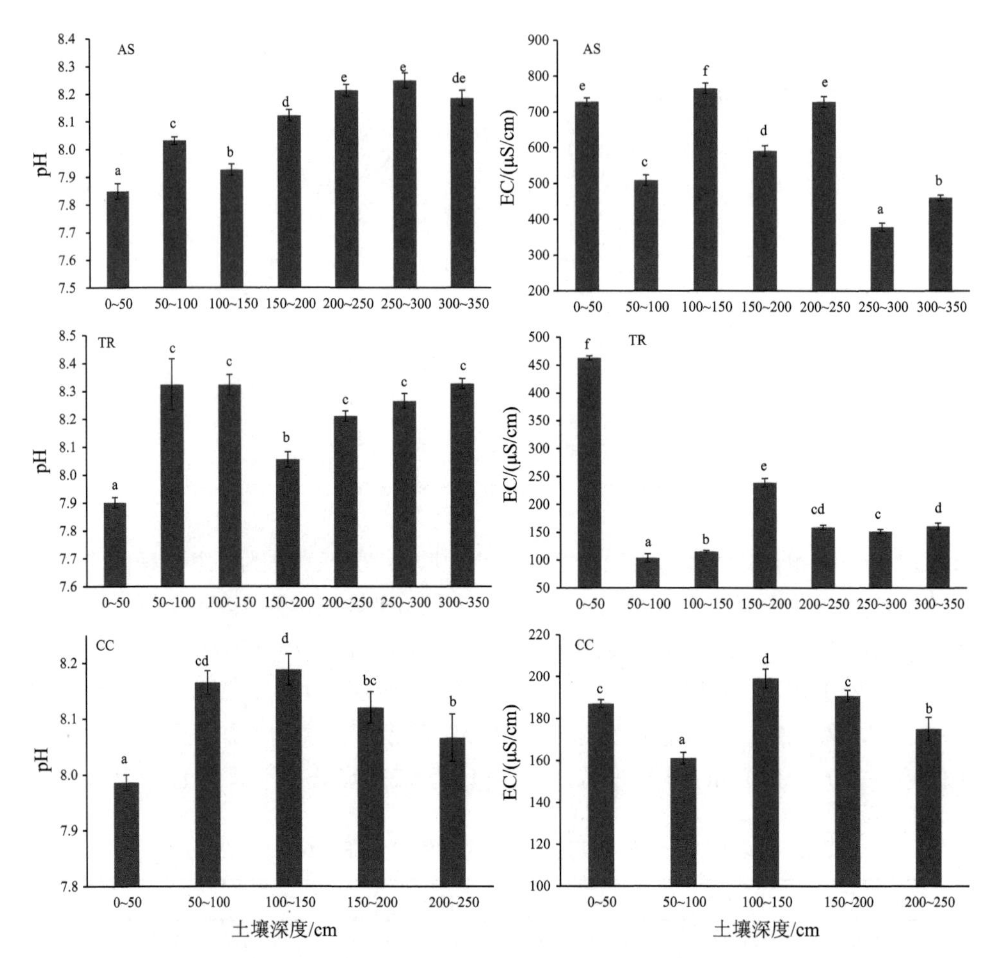

图 2.5　3 种植物根际土壤 pH、电导率随土壤深度分布特征

不同小写字母表示组间具有显著差异（P<0.05），下同

2.1.2　根际土壤碳、氮、磷生态化学计量特征

如表 2.1 所示，植物种、土壤深度及其交互作用对根际土壤 C、N、P、C∶N 值、C∶P 值、N∶P 值均有极显著的影响（P<0.01）。骆驼刺根际土壤 C（均值 14.37 g/kg）、N（均值 0.22 g/kg）、C∶P（均值 14.36）、N∶P（均值 0.21）显著高于其他两种植物（P<0.05）；根际土壤 P 平均含量最高的为多枝柽柳（1.06 g/kg），其次为骆驼刺（1.04 g/kg），头状沙拐枣最低（0.97 g/kg）；根际土壤 C∶N 均值排序

为：多枝柽柳（107.93）>头状沙拐枣（104.61）>骆驼刺（73.90）（图 2.6）。

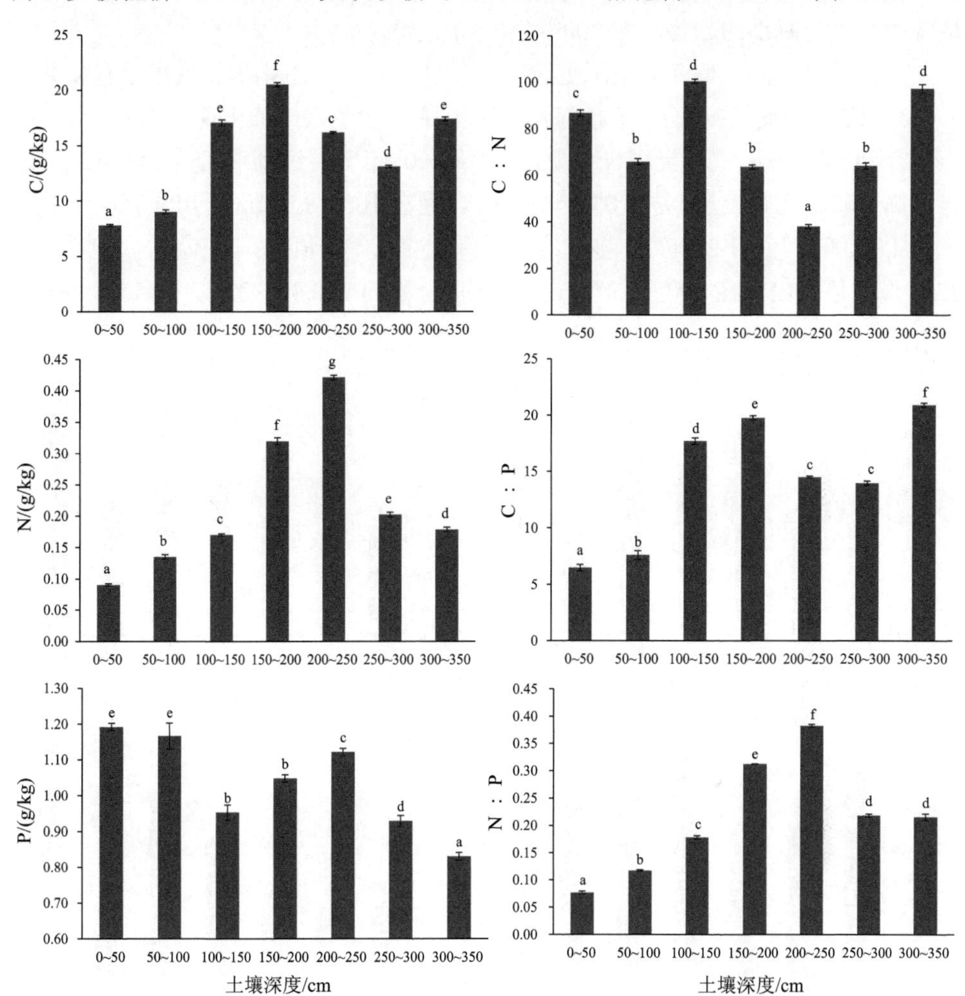

图 2.6　骆驼刺根际土壤 C、N、P、C∶N 值、C∶P 值、N∶P 值分布特征

骆驼刺根际土壤 C 含量呈现先升高再降低后升高的趋势（图 2.6），最大值出现在 150～200 cm 土层，为 20.45 g/kg，最小值在 0～50 cm 土层处，为 7.73 g/kg。根际 N 含量也呈现先增大后减少的趋势，与 C 含量不同的是，不同土壤深度之间根际土壤 N 含量差异显著（$P<0.05$），最大值出现在 200～250 cm 土层，为 0.42 g/kg。根际 P 在 0～50 cm、50～100 cm 土层含量无显著差异（$P>0.05$），但显著高于其他土层（$P<0.05$）。骆驼刺根际土壤 C、N、P 元素生态化学计量在不同土层也存在显著差异（$P<0.05$），100～150 cm 土层 C∶N 值（100.32）显著高于其他土层（$P<0.05$），200～250 cm 土层最低（38.07）。根际 C∶P 值总体呈现逐渐增大的趋

势，最高值在 300～350 cm 土层，为 20.80；随着土壤深度的增加，根际 N∶P 值呈现先增大后减小的趋势，在 200～250 cm 土层最高。

多枝柽柳不同土壤深度根际土壤 C、N、P 含量及生态化学计量指标有显著差异（P<0.05）。如图 2.7 所示，多枝柽柳根际土壤 C 含量最大值出现在 300～350 cm 土层，为 17.47 g/kg。根际土壤N含量在150～200 cm土层达到最大值，为0.12 g/kg，显著高于其他几个土层（P<0.05）。根际 P 含量在 100～150 cm 土层显著高于其他土层（P<0.05），为 1.23 g/kg。多枝柽柳根际土壤 C∶N 值、C∶P 值、N∶P 值（图 2.7）最大值均出现在 300～350 cm 土层（值分别为 158.46、21.87、0.14）。300～

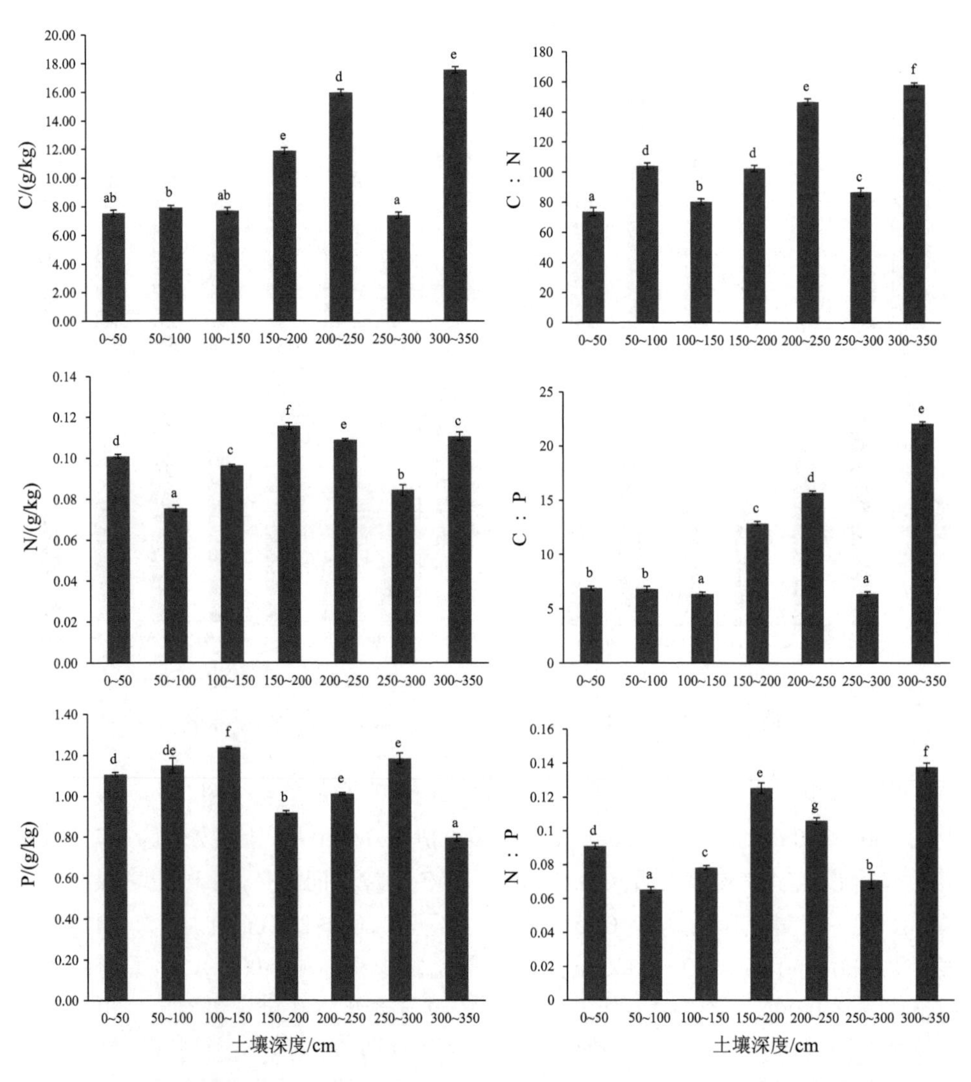

图 2.7　多枝柽柳根际土壤 C、N、P、C∶N 值、C∶P 值、N∶P 值分布特征

350 cm 土层 C∶N 值较浅层土壤（0～50 cm）升高 112.54%；100～150 cm、250～350 cm 土层 C∶P 值无显著差异（P>0.05），但显著低于其他土层（P<0.05）；50～100 cm 土层 N∶P 值显著低于其他土层（P<0.05）。

头状沙拐枣 0～50 cm、50～100 cm、100～150 cm 三个土层根际土壤 C 含量差异不显著（P>0.05），150～200 cm 土层 C 含量最大，为 18.15 g/kg（图 2.8）。200～250 cm 处的根际 N 含量显著高于其他土层（P<0.05）。与根际土壤 N 含量相反，根际土壤 P 含量随土壤深度的增加呈现波动递减趋势，浅层（0～50 cm）根际 P 含量（1.22 g/kg）显著高于其他土层（P<0.05）。头状沙拐枣不同土层根际土壤 C∶N 值存在显著差异（P<0.05），150～200cm 土层 C∶N 值最高，为 207.94；该土层 C∶P 值（21.90）也显著高于其他土层（P<0.05）。随土壤深度的增加，头状沙拐枣根际 N∶P 值呈现递增的趋势，在 200～250 cm 土层最大，高于最低值（0～50 cm 土层）137.49%。

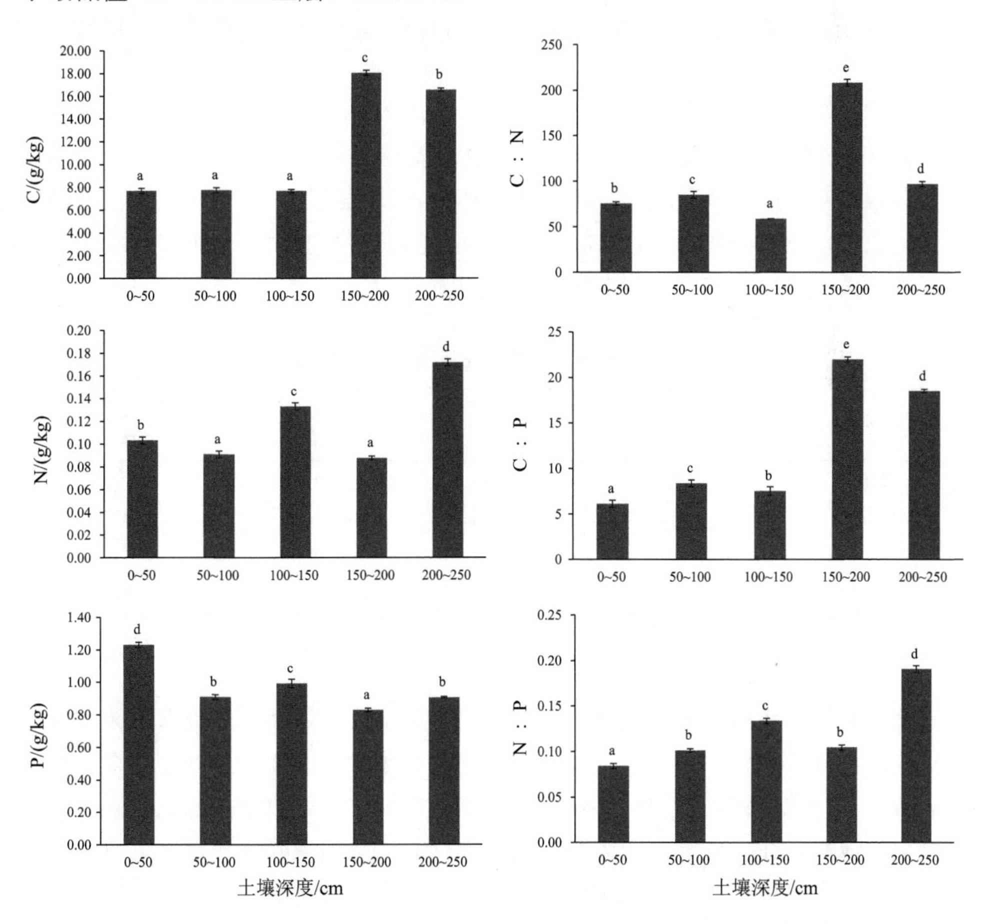

图 2.8　头状沙拐枣根际土壤 C、N、P、C∶N 值、C∶P 值、N∶P 值分布特征

2.2　根际微生物数量分布及根际效应

细菌、真菌、放线菌是可培养微生物的主要类群，由于这三类微生物计数手段的简便易行使其成为评价微生物多样性及土壤状况的重要指标（吴楠等，2013）。土壤中三大微生物数量的变化既能反映出微生物对养分、水分、光照、植物分泌物等外界生境因子的变化，又能体现微生物群落自身的应激策略。由于根际与根外环境存在显著差异性，导致根际、根外土壤微生物数量、理化性质等均存在差异，即根际效应（Phillips et al.，2003；Zhang et al.，2022）。通常情况下，将根际、根外微生物数量的比值作为衡量根际效应的重要指标，其比值大于 1 说明根际呈现正效应，比值小于 1 说明根际呈现负效应。

本节通过对 3 种植物不同土壤深度下根际细菌、真菌、放线菌、微生物总量的分布特征及相应根际效应进行研究，探讨根际可培养微生物群落的多样性。

2.2.1　根际三大微生物数量垂直分布特征

3 种植物根际土壤细菌数量及微生物总量差异显著（$P<0.05$），而真菌数量和放线菌数量在不同植物种间差异不显著（$P>0.05$）（表 2.2）。3 种植物细菌数量和微生物总量从高到低依次为：头状沙拐枣>骆驼刺>多枝柽柳，真菌和放线菌数量从高到低依次为：骆驼刺>多枝柽柳>头状沙拐枣。

表 2.2　3 种多年生植物根际微生物数量均值

植物类型	细菌 /（10^6 cfu/g）	真菌 /（10^2 cfu/g）	放线菌 /（10^3 cfu/g）	总量 /（10^6 cfu/g）
骆驼刺	5.20	6.99	39.56	5.23
多枝柽柳	5.14	6.54	7.91	5.15
头状沙拐枣	5.46	4.85	3.17	5.47
F 值	0.02*	0.76	1.93	0.02*

*表示 $P<0.05$。

骆驼刺根际土壤细菌、真菌、微生物总量在不同土壤深度呈现双峰波动分布模式，放线菌数量在不同土壤深度呈现单峰分布模式（图 2.9）。细菌数量和微生物总量呈现一致的波动规律，即随土壤深度的增加，细菌数量和微生物总量上升下降交替波动，在 100～150 cm 和 200～250 cm 土层出现峰值，真菌数量也在这两个土层出现峰值。放线菌在 150～200 cm 土层中分布最多。

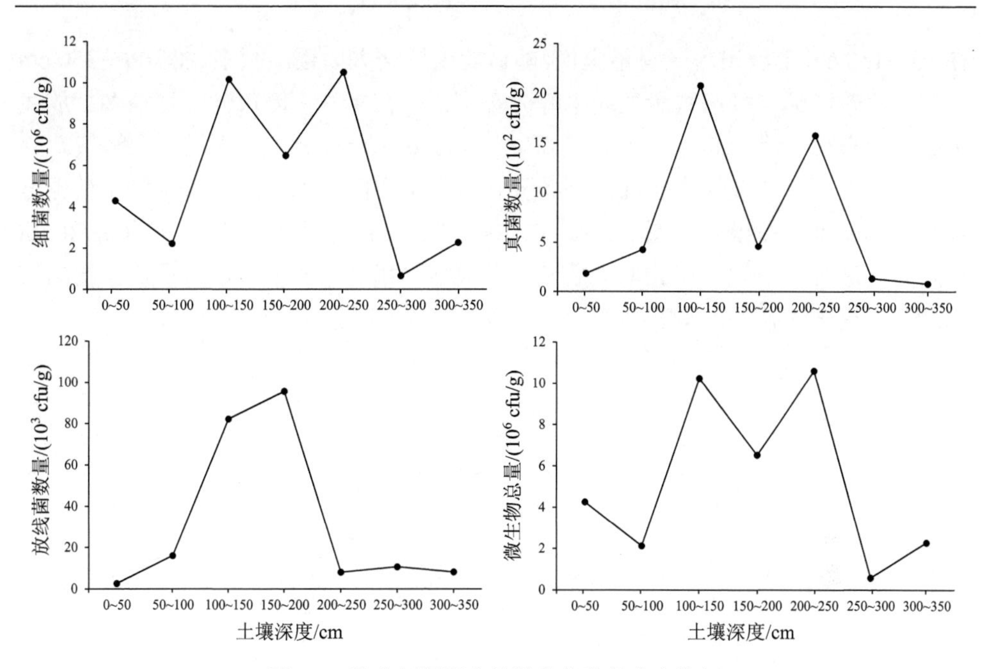

图 2.9 骆驼刺根际土壤微生物数量分布特征

与骆驼刺相同的是，多枝柽柳根际细菌数量和微生物总量也具有相同的分布模式，但与骆驼刺分布模式不同（图 2.10）。多枝柽柳根际细菌数量和微生物总量

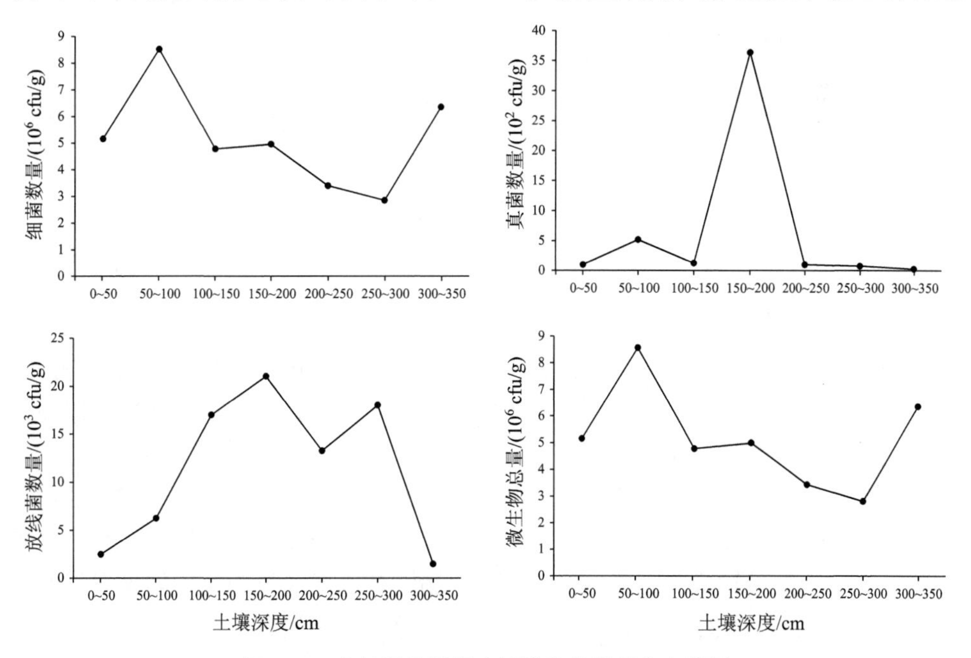

图 2.10 多枝柽柳根际土壤微生物数量分布特征

在 50～150 cm 土层出现数量最大值，随后随土层增大而逐渐减小，在 300～350 cm 土层又开始增加。真菌数量呈现单峰分布模式，在 150～200 cm 土层最多。放线菌数量分布呈双峰分布，在 150～200 cm 和 250～300 cm 土层出现两个峰值。

与骆驼刺、多枝柽柳相同的是，头状沙拐枣根际细菌数量、微生物总量也呈现相同的波动分布模式（图 2.11），在 200～250 cm 土层分布最多，在 0～50 cm 土层数量最少，中间土层先增大后减少。根际土壤真菌和放线菌数量随土层的增加均呈现逐渐递减的波动分布模式，在 0～50 cm 土层数量分布最多。

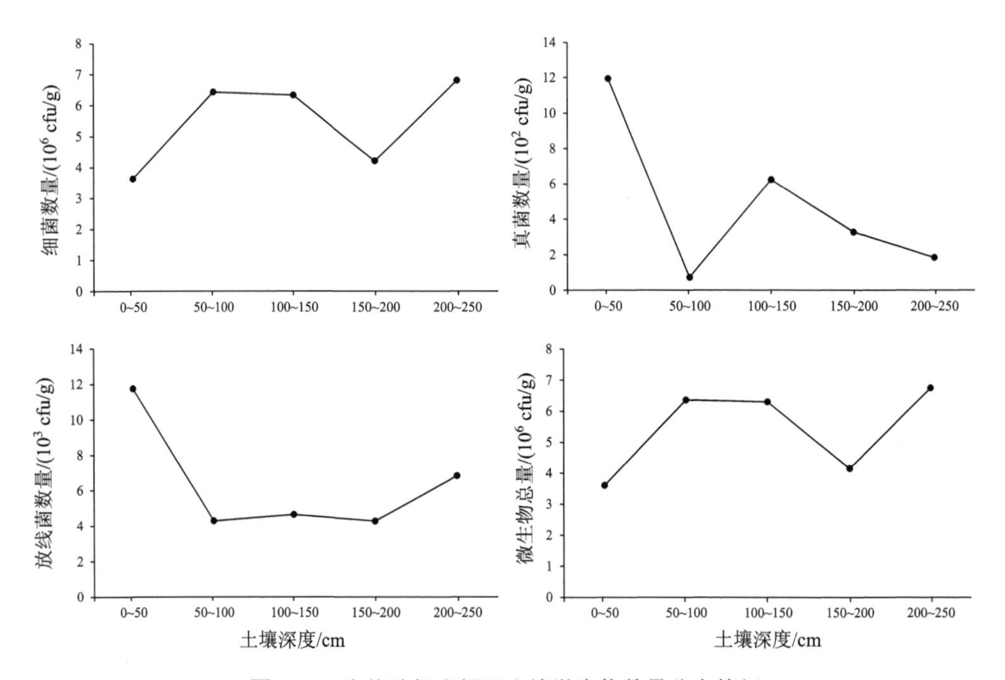

图 2.11　头状沙拐枣根际土壤微生物数量分布特征

2.2.2　根际效应的垂直分布特征

根据方差分析的结果（表 2.2），不同植物间根际土壤中可培养的微生物根际效应都不存在显著差异，因此不进行不同植物种间对比分析，仅分析每个植物种根际土壤微生物数量分布特征。

如图 2.12 所示，骆驼刺根际微生物的负效应出现在 0～50 cm 土层的放线菌，250～300 cm 土层的细菌、真菌和总微生物，300～350 cm 处的真菌，其余各可培养微生物根际效应均呈现正效应。细菌、真菌、放线菌和总微生物群落根际效应均值分别为 5.01、6.32、4.96 和 5.02。细菌和总微生物根际效应波动规律相似，在 100～150 cm 土层根际效应最大，250～300 cm 土层根际效应最小；真菌根际效应呈现波动下降趋势，在50～100 cm土层最大，为13.86，当土壤深度达到300～350 cm时，根际效应下降到0.25；放线菌根际效应随土壤深度的增加呈现先增大后减小再增大的趋势，在100～150 cm土层最大，当土壤深度达到200～250 cm时达到最低点，而后又逐渐上升。

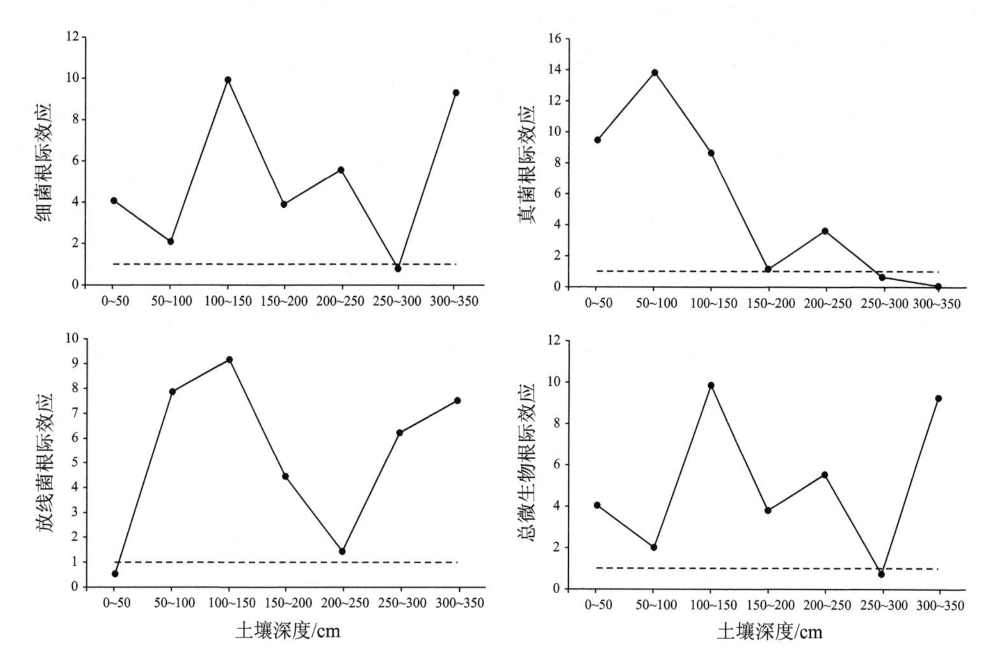

图2.12　骆驼刺根际土壤微生物根际效应

多枝柽柳根际土壤细菌和总微生物根际效应波动变化规律一致（图2.13），在0～50 cm和200～250 cm两个土层呈现负效应，其余土层呈现正效应，在50～100 cm土层根际效应最大，分别为6.13和6.12。真菌根际效应均呈现正效应，波动规律呈现先增大后减小的单峰分布，在150～200 cm土层真菌根际效应最大，为116.40。放线菌根际效应在0～50 cm土层呈现负效应，随土壤深度的增加呈现正效应，当土壤深度到达250～300 cm时，放线菌根际效应到达最高值10.17，随后又降低。

头状沙拐枣根际土壤细菌和总微生物根际效应有相同的波动变化规律（图2.14）。这一点与骆驼刺和多枝柽柳的根际土壤微生物根际效应结果相同（图2.12、图 2.13）。头状沙拐枣细菌和总微生物根际效应在不同土层均呈现正效应，并在100～150 cm土层根际效应达到最大值，分别为15.88和15.48。头状沙拐枣所有土层真菌根际效应均为正效应，在0～50 cm土层最大，并随土壤深度增大呈现波动降低趋势。放线菌根际效应最大值也出现在0～50 cm土层，随土壤深度的增加逐渐降低，在 100～150 cm 和 150～200 cm 两个土层呈现负效应，当土壤深度达到 200～250 cm，放线菌根际效应上升到 1.06，呈现正效应。

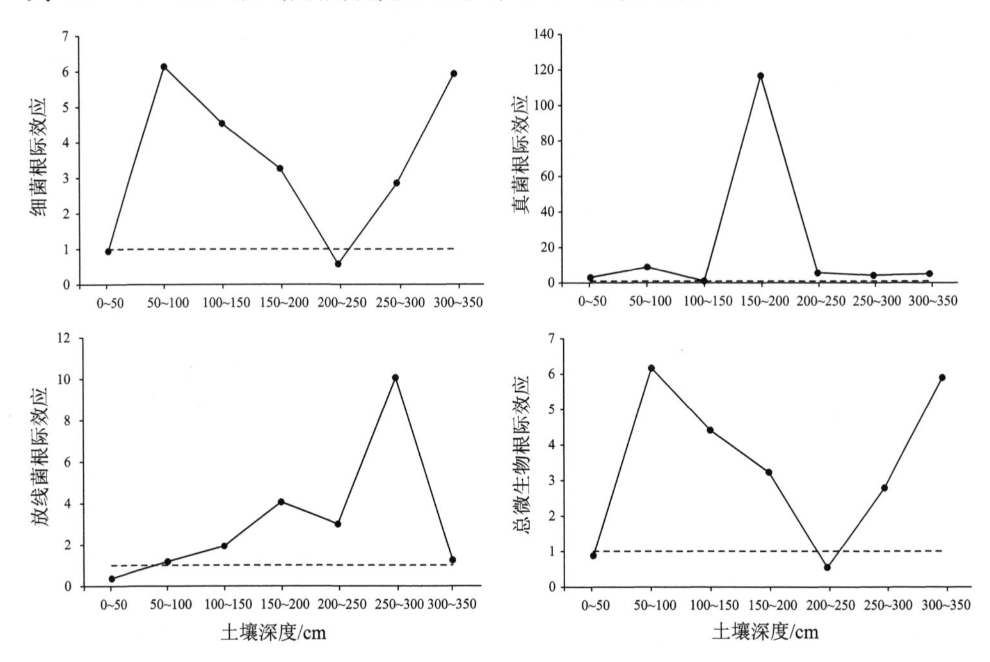

图 2.13　多枝柽柳根际土壤微生物根际效应

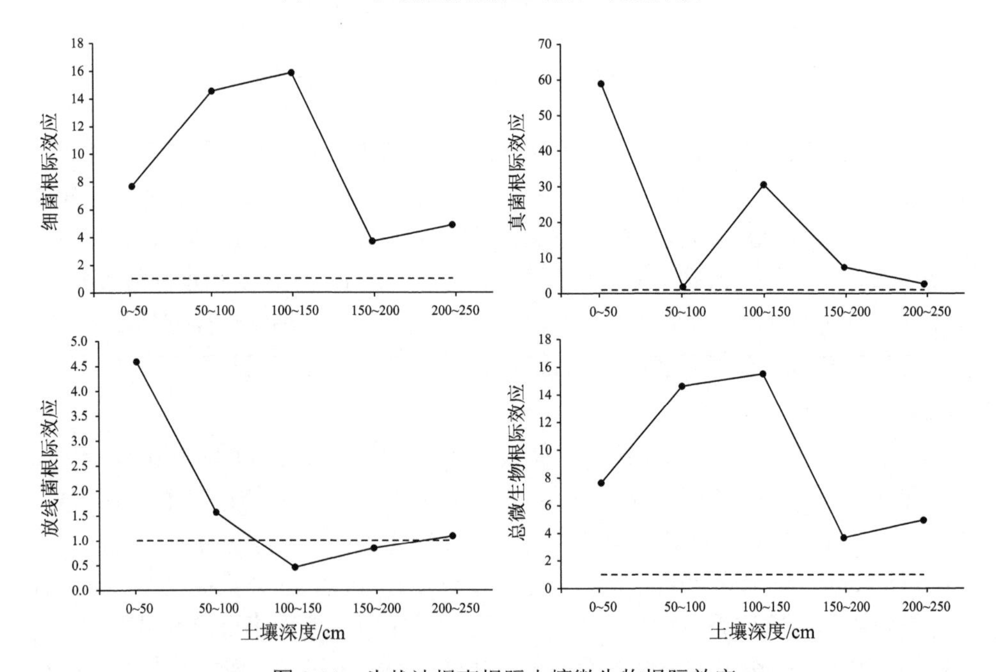

图 2.14　头状沙拐枣根际土壤微生物根际效应

2.2.3　根际微生物数量、根际效应与环境因子的相关性

将 3 种植物不同土壤深度根际土壤各微生物数量及根际效应进行两两相关性分析，由表 2.3 可知，根际细菌数量与根际微生物总量呈现极显著正相关性（*P*<0.01），相关系数接近 1.00。根际真菌数量与其根际效应呈现极显著正相关性（*P*<0.01），相关系数 0.81。其余参数之间不存在显著相关性（*P*>0.05）。

表 2.3　根际微生物数量及根际效应间的相关性

		数量			根际效应			
		真菌	放线菌	总量	细菌	真菌	放线菌	总量
数量	细菌	0.36	0.30	1.00^{**}	0.40	−0.06	−0.19	0.41
	真菌	1	0.31	0.36	0.07	0.81^{**}	0.06	0.23
	放线菌		1	0.31	0.00	−0.02	0.27	0.37
	总量			1	0.40	−0.06	−0.19	0.42
根际效应	细菌				1	0.04	0.28	0.16
	真菌					1	0.01	−0.15
	放线菌						1	0.03

*为显著相关（*P*<0.05）；**为极显著相关（*P*<0.01），下同。

将不同植物不同土壤深度根际土壤各微生物数量、根际效应与根际生境因子进行两两相关性分析，由表 2.4 显示，除根际放线菌数量与 EC 呈现显著正相关性（*P*<0.05）外，其余参数与生境因子间没有显著相关性（*P*>0.05）。

表 2.4　根际微生物数量及根际效应与生境因子相关性

指标	土壤深度	含水率	pH	EC	C	N	P	C∶N	C∶P	N∶P
细菌数量	−0.16	−0.03	−0.03	0.25	0.21	0.38	−0.03	−0.10	0.13	0.35
真菌数量	−0.11	−0.17	−0.27	0.22	0.08	0.20	−0.04	−0.12	0.04	0.19
放线菌数量	−0.01	0.08	−0.18	0.46^{*}	0.44	0.40	0.03	−0.16	0.29	0.39
微生物总量	−0.16	−0.03	−0.03	0.26	0.21	0.38	−0.03	−0.10	0.13	0.35
细菌根际效应	−0.15	−0.03	0.03	−0.08	−0.14	−0.04	−0.23	−0.17	−0.06	0.01
真菌根际效应	−0.20	−0.21	−0.25	−0.17	−0.20	−0.17	0.01	−0.03	−0.17	−0.18
放线菌效应	0.31	0.19	0.02	0.01	0.10	0.02	−0.21	−0.10	0.13	0.08
总根际效应	0.27	0.31	0.10	0.44	0.36	0.25	−0.13	0.02	0.35	0.29

2.3 根际微生物的群落结构

微生物是地球上最为丰富多样的生物资源之一，其种类仅次于昆虫，是生命世界里的第二大类群。上节通过传统的培养手段初步探究了 3 种植物根际微生物的组成。这种对微生物进行培养的手段是评估微生物多样性和生理机能的直接途径。然而，限于目前的培养技术，仅有 1%的类群是可培养的。随着分子生物学技术的发展，特别是大规模高通量测序的应用，大大提高了我们对微生物多样性的认知。受根系的影响，土壤微生物多样性在垂直梯度上存在差异。草地、森林、湿地生态系统中 90%的植物根系分布于地表 30 cm 范围内的土壤中。相比之下，在荒漠生态系统中，为了获得更多的水资源，植物将根系延伸到更深的地方（Robinson et al.，2003；曾凡江等，2010b），但关于其微生物学过程的研究较少。

本节分别利用引物对 341F/805R 和 NS1/fung，对 3 种多年生植物不同土壤深度根际细菌 V3-V4 区 16S rRNA 和真菌 18S rRNA 的 NS1-Fung 区进行 PCR。对高质量 PCR 产物建库，并在 Miseq 平台测序，对根际微生物群落结构进行表征和定量描述。

2.3.1 根际细菌群落结构特征

对 3 种植物所有土壤深度 19 个样本根际土壤总 DNA 进行高通量测序，对所得原始序列进行质控，质控后所有序列长度均在 440 bp 以上，把序列间的距离进行聚类，根据序列之间的相似性（通常定位为 0.97）将序列划分为运算分类单元（operational taxonomic unit，OTU）。质控后所有序列数量为 14 917～49 107，各样品 OTU 数量为 3290～6657（表 2.5）。图 2.15 是在相似性为 97%水平下划分的 OTU 与质控数丰富度分布图。结果表明样品序列数为 10 000～30 000，当样品序列数达到 30 000 以上时基本趋于平缓，说明测序结果能有效覆盖文库。

表 2.5 样品细菌 OTU 统计和 α 多样性

ID	植物类型	土壤深度/cm	序列数量	OTU	Shannon	ACE	Chao1	覆盖度/%
1	头状沙拐枣	0～50	34 499	3 759	5.73	9 979.4	7 240.7	94
2		50～100	33 522	4 544	6.19	14 533.2	9 607.9	92
3		100～150	36 579	5 687	6.81	15 922.0	11 032.5	91
4		150～200	39 651	5 281	6.67	16 932.9	11 027.6	92
5		200～250	37 316	4 125	6.16	9 171.9	7 375.5	95
6	多枝柽柳	0～50	31 309	4 558	5.79	16 429.9	10 122.8	91
7		50～100	37 288	5 602	6.48	15 698.3	11 103.3	92

续表

ID	植物类型	土壤深度/cm	序列数量	OTU	Shannon	ACE	Chao1	覆盖度/%
8	多枝柽柳	100～150	34 887	3 864	6.3	8 485.5	6 714.1	95
9		150～200	14 917	4 125	6.58	16 774.2	9 985.3	82
10		200～250	37 041	3 416	6.05	7 350.1	5 876.4	96
11		250～300	32 285	3 408	5.64	8 160.8	6 472.7	95
12		300～350	35 146	5 221	6.78	18 896.1	11 705.0	92
13	骆驼刺	0～50	36 748	4 270	5.81	11 405.9	8 135.2	94
14		50～100	46 097	5 343	6.27	17 264.8	11 215.4	93
15		100～150	38 328	472	6.24	22 455.9	13 235.6	91
16		150～200	33 503	5 962	6.72	25 996.1	15 726.0	88
17		200～250	46 706	5 128	6.62	15 261.2	10 443.3	94
18		250～300	49 107	6 657	6.96	20 815.7	14 540.4	92
19		300～350	43 293	3 290	6.79	4 263.9	4 652.7	98

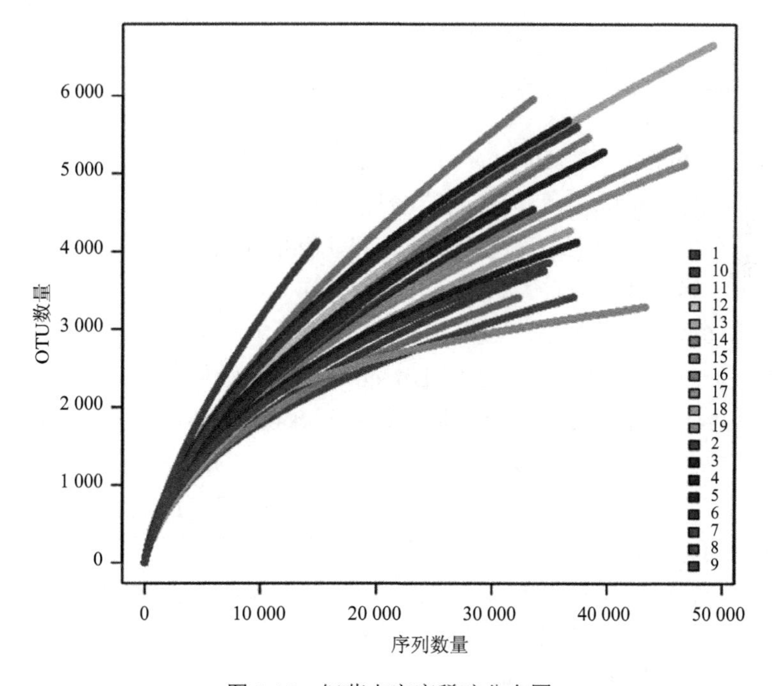

图 2.15　细菌丰富度稀疏分布图

对所有样品质控后序列进行 α 多样性分析（表 2.5），结果显示所有样品根际细菌 Shannon 指数均在 5.5 以上，ACE 指数在 4000 以上，Chao1 指数在 4600 以上，覆盖度 82%～98%，基本反映样本真实情况。从 α 多样性指数上可以看出，不同植物种不同土壤深度根际细菌多样性存在差异。骆驼刺根际细菌多样性指数明显高于其他两种植物，Shannon 指数、ACE 指数、Chao1 指数均值分别为 6.49、16 780.48、11 135.49。

将所有样品根际细菌多样性指数与根际生境因子等进行两两相关性分析，结果如表 2.6 所示。根际细菌 OTU 数量、ACE 指数、Chao1 指数和 Coverage 与根际所有生境因子均无显著相关性（$P>0.05$）。Shannon 指数与土壤深度、C 含量、C∶P 值、N∶P 值呈现显著的正相关关系，相关系数分别为 0.50、0.52、0.57 和 0.54；Shannon 指数与根际土壤 P 含量呈现显著的负相关关系，相关系数为−0.60。

表 2.6　根际细菌多样性指数与生境因子相关分析 *P* 值

指标	土壤深度	含水率	pH	EC	C	N	P	C∶N	C∶P	N∶P
OTU	−0.05	−0.02	0.07	0.28	0.20	0.35	−0.17	−0.14	0.17	0.36
Shannon	0.50^{*}	0.43	0.45	0.03	0.52^{*}	0.42	-0.60^{**}	0.09	0.57^{*}	0.54^{*}
ACE	−0.12	−0.02	−0.13	0.37	0.29	0.34	−0.19	−0.07	0.24	0.35
Chao1	−0.07	−0.01	−0.04	0.35	0.28	0.38	−0.18	−0.12	0.23	0.37
Coverage	0.20	0.18	0.19	−0.05	−0.03	−0.05	0.18	0.03	−0.03	−0.05

在门（phylum）、纲（class）、目（order）、科（family）和属（genus）5 个分类水平对各个样品根际细菌 OTU 进行物种注释，计算各分类级别中的丰度占比。结果显示 3 种植物不同土壤深度所有样品共获得根际细菌 36 门、77 纲、105 目、270 科、1133 属，其中含有大量未命名的新菌属。

如图 2.16 所示，在所有已经测定的 36 门细菌中，骆驼刺（13～19 号样品）包括其中 31 门，主要为拟杆菌门（Bacteroidetes）、酸杆菌门（Acidobacteria）、变形菌门（Proteobacteria）和放线菌门（Actinobacteria）。多枝柽柳（6～12 号样品）包含其中 32 门，主要门有拟杆菌门和放线菌门。头状沙拐枣（1～5 号样品）包含其中 32 门，主要门有酸杆菌门、变形菌门和放线菌门。3 种植物浅层根际细菌中放线菌门有明显优势，3 种植物浅层土壤中丰度分别为 77.82%（骆驼刺）、91.22%（多枝柽柳）和 68.80%（头状沙拐枣），随着土壤深度的增加而逐渐降低，在最深取样层分别降为 7.77%（骆驼刺）、39.19%（多枝柽柳）和 20.12%（头状沙拐枣）；随着土壤深度的增加，变形菌门也逐渐成为优势菌门，3 种植物根际变形菌门均在最深取样层次土壤中丰度最高，分别为 38.32%（骆驼刺）、33.15%（多枝柽柳）和 44.34%（头状沙拐枣）。

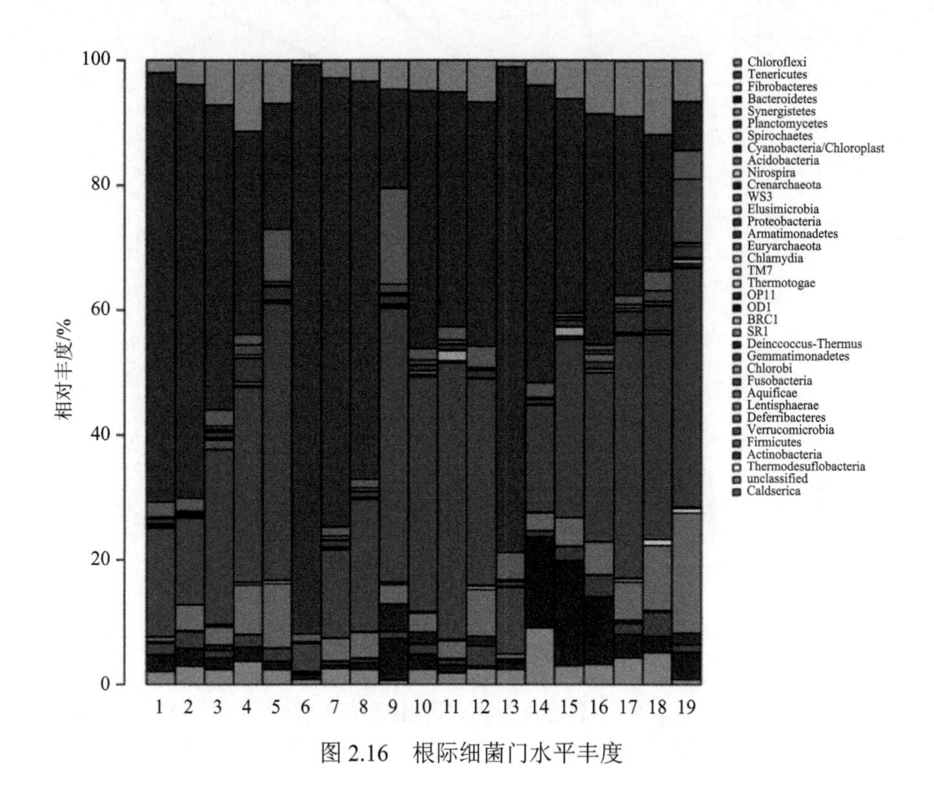

图 2.16　根际细菌门水平丰度

2.3.2　根际真菌群落结构特征

利用真菌引物对土壤总 DNA 样本所得数据进行真菌群落结构分析，由于样品 9（多枝柽柳 150～200 cm 土层）回收失败，舍弃该组数据。在有效样本数据中，真菌序列数低于细菌，质控后序列数为 3617～32 140。真菌各样本 OTU 数量也小于细菌，范围为 254～1427。真菌丰度分布图显示（图 2.17），各样本在序列数达到质控序列数后基本趋于平稳。

对质控后根际真菌样本序列数进行 α 多样性分析，质控后根际真菌 OTU 范围为 254～1427，Shannon 指数为 2.09～5.72，ACE 指数为 470.3～5492.1，Chao1 指数为 396.0～3088.1，其丰度和多样性均低于根际细菌（表 2.7），覆盖度为 87%～99%，基本代表真实样本值。

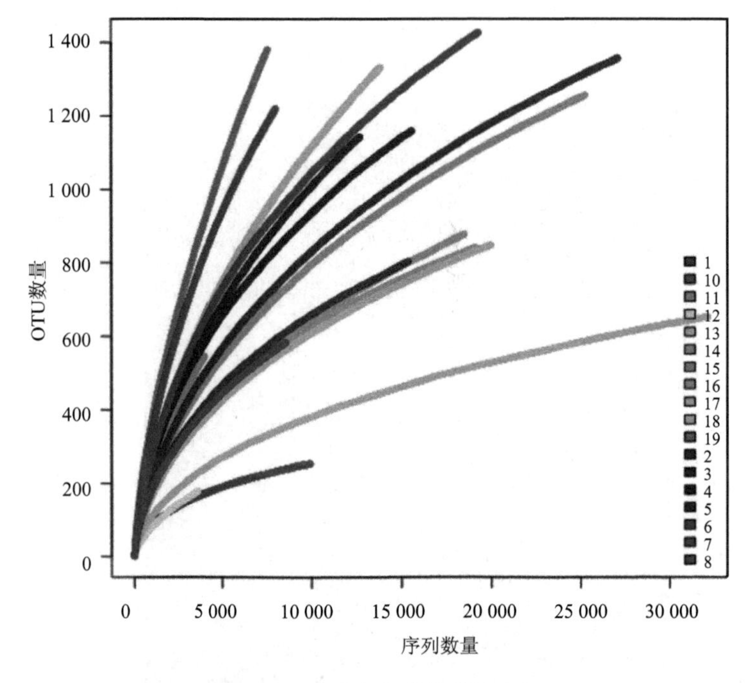

图 2.17　真菌丰富度稀疏分布图

表 2.7　样品真菌 OTU 统计和 α 多样性

ID	植物类型	土壤深度/cm	序列量	OTU	Shannon	ACE	Chao1	覆盖度/%
1	头状沙拐枣	0～50	9 912	254	2.09	470.3	396.0	99
2		50～100	15 415	804	4.13	1 588.1	1 280.0	98
3		100～150	15 569	1 159	4.54	2 622.2	1 940.5	97
4		150～200	12 706	1 143	4.67	2 940.9	2 097.7	95
5		200～250	27 066	1 357	3.86	2 718.1	2 226.6	98
6	多枝柽柳	0～50	19 268	1 427	4.62	2 973.6	2 424.8	97
7		50～100	8 532	584	3.95	1 397.6	995.7	97
8		100～150	7 990	1 219	5.47	3 052.1	2 305.2	92
10		200～250	4 294	685	4.28	3 541.0	2 050.5	9
11		250～300	25 248	1 256	4.63	2 601.0	2 019.1	98
12		300～350	3 617	178	2.26	689.6	396.0	97
13	骆驼刺	0～50	32 140	654	2.61	1 429.7	1 272.8	99
14		50～100	19 129	841	3.16	1 597.4	1 300.2	98
15		100～150	3 993	547	3.87	1 815.0	1 141.6	92
16		150～200	18 503	877	3.04	1 995.1	1 502.6	98
17		200～250	19 959	848	3.04	1 856.6	1 445.3	98
18		250～300	13 839	1 333	5.13	3 572.8	2 561.2	95
19		300～350	7 545	1 382	5.72	5 492.1	3 088.1	87

将根际真菌 α 多样性指数与生境因子进行相关性分析，结果如表 2.8 所示。根际真菌 ACE 指数与土壤深度呈现显著的正相关关系（$P<0.05$），相关系数为 0.48。而 OTU 数量、Shannon 指数和 Chao1 指数与根际生境因子之间没有显著相关性（$P>0.05$）。

表 2.8　根际真菌多样性指数与生境因子相关分析

指标	土壤深度	土壤含水率	pH	EC	C	N	P	C∶N	C∶P	N∶P
OTU	0.22	0.11	0.05	−0.05	−0.04	0.08	−0.11	−0.19	−0.01	0.12
Shannon	0.28	−0.02	0.32	−0.26	−0.06	−0.18	−0.22	0.06	0.01	−0.11
ACE	0.48*	0.27	0.18	−0.03	0.25	0.06	−0.34	0.07	0.29	0.16
Chao1	0.36	0.17	0.11	−0.04	0.11	0.06	−0.22	−0.04	0.14	0.13
Coverage	−0.42	−0.23	−0.23	0.01	−0.36	0.06	0.36	−0.30	−0.40	−0.05

按门、纲、目、科、属 5 个分类水平对根际真菌群落结构进行分析。3 种植物根际真菌共获得 8 门、727 纲、87 目、17 科和 439 属。在门分类级别上（图 2.18），

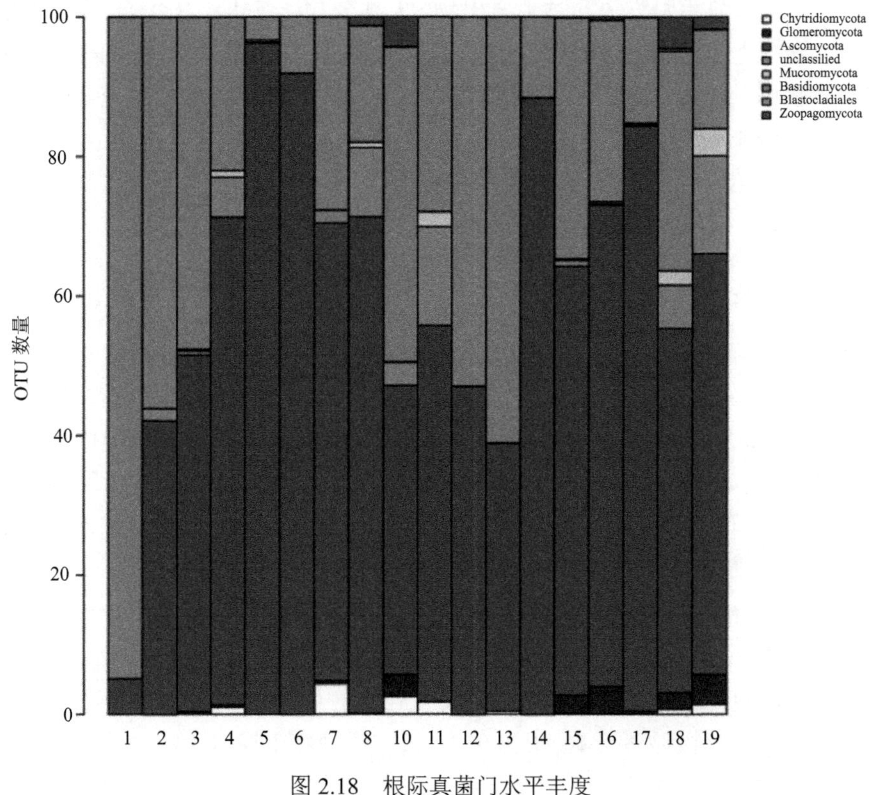

图 2.18　根际真菌门水平丰度

骆驼刺根际真菌包含 7 门，多枝柽柳包含 8 门，头状沙拐枣包含 6 门。3 种植物根际真菌优势门类均为子囊菌门（Ascomycota）和担子菌门（Basidiomycota）。优势菌门在骆驼刺根际随土壤深度的增加丰度先增大后减小，在多枝柽柳根际呈现递减趋势，在头状沙拐枣根际呈现逐渐增大趋势。子囊菌门和担子菌门随 3 种植物土壤深度的变化呈现相反规律。

2.4 根际微生物的功能多样性

微生物个体所携带基因的不同导致微生物群落功能出现分化。根际微生物功能包括物质分解、能量传递以及对植物生长促进等。微生物生命周期短、繁殖速度快，能快速参与土壤生态系统物质的分解与合成。微生物功能多样性的研究方法主要有 3 种：①通过磷脂脂肪酸法分析环境中功能微生物群落，该方法成本高、操作复杂，并且获得的功能性微生物分类较粗糙；②rRNA（rDNA）法，通过 PCR 扩增、测序鉴定环境基因样本中特定功能微生物群落，该方法造价高、操作慢，很难短时间鉴定微生物功能，同时目前世界上对固定基因型引物研究较少，仅有固氮菌引物、磷细菌引物等几种主要引物，大部分功能基因引物不全；③BIOLOG 法，微生物在生命活动中需要不同的 C 源，通过对不同的 C 源代谢利用强度来反映微生物群落功能多样性，该方法简单、快速、成本低廉，已广泛应用于微生物功能多样性分析中。

本节利用 BIOLOG 法，通过比较分析微生物对 31 种 C 源的代谢利用强度，探究不同植物、不同土壤深度根际微生物功能多样性特征。

2.4.1 根际微生物代谢强度

将所有根际土壤样品在 31 种 C 源培养基上培养，每 24 h 读取数据计算平均颜色变化（吸光度），分析根际土壤不同培养时间代谢活性平均颜色变化率（AWCD）值，结果如图 2.19 所示。3 种植物根际土壤代谢活性均随时间的变化而逐渐增加，在 24 h 前基本不变，24～48 h 部分土层缓慢增长，部分土层快速增长，48 h 后 AWCD 值快速攀升，96 h 之后各样品 AWCD 值增长速度减慢，逐渐趋于平缓。因此，通常采用 96 h 的 AWCD 值数据分析各项指标。

采用各样品 96 h 测定的各孔 AWCD 值进行分析。采用双因素方差分析研究不同植物类型、不同土壤深度对根际微生物功能多样性的影响，结果如表 2.9 所示。可以看出植物类型、土壤深度及其交互作用对根际土壤 AWCD 值和 DIU（多样性指数 *U*）均有极显著影响（$P<0.01$），植物类型和土壤深度的交互作用对根际土壤 DIH（多样性指数 *H*）有显著影响（$P<0.05$）。

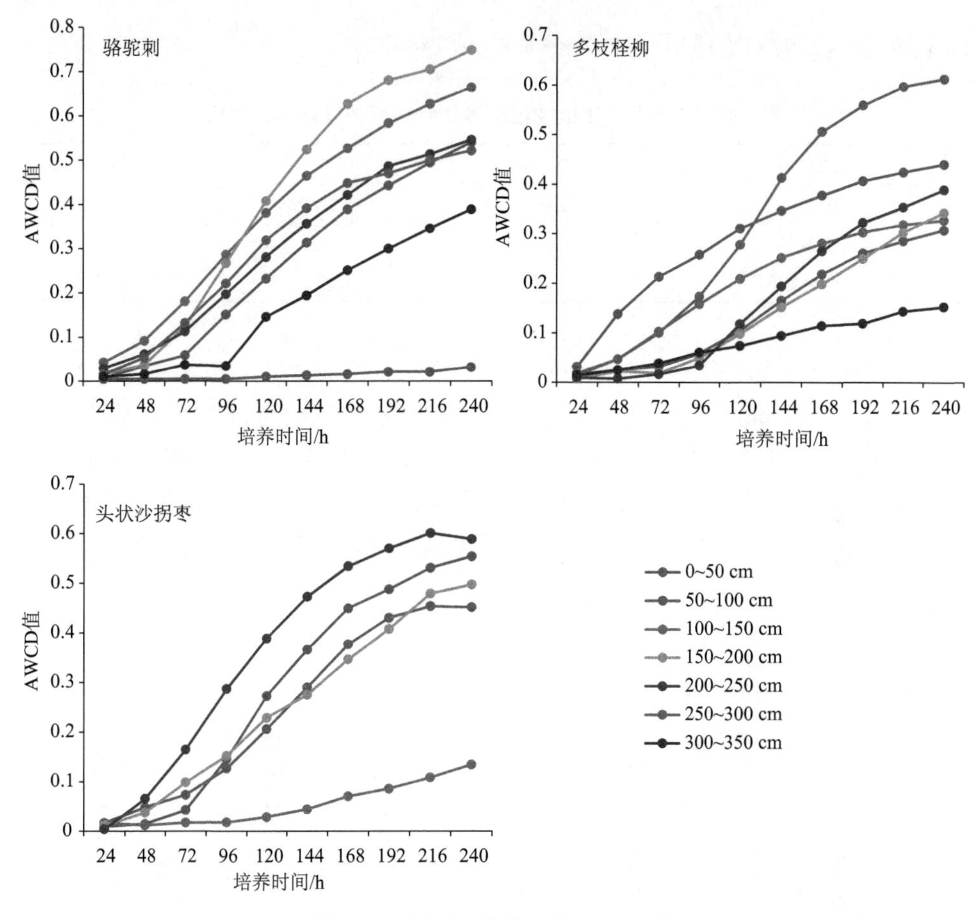

图 2.19　根际土壤微生物 AWCD 值

表 2.9　植物类型、土壤深度及交互作用对功能多样性特征的双因素方差分析（*F* 值）

变异来源	AWCD	DIU	DIH
植物类型	<0.001	<0.001	0.16
土壤深度	<0.001	<0.001	0.45
植物类型×土壤深度	<0.001	<0.001	0.01

3 种植物根际微生物代谢强度（以 AWCD 值衡量）差异显著（$P<0.05$），从大到小依次是：骆驼刺>头状沙拐枣>多枝柽柳，AWCD 均值分别为 0.17、0.14 和 0.11（表 2.10）。不同土壤深度对 AWCD 值影响显著。骆驼刺根际土壤微生物多样性指数 *U*（DIU）显著（$P<0.05$）高于其他两种植物，为 1.55，多枝柽柳和头状沙拐枣根际土壤微生物 DIU 差异不显著（$P>0.05$）。不同植物类型间根际土壤

微生物多样性指数 H（DIH）差异不显著（P>0.05）。

表 2.10　3 种多年生植物根际微生物功能多样性特征均值

植物类型	AWCD	DIU	DIH
骆驼刺	0.17	1.55	2.64
多枝柽柳	0.11	1.16	2.52
头状沙拐枣	0.14	1.30	2.61

骆驼刺根际土壤微生物 AWCD 值随土壤深度的增加呈现先增大后减小的趋势，在 100～150 cm 土层最大，均值 0.29；多枝柽柳根际土壤微生物 AWCD 值随土层分布呈现波动递减规律，0～50 cm 土层 AWCD 值显著高于其他土层（P<0.05）；头状沙拐枣 200～250 cm 土层根际土壤微生物多样性显著高于其他土层，随土壤深度的增加，AWCD 值呈现逐渐减小又递增的趋势（图 2.20）。

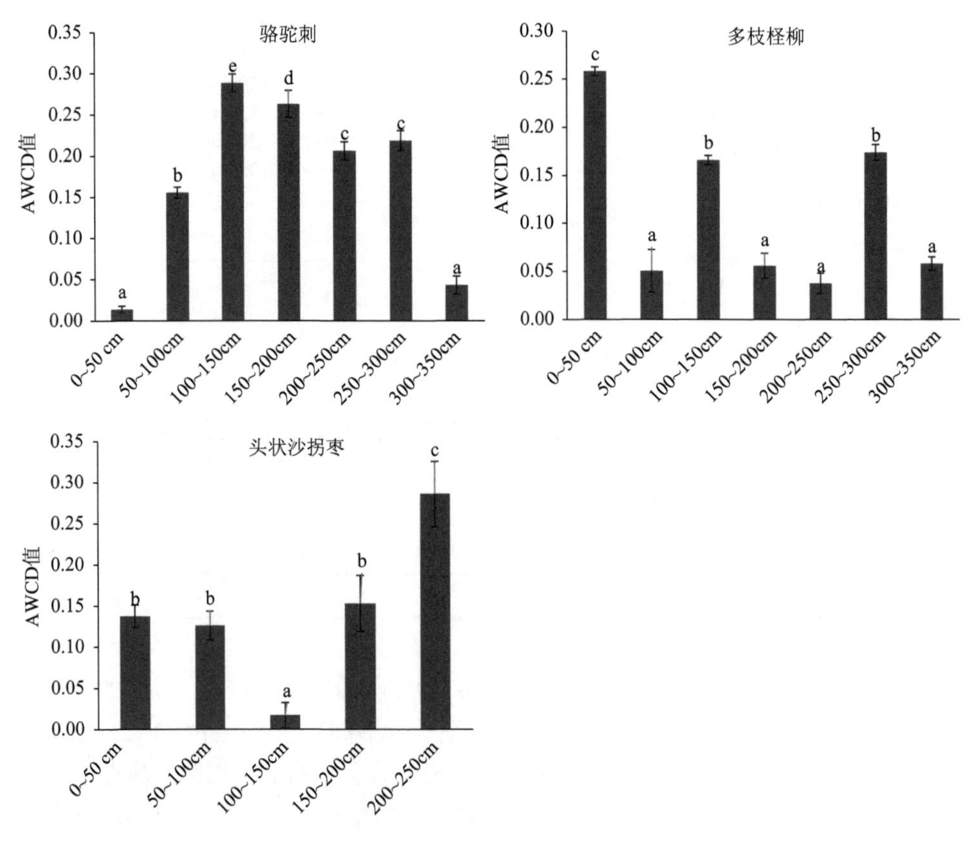

图 2.20　3 种植物根际土壤微生物 AWCD 值随土壤深度分布

骆驼刺根际土壤微生物DIU随土壤深度增加呈现先增大后减小趋势；最浅层（0～50 cm）和最深层（300～300 cm）根际土壤微生物DIU差异不显著（$P>0.05$），且显著低于其他土层（$P<0.05$）；100～150 cm、150～200 cm和250～300 cm土层根际土壤微生物DIU的差异不显著（$P>0.05$），但显著高于其他土层。多枝柽柳根际土壤微生物DIU在0～50 cm和250～300 cm土层显著高于其他土层（$P<0.05$），在这两层土层差异不显著（$P>0.05$）。头状沙拐枣100～150 cm土层根际土壤微生物DIU最低，200～250 cm土层最高（图2.21）。

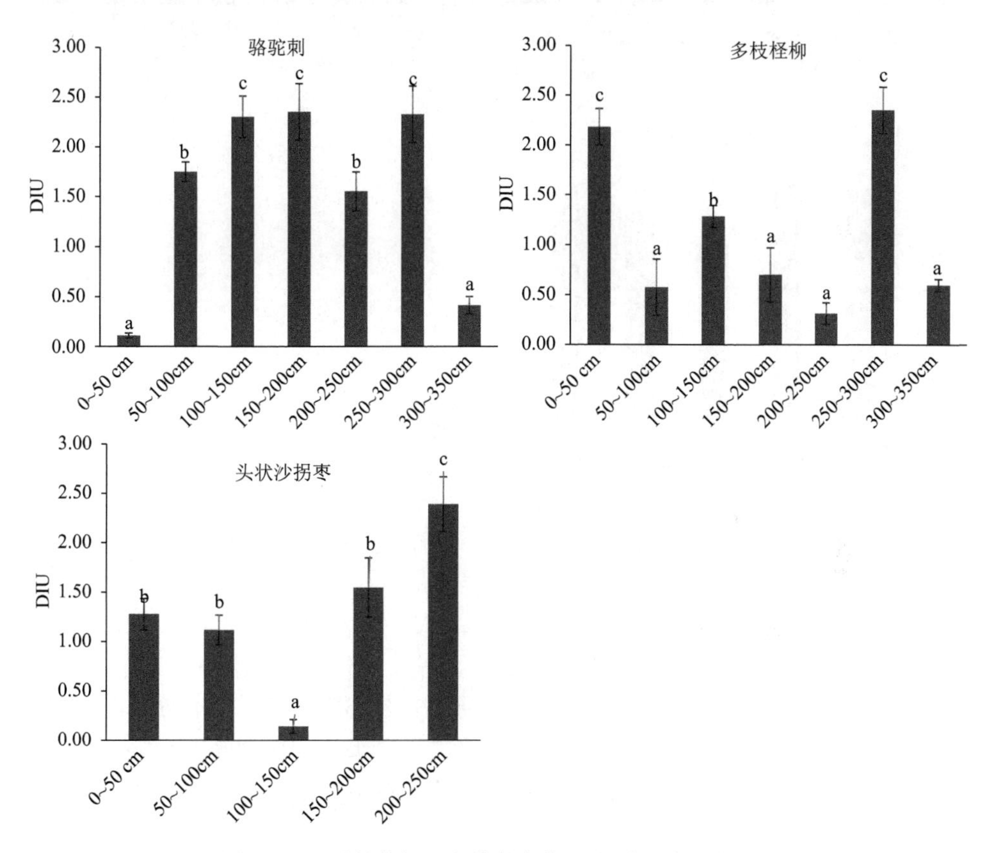

图2.21　3种植物根际土壤微生物DIU随土壤深度分布

3种植物根际微生物DIH随土壤深度分布规律与DIU相似。骆驼刺根际微生物DIH随土壤深度的增加呈现先增大后减小趋势，200～250 cm土层根际微生物DIH显著高于其他土层（$P<0.05$）。多枝柽柳根际土壤微生物DIH随土壤深度增加波动减小，0～50 cm和100～150 cm土层显著高于其他土层（$P<0.05$）。头状沙拐枣根际土壤微生物DIH在不同土壤深度上差异不显著（$P>0.05$）（图2.22）。

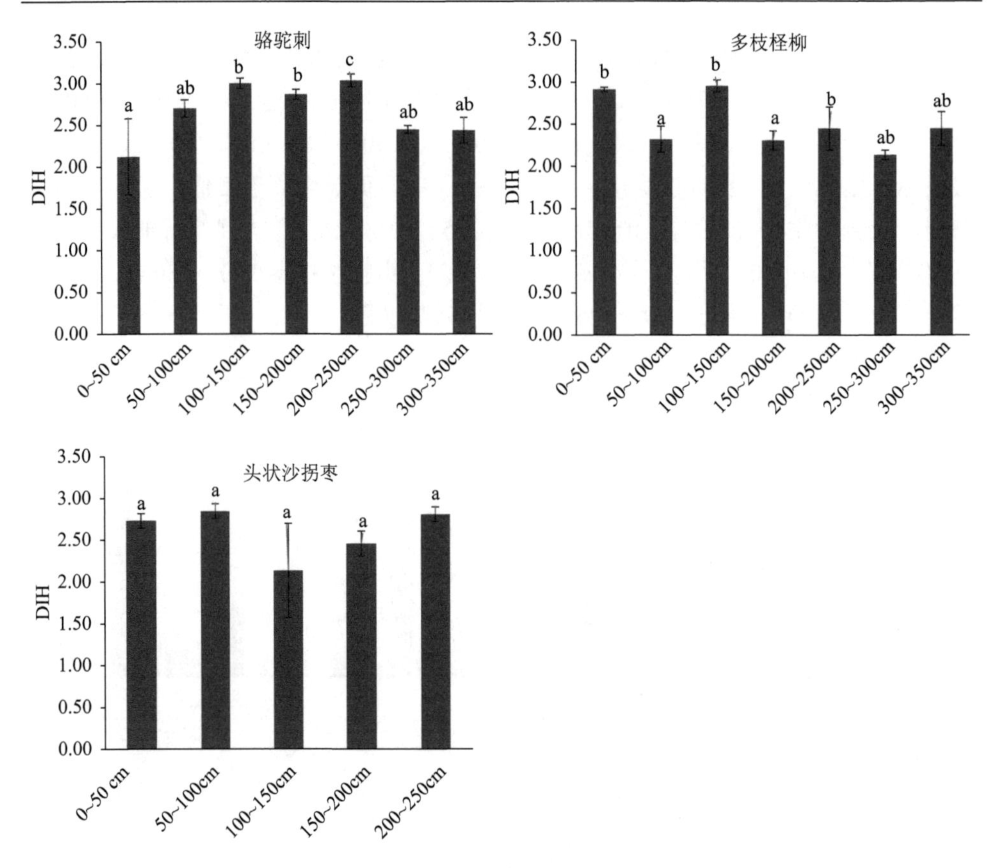

图 2.22　3 种植物根际土壤微生物 DIH 随土壤深度分布

2.4.2　微生物主要碳源利用类型

将 96 h 获得的所有样品的 AWCD 值数据，用 SPSS 进行主成分分析。将 3 种植物 19 个取样土层（骆驼刺、多枝柽柳各 7 个，头状沙拐枣 5 个）数据作为矩阵中的 19 个行，31 种 C 源物质作为 31 列，代入相应数值进行分析。提取特征值大于 1 的成分作为主成分。

对不同植物和不同土壤深度植物根际微生物 C 源利用主成分分析共计提取了 8 个主成分，其余成分特征值不足 1 舍去（表 2.11）。8 个主成分累计贡献率为 91.18%。贡献率最高的第一主成分（PC1）值为 32.12%，第二、第三主成分方差贡献率分别为 15.62%和 15.28%，第四至第八主成分贡献率较低，其值分别为 7.74%、6.43%、6.00%、4.19%和 3.80%。

表 2.11　根际土壤微生物主成分特征值和累计贡献率

主成分	特征值	贡献率/%	累计贡献率/%
1	9.56	32.12	32.12
2	4.84	15.62	47.74
3	4.74	15.28	63.02
4	2.40	7.74	70.76
5	1.99	6.43	77.20
6	1.86	6.00	83.20
7	1.30	4.19	87.38
8	1.18	3.80	91.18

按照每种 C 源对贡献率最高的第一主成分 PC1 贡献值对 31 种 C 源进行排序，如表 2.12 所示。对 PC1 贡献率大于 60%的 C 源有 12 种，依次为甘氨酰-L-谷氨酸、*N*-乙酰基-D-葡糖胺、L-丝氨酸、D-甘露醇、D-木糖、β-甲基 D-葡萄糖苷、肝糖、D-半乳糖醛酸、L-精氨酸、苯乙胺、L-天冬酰胺酸和 4-羟基苯甲酸。其中包括氨基酸 4 种、单糖 3 种、胺类 2 种、酸类 2 种和醇类 1 种。主要 C 源利用类型是氨基酸类和单糖类。

表 2.12　根际土壤微生物主要碳源利用类型

序号	贡献率/%	C 源	类别
1	84.84	甘氨酰-L-谷氨酸	氨基酸类
2	84.36	*N*-乙酰基-D-葡糖胺	胺类
3	83.61	L-丝氨酸	氨基酸类
4	83.01	D-甘露醇	醇类
5	74.66	D-木糖	单糖
6	74.13	β-甲基 D-葡萄糖苷	单糖
7	70.57	肝糖	单糖
8	69.45	D-半乳糖醛酸	酸类
9	69.31	L-精氨酸	氨基酸类
10	67.97	苯乙胺	胺类
11	66.99	L-天冬酰胺酸	氨基酸类
12	66.07	4-羟基苯甲酸	酸类

2.5 小　　结

本章系统探究了极端干旱区 3 种多年生荒漠植物的根际微生物群落在垂直梯度的结构特征，得到研究结论如下。

（1）3 种植物根际微生物的生境存在不同。在自然条件下，植物类型、土壤深度及其交互作用对根际微生物生境因子有显著影响。除 EC 外，其余所有生境因子均与土壤深度呈现显著或极显著相关性。骆驼刺根际生境养分条件较好，其根际土壤 pH、EC、C、N、C∶P 值、N∶P 值显著高于多枝柽柳和头状沙拐枣。而根际土壤 P 含量从大到小依次为：多枝柽柳>骆驼刺>头状沙拐枣，土壤 C∶N 值从大到小依次为多枝柽柳>头状沙拐枣>骆驼刺。

（2）细菌在可培养微生物中均占主导地位，3 种植物不同土壤深度根际微生物基本呈现正效应。细菌占微生物总量的大部分，量级均为 10^6。就数量而言，头状沙拐枣根际土壤可培养细菌、微生物总量最多，骆驼刺次之，多枝柽柳数量最低。而根际真菌、放线菌数量：骆驼刺>多枝柽柳>头状沙拐枣。除少数土层部分微生物根际效应呈现负效应外，其余样本根际效应均呈现正效应。

（3）3 种植物根际微生物群落结构多样性较高，其中，细菌>真菌。3 种植物根际微生物 Shannon 指数：细菌（均超过 5.5）>真菌（2.09～5.72）。骆驼刺根际细菌多样性在 3 种多年生植物中最高，多枝柽柳根际真菌多样性最高。根际细菌多样性取决于根际土壤养分状况，而根际真菌多样性与根际土壤生境因子没有显著相关性。同一种植物根际细菌、真菌的 α 多样性在相近土壤深度更接近。

（4）N 是 3 种植物根际土壤养分的主要限制因子。在自然环境中，3 种植物根际土壤 C∶N∶P 值分别为 77∶1∶22（骆驼刺）、128∶1∶5（多枝柽柳）、115∶1∶4（头状沙拐枣），与全球均值 186∶13∶1 相比，N 是这一区域最主要的养分限制因子。经过植物修复过程后，荒漠土壤 C∶N∶P 值分别为 228∶1∶8（骆驼刺）、231∶1∶8（多枝柽柳）、267∶1∶9（头状沙拐枣），进一步加剧了 N 的限制程度。

第 3 章　多年生荒漠植物根系微生物群落的组装

骆驼刺具有高度发达的深根，拥有很强的抵御贫瘠土壤和极端干旱胁迫的能力，是防风固沙的先锋植物，同时也是一种优良饲草和名贵中草药，在维持荒漠生态系统的稳定、保障绿洲生态安全、促进农牧民增收方面发挥着重要作用（曾凡江等，2010a；黄彩变等，2016b；Tariq et al.，2022）。因此，骆驼刺是研究多年生荒漠植物与微生物相互作用的理想物种（Zhang et al.，2021b）。以往关于骆驼刺的研究多集中于其生理特征（Zhang et al.，2020b）、根系性状（Liu et al.，2016）、水养获取策略（黄彩变等，2016a；余洋等，2022；Gao et al.，2022）和分子生物学（Wu et al.，2015）等方面。尽管目前也开展了部分关于骆驼刺内生菌分离和根际微生物群落特征方面的研究工作（Zhang et al.，2020a），但并未开展骆驼刺根系微生物群落的系统研究，限制了我们对多年生荒漠植物适应极端生境的微生物学过程的理解。

为解决上述科学问题，本章以骆驼刺为植物材料，在时间尺度上选择 30 天生、60 天生、90 天生、2 年生幼苗和自然生长状态下的多年生植株，空间上选择在土壤–植物连续体处于不同空间的非根际土、根际土和根内 3 个微生境中的微生物群落（图 3.1）。在每个阶段表征其非根际、根际和根内等不同空间的微生物群落，

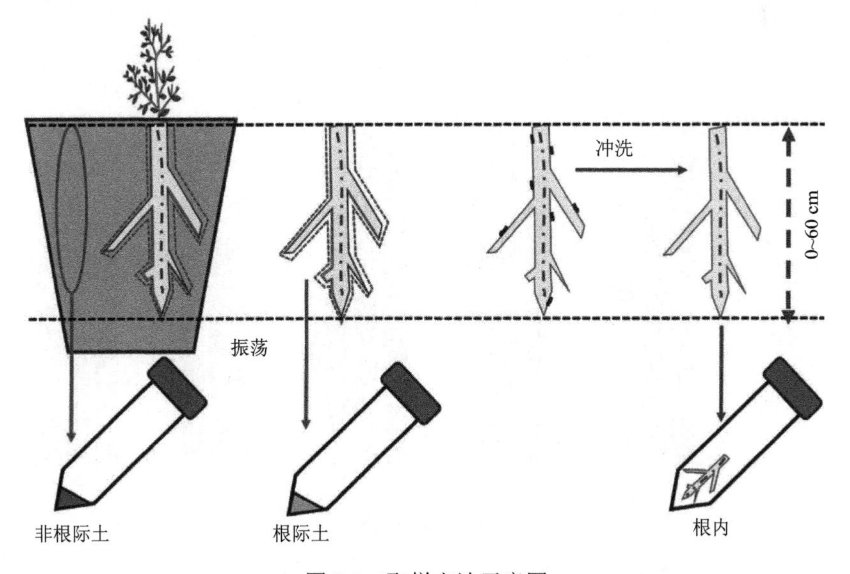

图 3.1　取样方法示意图

同时与不同时间的土壤和植物性状相关联，探究骆驼刺根系微生物群落在时间和空间上的变化规律及其驱动因素。

3.1　根系微生物的序列数量与物种注释量

运用 DADA2 法对原始序列进行去噪生成 ASV 表是目前主流分析平台（QIIME2 和 USEARCH）所力推的方法。引物片段切除后，将未匹配的引物序列舍弃，使用 DADA2 法进行质量控制、去噪、拼接、去除嵌合体等步骤，最终的序列量见图 3.2。

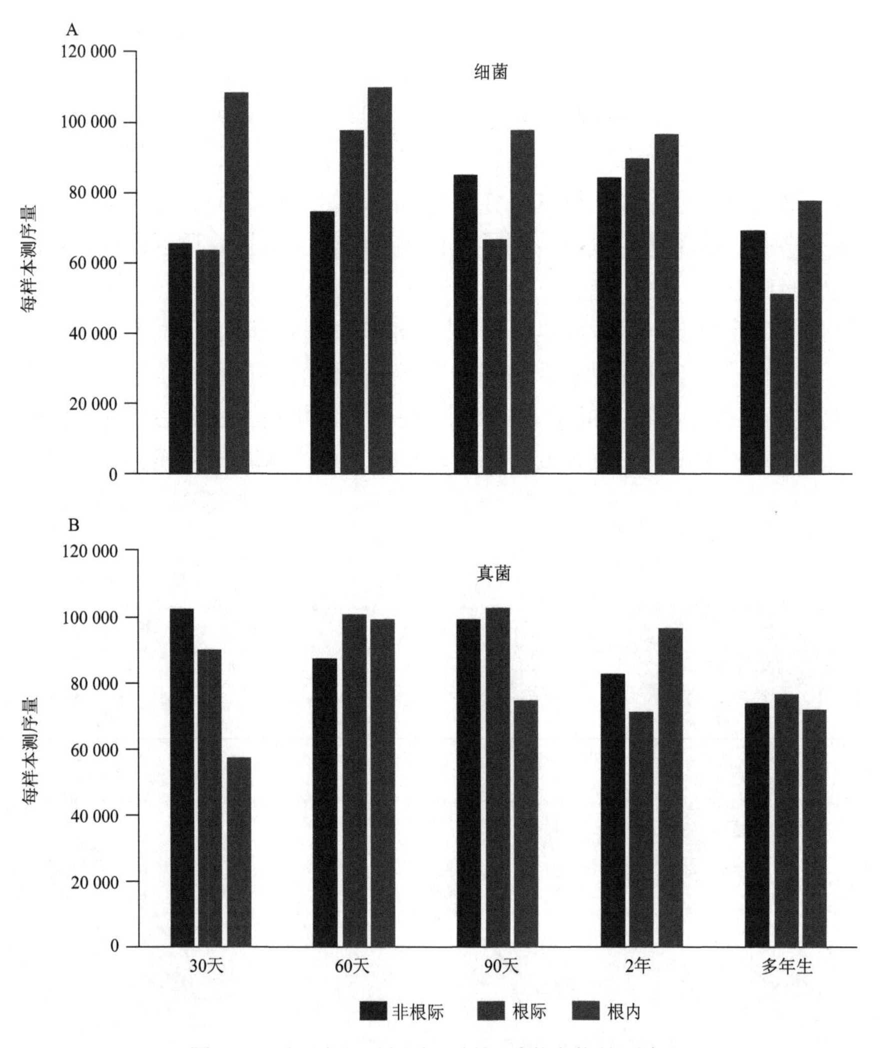

图 3.2　不同生长时间骆驼刺根系微生物的测序量

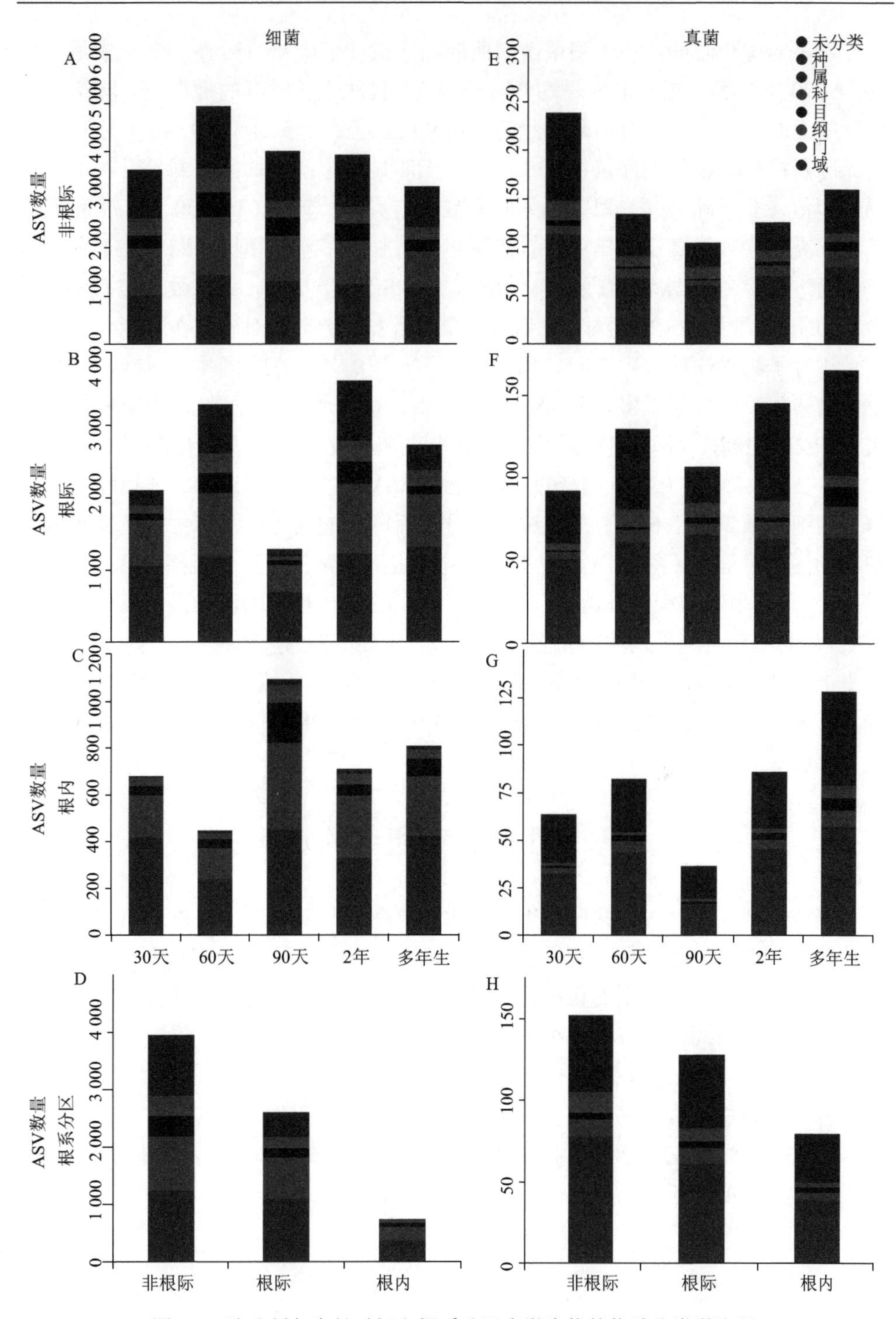

图 3.3　骆驼刺各生长时间和根系分区中微生物的物种分类学注释

在不同生长时间，骆驼刺根内细菌的测序量（平均 98 483 条）多于根际（平均 74 090 条）和非根际的（平均 76 152 条），且随生长发育的推进呈下降趋势；根际细菌的测序量呈先升后降的趋势，在 90 天达到顶峰（85 369 条）（图 3.2A）。而骆驼刺根际真菌的测序量在生长过程中无明显规律；平均的序列量沿着土壤植物连续体（非根际-根际-根内）方向呈减少趋势。1 年生（30～90 天）骆驼刺幼苗根际真菌序列量高于 2 年生和自然环境中生长的多年生植株（图 3.2B）。

通过与参考数据库（细菌 16S rRNA 参照 Silva 数据库，真核微生物 ITS 序列参考 UNITE 数据库）的比对，然后对结果进行打分判定，对序列在不同分类学水平上进行了物种注释（图 3.3）。和测序量不一致的是，在不同生长时间，非根际土中的微生物注释量最多，即 ASV 数量最多，其次是根际和根内，表明根内存在大量未知微生物。骆驼刺根系细菌的平均注释精度较高，表现在能够注释到科（24%～32%）和属（30%～46%）水平上的 ASV 最多（图 3.3D）。非根际土中可辨识的细菌数量随生长发育的推进呈先升高后降低的趋势，多年生骆驼刺非根际细菌的注释量最少（图 3.3A）。2 年生骆驼刺根际细菌的注释量最高，而相同取样时期的 90 天生幼苗根际细菌注释量最低（图 3.3B），根内的注释量反而最高（图 3.3C）。根系真菌的平均注释量多集中于域（31%～38%）和种（34%～36%）的水平上（图 3.3H）。非根际土壤中可辨识的真菌在骆驼刺生长发育早期（30 天）最多（图 3.3E），而自然状况下生长的多年生骆驼刺的根际和根内真菌注释数量最多（图 3.3F 和 G）。

3.2　根系微生物群落组装的定量表征

确定性和随机性过程共同作用于微生物群落的组装过程。通过运用零模型的方法，量化群落内物种的系统发育距离与随机系统发育距离的偏离程度（β-NTI），可以判断特定群落的时空变化由这两种过程支配的相对程度。结果表明，30 天至多年生骆驼刺不同根系分区中根系微生物群落的组装过程主要受确定性因素的影响（图 3.4），即生物或非生物因素发挥了主导性作用，而非随机的出生-死亡和扩散事件。确定性过程分别解释了非根际、根际和根内微生物群落在时间上变化的 71.43%、76.19%和 62.86%，其中对根际微生物的影响最大，其次是非根际微生物，对根内微生物的影响最小。

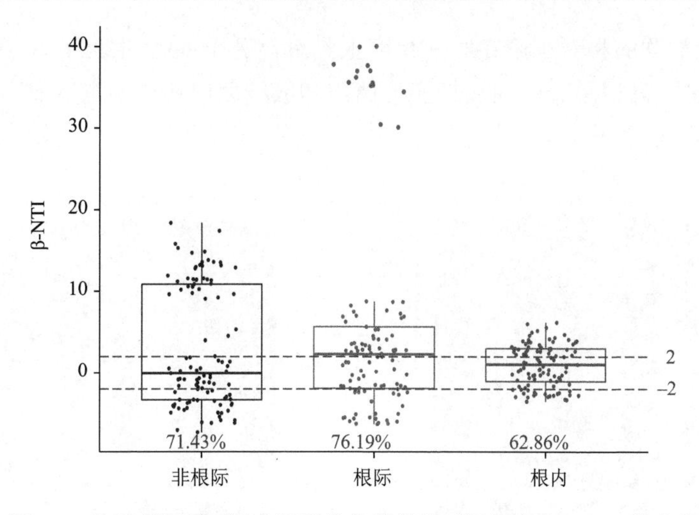

图 3.4　骆驼刺根系不同分区微生物群落在时间尺度上 β-NTI 的分布

基于细菌 16S rRNA 基因构建的系统发育关系。虚线<–2 或>2 表示期望的零模型 95%的置信区间，在–2～2 之外表明与预期系统发育组成不同。图中百分比表示确定性过程的解释量，下同

3.3　根系微生物群落的群落结构

3.3.1　优势门类的相对丰度

去除未匹配序列（singleton）后，将 ASV 表在门（phylum）水平对物种的分布情况进行了可视化（图 3.5）。厚壁菌门（Firmicutes）类群在干旱或脱水环境中可以产生芽孢，属于耐旱类群。在非根际土壤中，厚壁菌门的相对丰度在骆驼刺的早期生长（30～60 天）过程中升高，而在后续生长中逐渐减少；除 2 年生植株外，在其他阶段均发现有少量的具有固氮功能的硝化螺旋菌门（Nitrospirae）微生物的存在，且其相对丰度在不同阶段间的差异显著（图 3.5A）；奇异球菌-栖热菌门（Deinococcus-Thermus）和酸杆菌门（Acidobacteria）微生物的相对丰度在不同生长阶段的差异也达到了显著水平。厚壁菌门在 90 天生骆驼刺幼苗的根际显著增加，达 87.78%，造成放线菌门（Actinobacteria）和变形菌门的相对丰度显著减少（3.56%和 7.44%）。放线菌门类群广泛分布于干旱且有机质丰富的土壤中，故与人工模拟试验相比，自然生长的多年生骆驼刺根区各生态位中放线菌门的相对丰度均较高，由于根际土中存在大量营养物质，因此该门在根际的相对丰度最高（63.99%）。除此之外，在根际，拟杆菌门（Bacteroidetes）、奇异球菌门、疣微菌门（Verrucomicrobia）、浮霉菌门（Planctomycetes）和奇古菌门（Thaumarchaeota）的相对丰度在不同生长时间也存在显著差异（图 3.5B）。根内生细菌中变形菌门

和放线菌门类群的相对丰度在时间尺度上具有显著不同（图 3.5C）。就空间尺度而言，骆驼刺不同根系分区间包括变形菌门和放线菌门在内的丰度前 10 的门的相对丰度均具有显著差异。

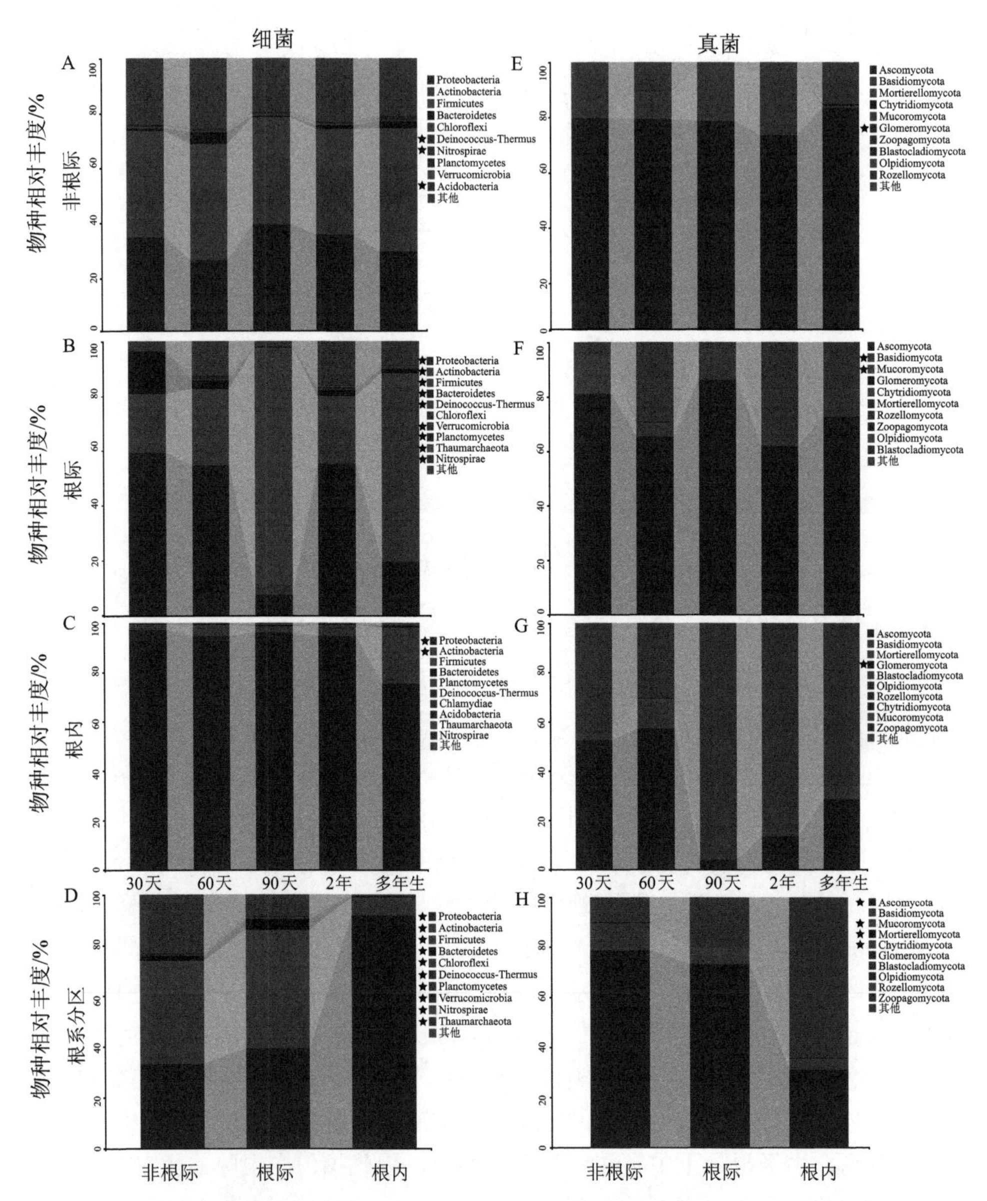

图 3.5　骆驼刺不同生长时间和根系分区优势门类（前 10）的相对丰度

★表明微生物门类在组间具有显著差异（方差分析或 Kruskal-Wallis 检验，$P<0.05$）

球囊菌门（Glomeromycota）75%的菌株能以丛枝菌根（AM）的形式与陆生植物建立共生关系。在非根际土中，其相对丰度在不同时间具有显著差异（图 3.5E）。担子菌门（Basidiomycota）是真菌界分布最为广泛的门类之一，而能与植物建立稳定合作关系的大部分未被识别的真菌起源于毛霉门（Mucoromycota），两者在骆驼刺根际不同生长节点间的相对丰度具有显著不同。被孢菌门（Mortierellomycota）和担子菌门分别出现在 60 天至 2 年生植株的非根际土壤和根际土中。根内存在着大量的未知真菌（30.47%～94.88%），在 60 天时骆驼刺幼苗根内的真菌类群更为多样化（图 3.5H）。根内球囊菌门的相对丰度在不同生长时间具有显著差异。子囊菌门（Ascomycota）的产孢能力强，大量存在于根系各分区。沿着土壤-植物连续体方向（非根际-根际-根内），子囊菌门的相对丰度逐渐减少（78.89%～31.12%）；毛霉门在根际土中的比例最高（3.03%）（图 3.5H），尤其是在 30 天生骆驼刺幼苗的根际。被孢菌门和壶菌门（Chytridiomycota）的相对丰度在根系不同分区间也具有显著差异。

3.3.2　α 多样性

α 多样性指数表征了物种在局部均匀生境内的多样性，以物种的丰富度（richness）、多样性（diversity）和均匀度（evenness）等指标衡量。Chao1 指数衡量了群落的丰富度，Shannon 指数的高低表明了群落多样性的高低，Pielou_e（Pielou's evenness）指数表征了群落的均匀度。图 3.6 和图 3.7 分别展示了不同生长时间和根系分区骆驼刺根系细菌和真菌的 α 多样性。

不同生长时间根系微生物群落的 α 多样性显著不同（LSD's test，P<0.05，图 3.6）。30～60 天生骆驼刺非根际土细菌的 α 多样性呈增加的趋势（图 3.6A 和 E），随后逐渐降低。90 天时根际细菌的多样性最低。在不同生长时间，骆驼刺根内生细菌的 Chao1 指数间存在着显著的差异（图 3.6C），而 Shannon 和 Pielou_e 指数间的差异不显著（图 3.6G 和 K）。

在骆驼刺不同生长时间，非根际土壤真菌的 Chao1 和 Pielou_e 指数表现出显著的差异性（图 3.7A 和 I），根际真菌的 Shannon 和 Pielou_e 指数也观察到显著不同（图 3.7F 和 J）。生长时间对骆驼刺根内生菌的 α 多样性 3 个指标的影响均达到了显著水平（图 3.7C、G 和 K）。

与其他植物微生物群落相似，骆驼刺根系细菌和真菌的 α 多样性在不同生态位间的差异极显著（P<0.001，图 3.6D 和图 3.7D、H 和 L），沿着土壤-植物连续体（非根际-根际-根内）呈下降趋势。

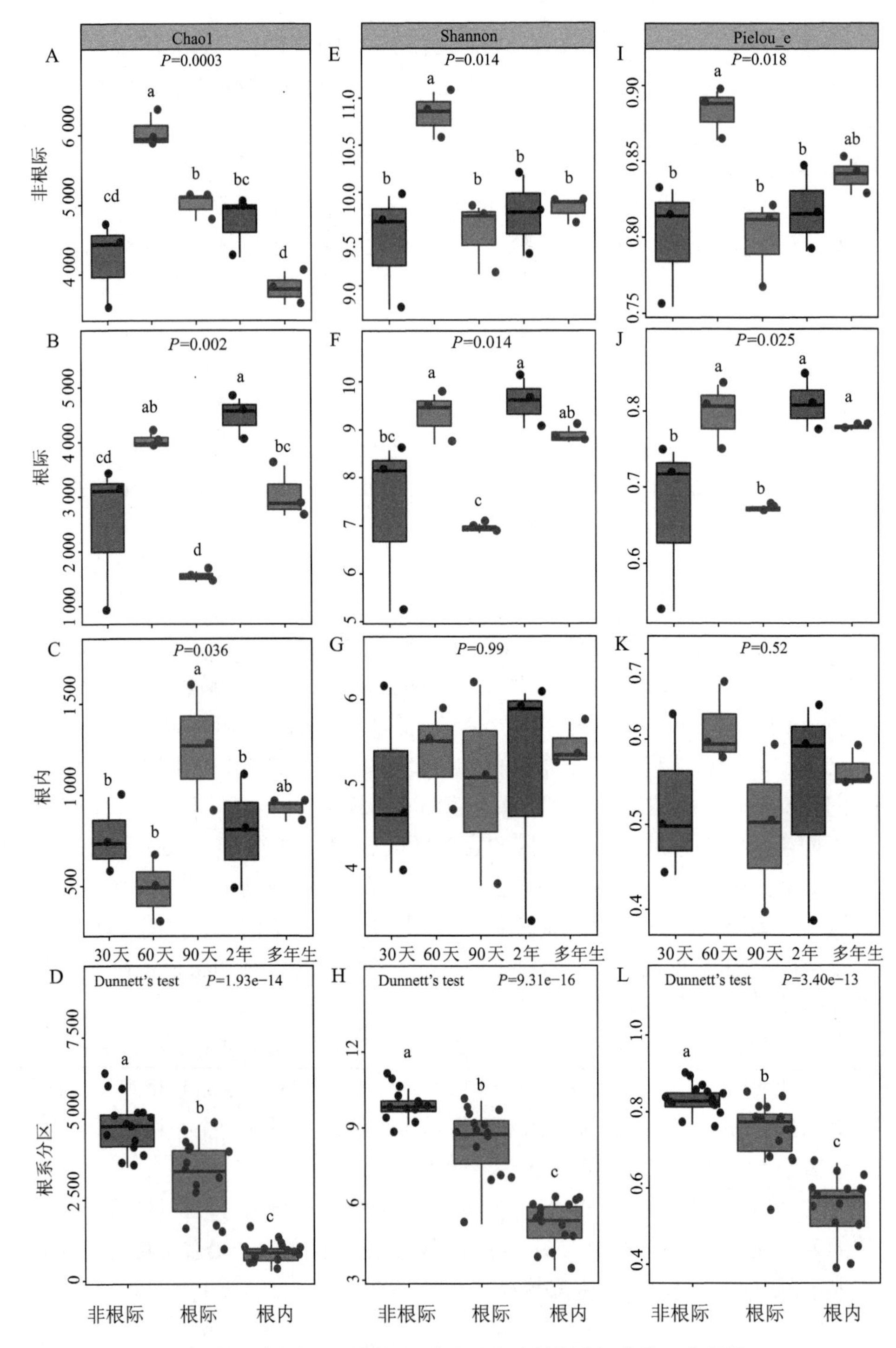

图 3.6　不同生长时间和根系分区骆驼刺根系细菌的 α 多样性

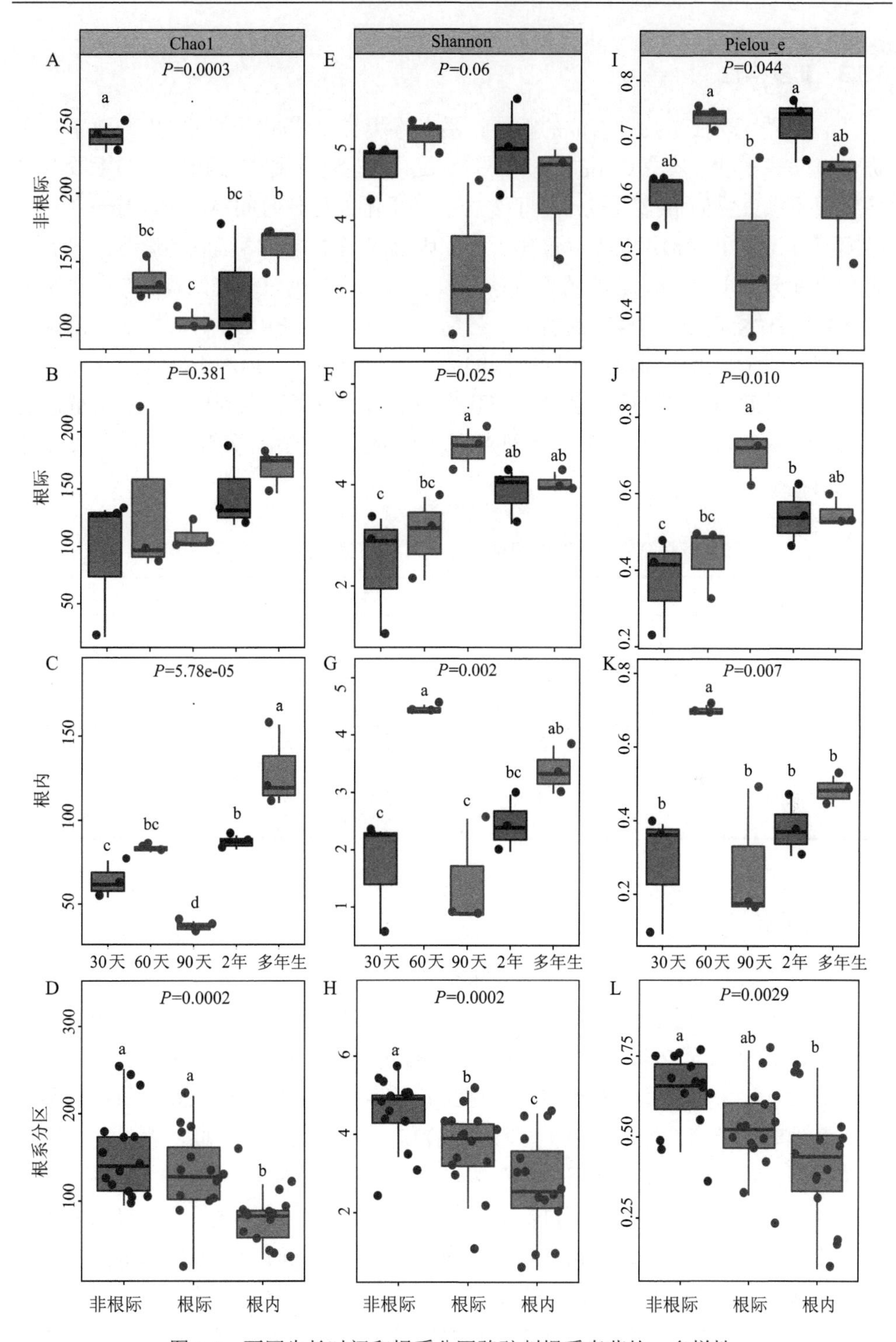

图 3.7　不同生长时间和根系分区骆驼刺根系真菌的 α 多样性

3.3.3 β 多样性

β 多样性表征了物种组成的相异性沿着环境梯度或时间序列的更替速率，又称生境间多样性。本章运用排序、聚类和统计检验等多种方法相结合的手段对骆驼刺根系微生物的 β 多样性进行了表征。基于不同生长时间 ASV 的 Bray-Curtis 距离，首先用 PERMANOVA 量化了不同因素对微生物群落组成的影响，接着运用主坐标分析（PCoA）的非约束排序手段对微生物数据进行降维，在二维水平上可视化了样本间微生物群落的差异。最后，本节基于 PERMANOVA 法，测试了骆驼刺不同生长时间和根系不同分区间微生物的组成在组内和组间的距离差异。

生长时间和根系分区的独立和交互作用显著影响了骆驼刺根系微生物群落的组成（*P*<–0.001），并且生长时间对群落组成差异的解释量均大于根系分区（表 3.1）。

表 3.1　骆驼刺生长时间和根系分区对根系微生物群落组成的影响

	因子	自由度	解释量（R^2）	*F* 值
细菌	生长时间（T）	4	17.0%	<–0.001
	根系分区（C）	2	13.2%	<–0.001
	生长时间×根系分区（T×C）	14	68.5%	<–0.001
真菌	生长时间（T）	4	15.7%	<–0.001
	根系分区（C）	2	11.1%	<–0.001
	生长时间×根系分区（T×C）	14	78.0%	<–0.001

1）非根际

不同生长时间对非根际细菌群落的组成具有显著影响。PCoA 排序图的第一主轴最大限度解释了骆驼刺非根际细菌群落在时间序列上的差异（26.4%，图 3.8A）。60 天至 2 年生阶段细菌群落间的差异较小，与 30 天生和多年生阶段彼此分离。和细菌相似，30 天生和自然生长的多年生骆驼刺非根际真菌的群落组成与其他时间节点的差异也较大（图 3.8D）。与排序的结果类似，聚类分析的结果也表明，时间轴上非根际细菌群落的差异主要体现在骆驼刺生长的前期（30 天生）、中期（60 天至 2 年生）和多年生阶段（图 3.8B），即 30 天生和自然生长的多年生骆驼刺非根际细菌群落的组成具有显著不同，同时与其他生长阶段的细菌群落组成相异，而 60 天生、90 天生和 2 年生幼苗非根际真菌群落的组成相近。不同生长时间的骆驼刺非根际微生物群落组成的相异距离表明，除 2 年生骆驼刺的非根际真菌群落组成外，非根际土壤微生物的群落组成差异随着生长发育的推进呈现出上升的趋势（图 3.8C 和 F）。

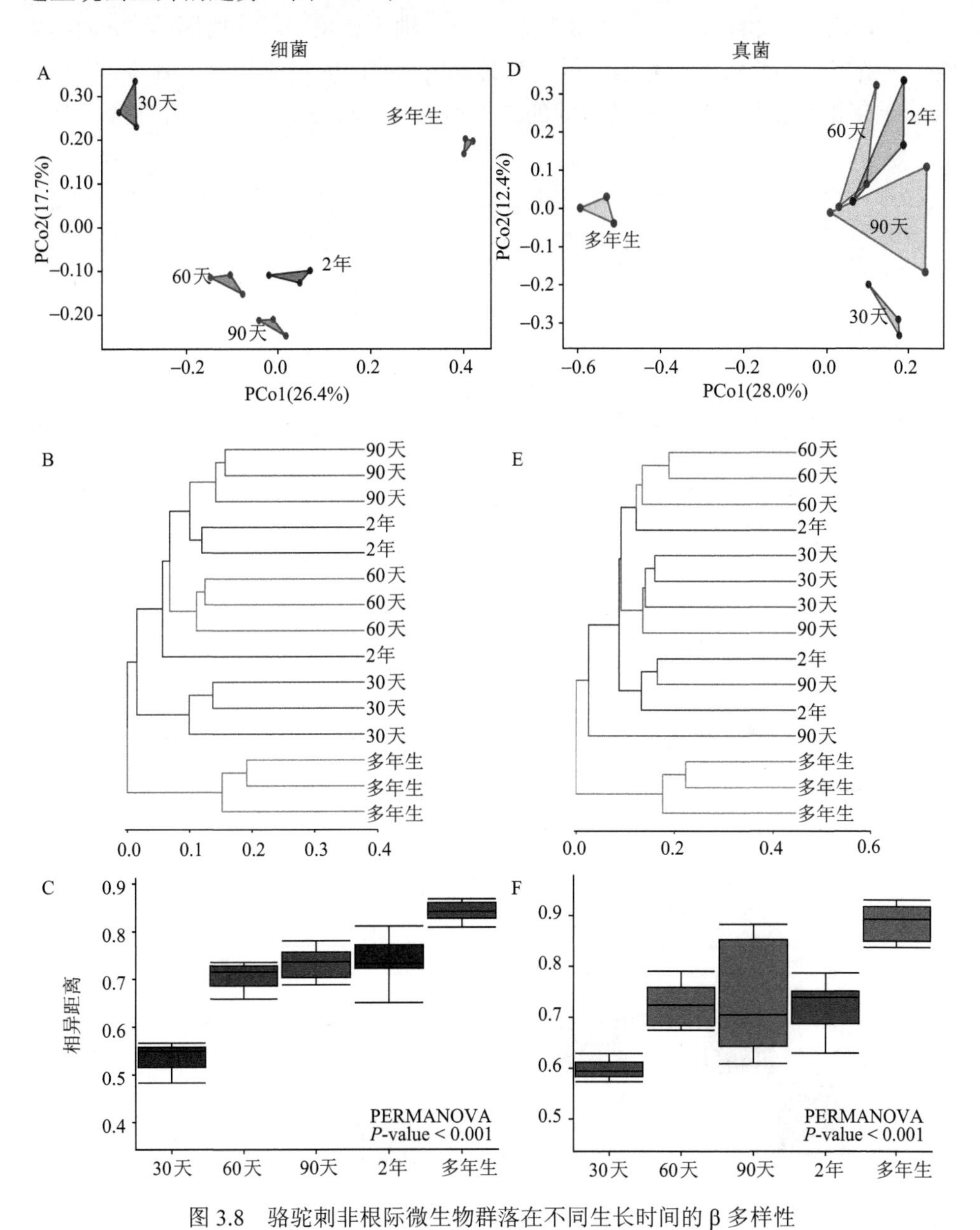

图 3.8　骆驼刺非根际微生物群落在不同生长时间的 β 多样性

A、D. 基于 ASV Bray-Curtis 距离的 PCoA 分析；B、E. 基于 UPGMA 法的聚类分析；C、F. 基于 PERMANOVA 的相异距离分析，下同

2）根际

PCoA 排序轴的第一主轴（28.3%）和第二轴（25.8%）分别解释了 90 天和自然生长的多年生骆驼刺根际细菌群落与其他生长时间的组成差异（图 3.9A）。60 天至 2 年生骆驼刺根际真菌群落间的差异不明显，而与 30 天和多年生差异显著

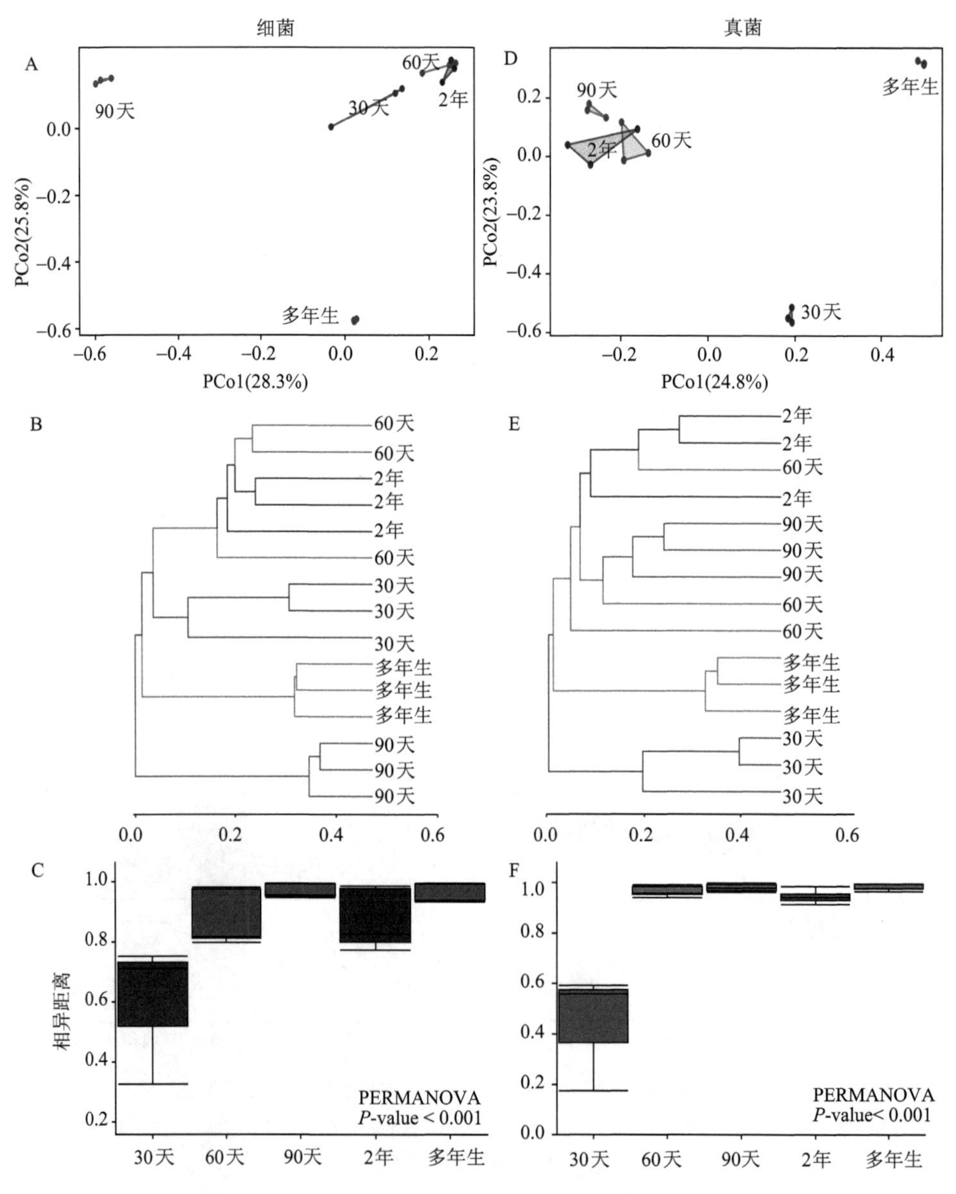

图 3.9　骆驼刺根际微生物群落在不同生长时间的 β 多样性

（PCo1：24.8%，图 3.9D）。聚类分析的结果也显示，90 天生骆驼刺幼苗和多年生骆驼刺根际细菌与其他时间节点彼此分离，而 30 天和多年生骆驼刺根际真菌的差异显著，与 60 天至 2 年生阶段显著不同。置换检验的 PERMANOVA 结果也证明，不同生长时间的根际细菌群落组成具有显著差异（P<0.001，图 3.9C 和 F）。

3）根内

与骆驼刺非根际和根际微生物群落在不同生长时间的组成相比，PCoA 和聚类分析的结果显示，根内细菌群落组成的差异体现在骆驼刺生长的 30 天、90 天、多年生阶段和其他阶段。PCoA 排序轴的第一主轴最大限度解释了根内（24.3%，图 3.10A）细菌群落在时间序列上的差异。聚类分析结果表明 2 年生和 60 天生骆驼刺根内生细菌群落组成相似，而与 30 天、多年生和 90 天阶段差异之间增大（图 3.10B）。多年生和其他阶段骆驼刺根内生真菌的群落组成不同，在排序图中表现为彼此间相互分离（图 3.10D），而聚类分析却将 30 天生骆驼刺幼苗根内真菌群落组成与多年生和其他阶段分隔开来，60 天至 2 年生阶段的群落组成相似（图 3.10E）。

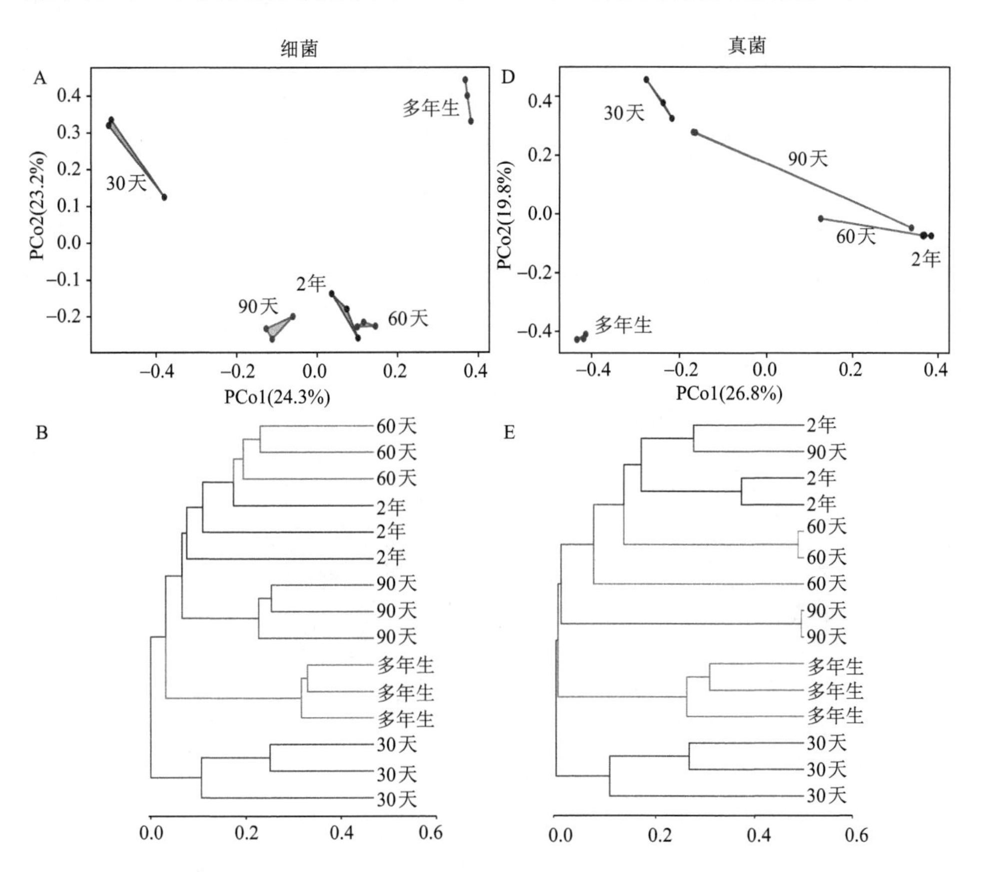

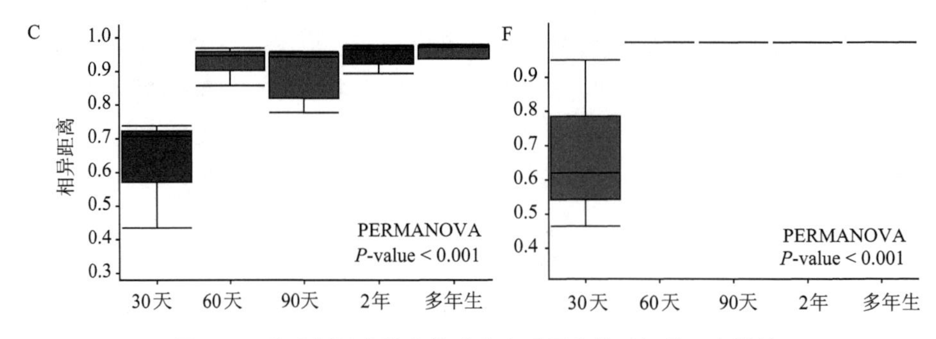

图 3.10　骆驼刺根内微生物群落在不同生长时间的 β 多样性

置换检验的结果证实了上述关于骆驼刺在不同生长时间，根内微生物群落组成具有显著差异的论断（图 3.10C 和 F）。

4）根系分区

根系不同分区驱动了骆驼刺根系微生物群落组成的分化，且沿着土壤–植物连续体方向（非根际–根际–根内）群落组成的差异程度逐渐增加（PERMANOVA，$P<0.001$，图 3.11C 和 F）。在整个生长周期内，PCoA 排序（图 3.11A）和聚类分析（图 3.11B）将根内和根外明显区分成了两个不同性质的生境，即根内外细菌群落的组成具有明显不同，而根际和非根际细菌组成相似。与根系真菌不同的是，虽然根内和非根际真菌的群落组成差异显著，但是根际真菌的群落组成分别与非根际和根内有一定的相似性，表现为排序图中根际真菌与其他两个根系分区的重合（图 3.11D），在聚类分析中，非根际和根内未被完全区分开（图 3.11E）。

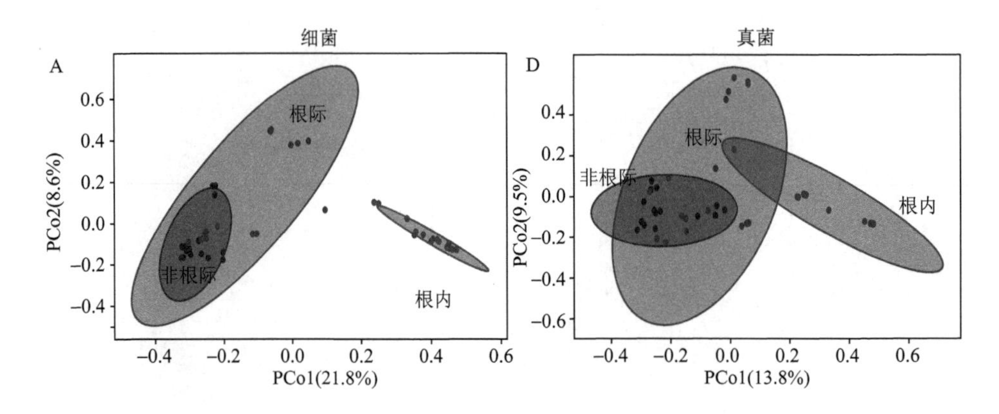

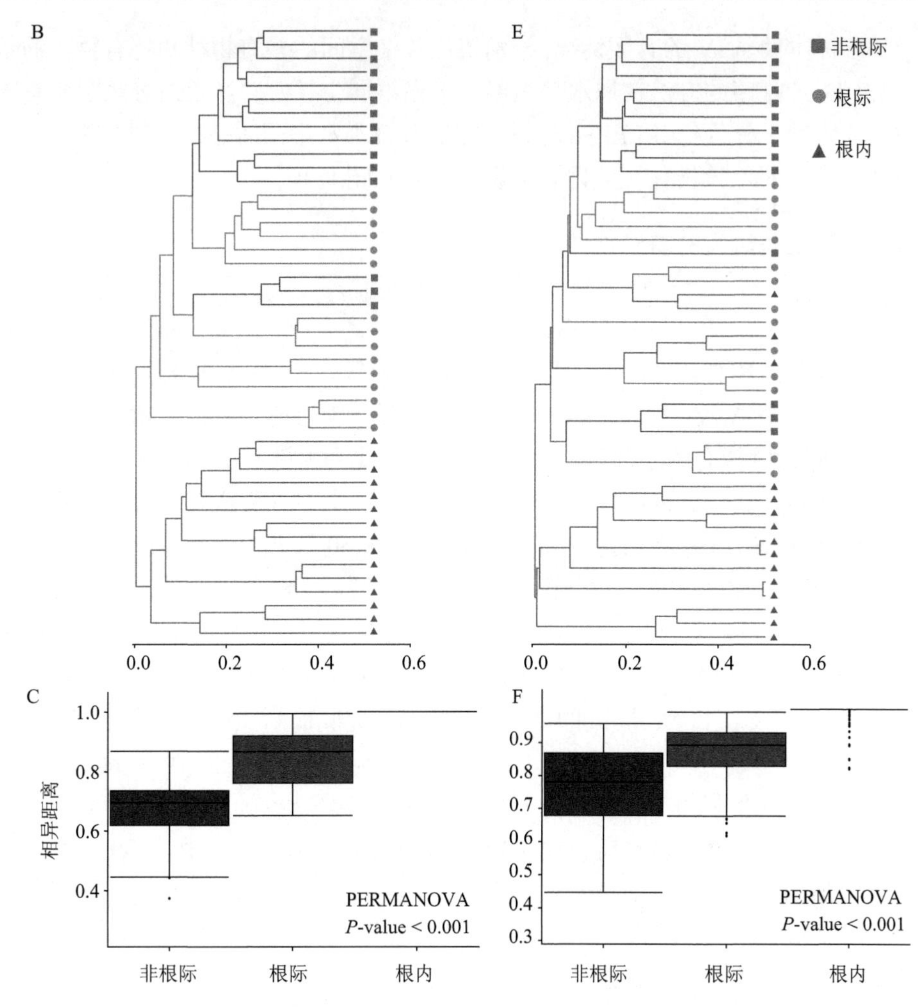

图 3.11　骆驼刺根系微生物群落在根系分区间的β多样性

3.4　根系微生物群落的差异物种

在β多样性分析中（图 3.8～图 3.11），不同生长时间和根系分区对骆驼刺根系微生物群落的组成具有重要影响。然而，这些差异往往是由部分物种造成的，可借助多种方法进行统计和分析。在属水平上，以物种组成热图的形式进一步比较了不同生长时间和根系分区间的物种组成差异。为探究骆驼刺不同生长时间和根系分区间哪些物种是共有的，哪些物种是独有的，在 ASV 水平上利用韦恩（Venn）图进行时间和空间尺度上骆驼刺根系微生物群落组成的可视化。韦恩图展示了各样本间 ASV 的有无情况，分别统计各个组间的共有物种和特有物种的数量。结合 PCA 排序的方法在属水平上展示了在不同生长发育和根系分区中具有丰度差异的物种。最后利用 LEFSe 分析法在所有分类水平同时进行差异分析，寻找分组之间稳健的差异物种（生物标志物种，biomarker）。

3.4.1　不同生长时间的差异物种

1）非根际

非根际细菌和真菌在时间序列上分别有 629 个和 24 个 ASV 稳定存在，且 60 天时特有的细菌 ASV 数量最多。30 天时非根际土中特有的真菌数量最多，随后减少，而 90 天时特有的细菌和真菌 ASV 数量均最少（图 3.12A 和 D）。物种组成热图显示链球菌属（*Streptococcus*）在 30 天非根际土中显著富集（图 3.13A）。微枝形杆菌属（*Microvirga*）是根瘤菌的新成员，在 60 天非根际土中的相对丰度显著高于其他时间阶段。90 天非根际土中富集着柄杆菌属（*Caulobacter*）、假诺卡氏菌属（*Pseudonocardia*）、固氮螺菌属（*Azospirillum*）和马阔里类芽孢杆菌属（*Paenisporosarcina*）等类群。耐旱型类群芽孢杆菌属（*Bacillus*）主要富集在 2 年生非根际土中。自然生长的多年生骆驼刺非根际细菌中类诺卡氏属（*Nocardioides*）、小单胞菌属（*Micromonospora*）、硫胺素芽孢杆菌属（*Aneurinibacillus*）和与植物耐旱性相关的链霉菌属（*Streptomyces*）的相对丰度最高（图 3.13A）。LEFSe 分析表明不同时间中均存在标志物种，其中 30 天时非根际土中变形菌门（Proteobacteria）中的 γ 变形菌纲（γ-proteobacteria）肠杆菌目（Enterobacterales）肠杆菌科（Enterobacteriaceae）细菌是造成骆驼刺不同生长时间非根际细菌群落组成的标志物种（图 3.12C）。

30 天时非根际真菌光黑壳属（*Preussia*）显著富集。90 天时非根际土中腐生型真菌曲霉属（*Aspergillus*）的相对丰度较高，该属也是时间序列上差异最显著的物种（图 3.12E）。2 年生骆驼刺非根际土中假裸囊菌属（*Pseudogymnoascus*）和 *Solicoccozyma* 的相对丰度显著高于其他时间节点。在自然生境中的多年生骆驼刺非根际土中植物病原菌链格孢属（*Alternaria*）和青霉属（*Penicillium*）的相对丰度均最高。不同时间非根际真菌群落中的差异物种表现在除 90 天外的其他时间，其中线黑粉菌目（Filobasidiales）的丰度变化最大限度解释了不同时间群落组成的差异（图 3.12F）。

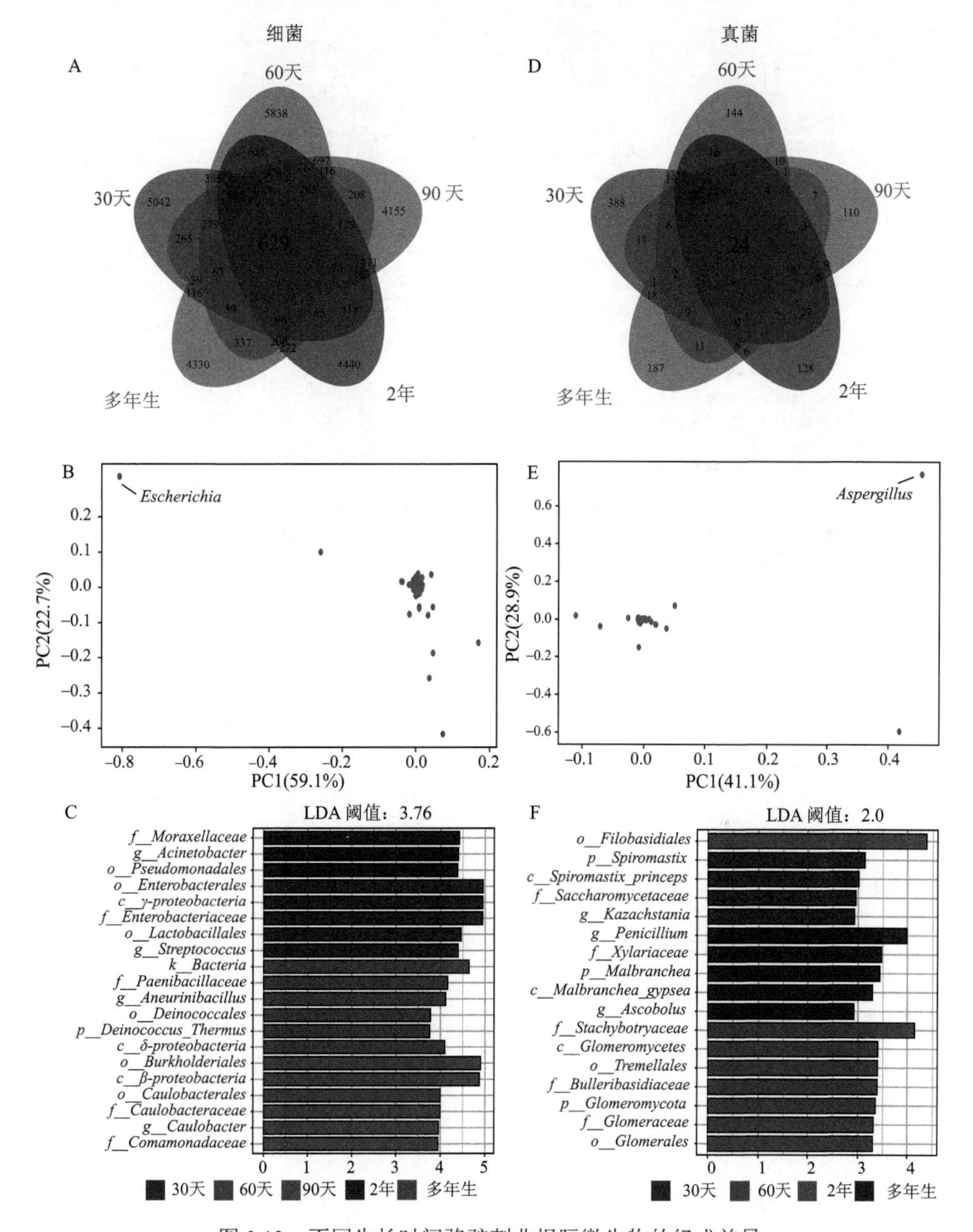

图 3.12　不同生长时间骆驼刺非根际微生物的组成差异

A、D. 不同时间共有和特有的 ASV；B、E. 在时间序列上具有显著差异的物种；C、F. 前 20 种不同分类水平上具有统计学差异的标志物种，下同

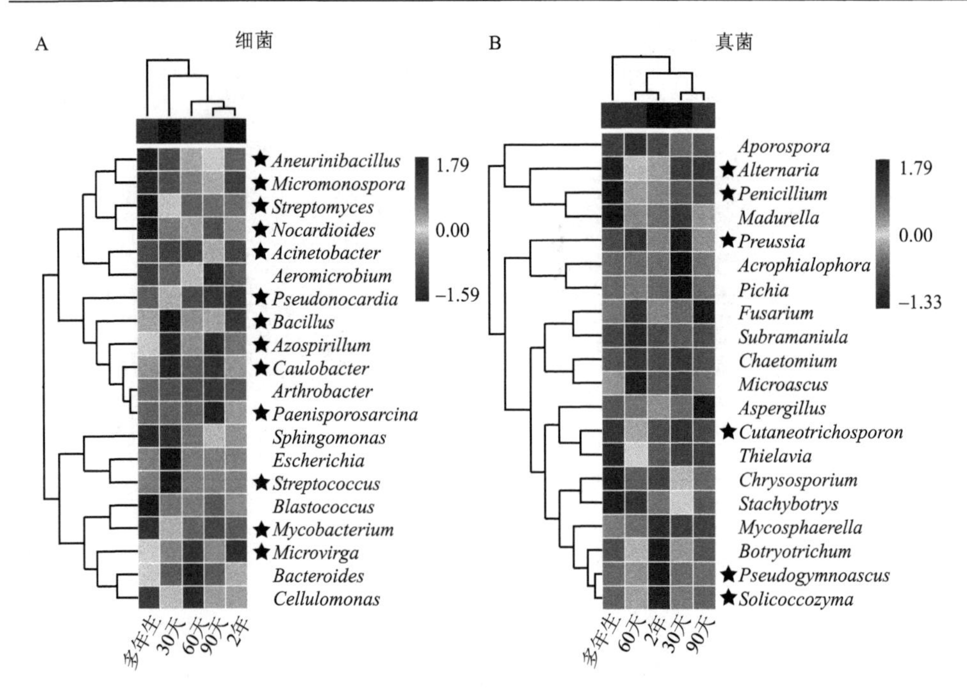

图 3.13　不同生长时间骆驼刺非根际前 20 属微生物的组成

不同时间样本按照物种组成的欧氏距离（Euclidean distance）进行 UPGMA 聚类；对物种组成数据按照 Pearson 相关性系数矩阵对物种进行聚类（UPGMA）。★表明微生物门类在组间具有显著差异（方差分析或 Kruskal-Wallis 检验，$P<0.05$），下同

2）根际

不同生长时间骆驼刺根际细菌和真菌共有的 ASV 数量分别为 138 个和 19 个，2 年生植株根际特有的细菌 ASV 和多年生植株根际特有的真菌 ASV 均最多（图 3.14A 和 D）。游动球菌属（*Planomicrobium*）在 90 天生骆驼刺根际的相对丰度较高，虽未达到显著水平，但该属最大限度反映了不同生长阶段骆驼刺根际细菌在属水平上的差异（图 3.14B）。LEFSe 分析也显示游动球菌属（*Planomicrobium*）所在的芽孢杆菌目（Bacillales）是骆驼刺根际的标志物种（图 3.14C）。豆科植物是中华根瘤菌属（*Sinorhizobium*）细菌的唯一寄主，该属细菌在 2 年生骆驼刺根际中显著富集（图 3.15A）。自然生长的多年生骆驼刺根际显著富集了能够产生抗生素的假诺卡氏菌属（*Pseudonocardia*）；与非根际土一样，链霉菌属（*Streptomyces*）的相对丰度在多年生骆驼刺根际中也显著富集。

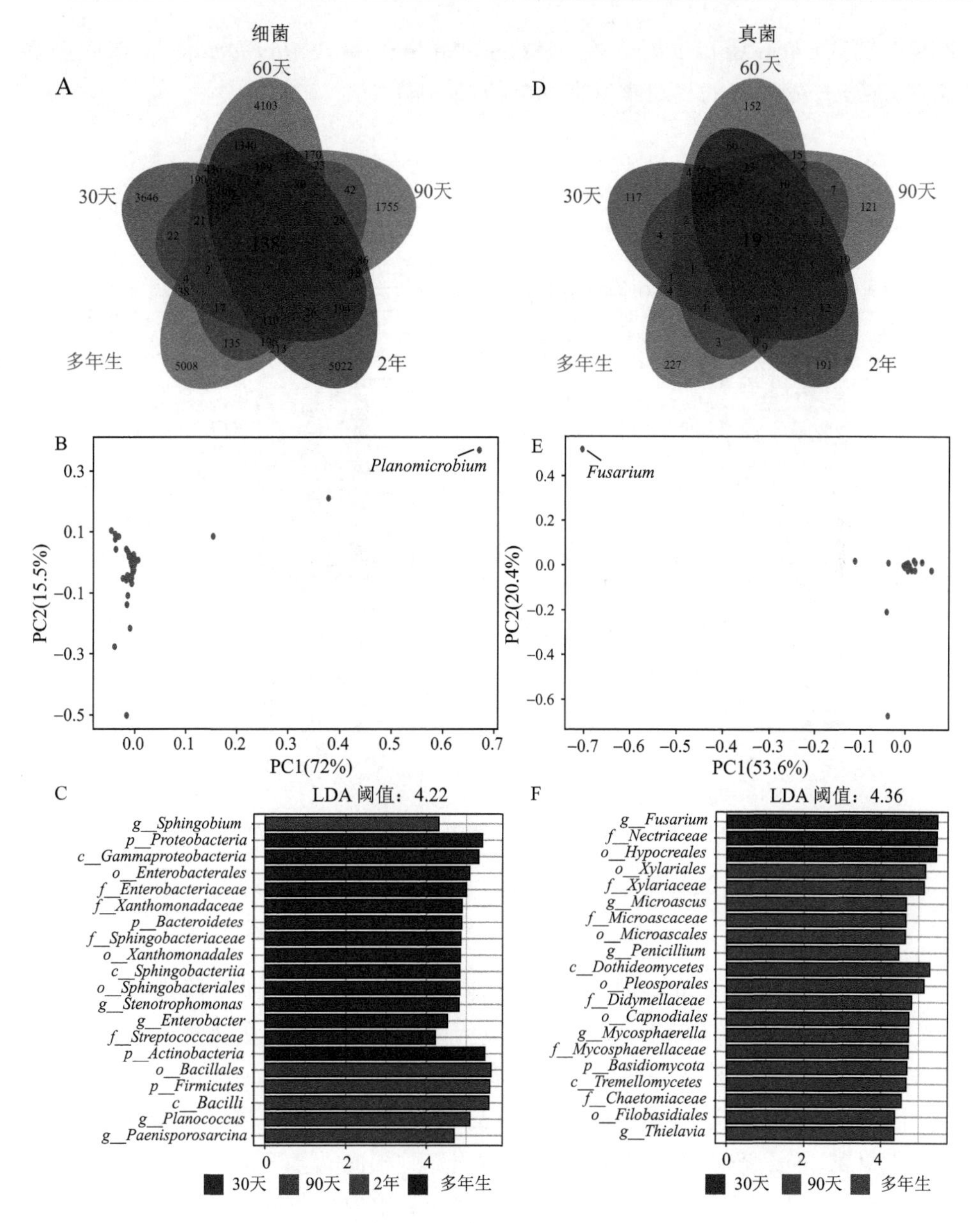

图 3.14　不同生长时间骆驼刺根际微生物的组成差异

在生长初期（30 天），镰刀菌属（*Fusarium*）细菌在根际中的丰度相对较高，该属也最大限度解释了不同生长时间骆驼刺根际真菌群落的差异，同时也是稳健的组间差异标志物种（LEFSe 分析，图 3.14F）。葡萄穗霉属（*Stachybotrys*）具有纤维素分解作用，在 60 天时的根际土壤中显著富集（图 3.15B）。植物共生真菌金孢霉属（*Chrysosporium*）、植物致病菌链格孢属（*Alternaria*）和球腔菌属（*Mycosphaerella*）等的相对丰度在 90 天时最高。

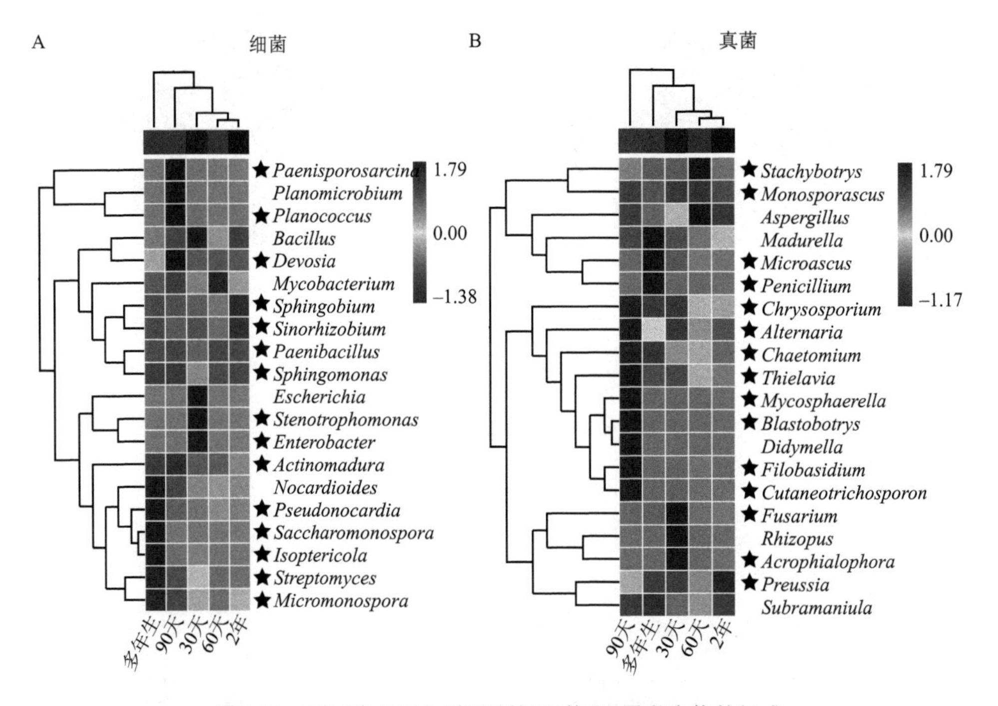

图 3.15　不同生长时间骆驼刺根际前 20 属微生物的组成

3）根内

骆驼刺不同生长时间根内生细菌在时间序列中有 45 个 ASV 稳定存在，而没有共同的真菌 ASV（图 3.16A 和 D）。30 天时骆驼刺根内显著富集了多种丰度较高的物种，其中包括植物致病菌劳尔氏菌属（*Ralstonia*）和欧文氏菌属（*Erwinia*），以及固氮微生物柠檬酸杆菌属（*Citrobacter*）。中慢生根瘤菌属（*Mesorhizobium*）和鞘脂菌属（*Sphingobium*）细菌在 2 年生骆驼刺根内大量富集（图 3.17A），前者同时也在很大程度上解释了不同生长时间骆驼刺根内细菌群落组成的差异。自然生境中生长的多年生骆驼刺根内显著富集了假诺卡氏菌属（*Pseudonocardia*）（图 3.17A）。同非根际土一样，LEFSe 分析表明 30 天时非根际土中变形菌门（Proteobacteria）γ 变形菌纲（γ-proteobacteria）肠杆菌目（Enterobacterales）细菌是骆驼刺不同生长时间根内细菌群落组成的标志物种（图 3.16C）。

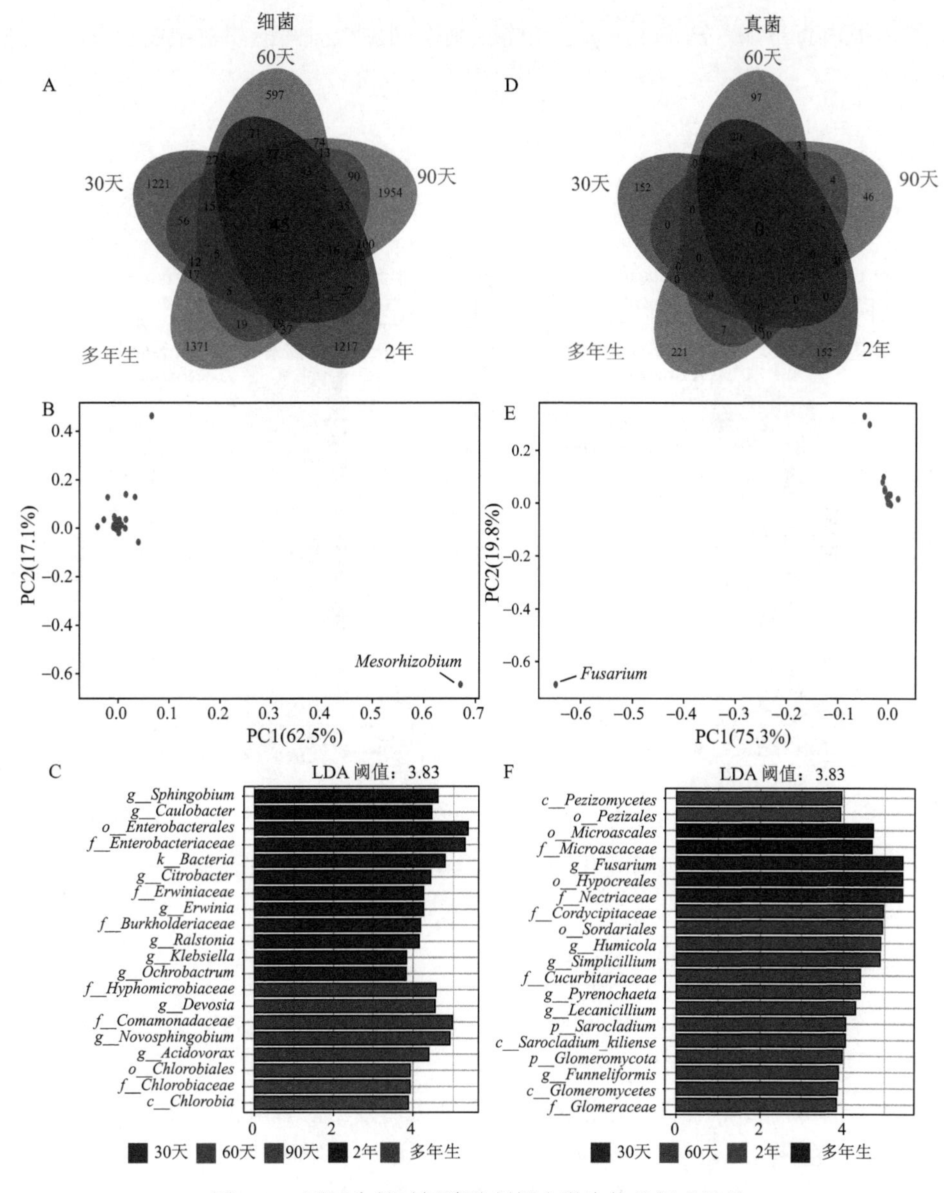

图 3.16　不同生长时间骆驼刺根内微生物的组成差异

丰度相对较高的真菌类群大多数显著富集在 60 天生骆驼刺幼苗的根内，包括白冬孢酵母属（*Leucosporidium*），植物共生真菌拟青霉属（*Simplicillium*）、腐质霉属（*Humicola*）、*Lecanicillium* 和帚枝霉属（*Sarocladium*）等（图 3.17B）。生长发育早期（30 天）阶段，致病菌镰刀菌属（*Fusarium*）在根内的相对丰度最高，也是不同生长阶段骆驼刺根内生真菌的标志物种（LEFSe 分析，图 3.16F）。除此之外，根内青霉属（*Penicillium*）在骆驼刺不同生长时间的相对丰度也存在着显著差异。

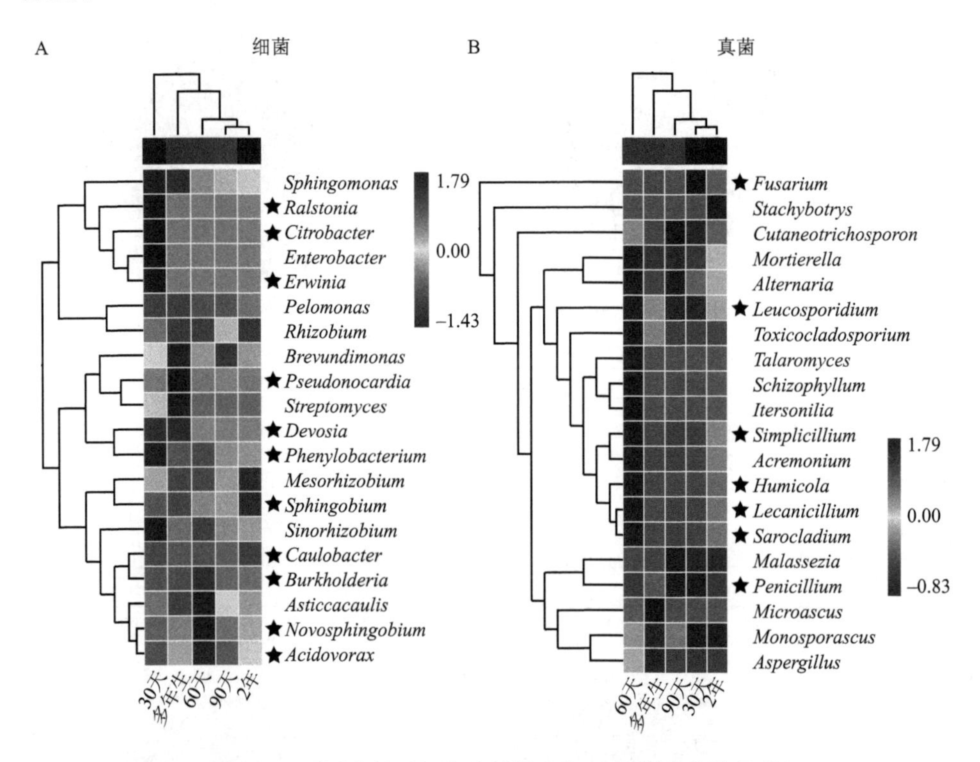

图 3.17　不同生长时间骆驼刺根内前 20 属微生物的组成

3.4.2　根系不同分区间的差异物种

整个取样周期中，不同的根系分区间没有共有的细菌 ASV，非根际和根际土中共有 7393 个 ASV，而共有的真菌 ASV 有 30 个（图 3.18）。在细菌中丰度前 20 的属中，有 6 个属显著富集在根内，其中包括中慢生根瘤菌属（*Mesorhizobium*）等。游动球菌属（*Planomicrobium* 或 *Planococcus*）、中华根瘤菌属（*Sinorhizobium*）和链霉菌属（*Streptomyces*）等在骆驼刺根际富集，前者可能造成了骆驼刺根系不同分区中细菌群落的组成差异（图 3.18B）。非根际土中存在丰度较高的耐旱型类群芽孢杆菌属（*Bacillus*）等（图 3.19A）。LEFSe 分析结果表明，根内生细菌中变形菌门（Proteobacteria），尤其是 α 变形菌纲（α-proteobacteria）中的根瘤菌目（Rhizobiales）是骆驼刺不同根系分区间的标志物种（图 3.18C）。

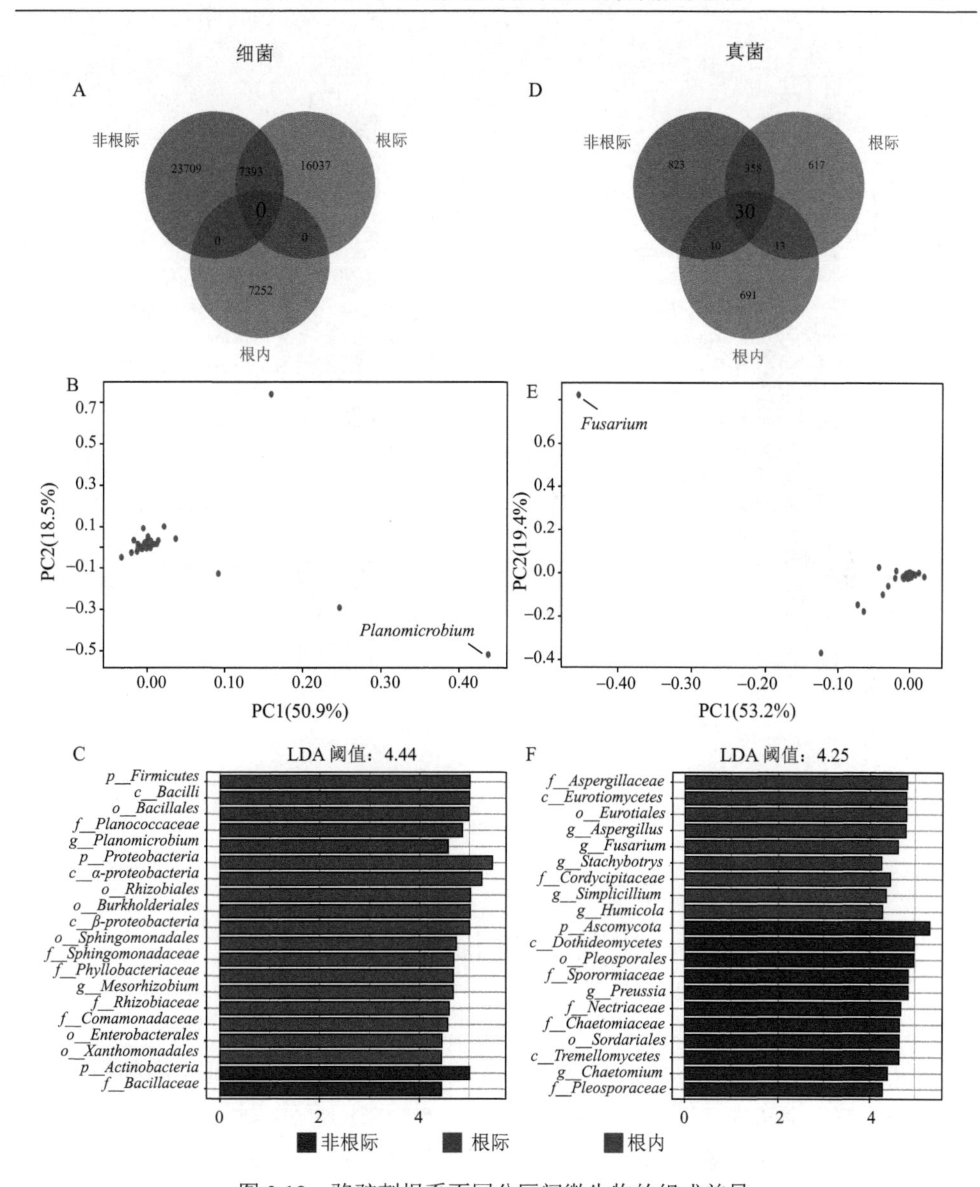

图 3.18　骆驼刺根系不同分区间微生物的组成差异

真菌的物种组成热图显示，能产生抗生素的拟青霉属（*Simplicillium*）和腐殖质霉属（*Humicola*）等在骆驼刺根内显著富集；而在根际土中，致病真菌球腔菌属（*Mycosphaerella*）、根霉属（*Rhizopus*）和镰刀菌属（*Fusarium*）等类群显著富集，后者最大限度解释了根系不同分区间真菌群落组成的差异（图 3.19B、图 3.18E）。非根际土中的光黑壳属（*Preussia*）是骆驼刺根系不同分区间的标志物种。

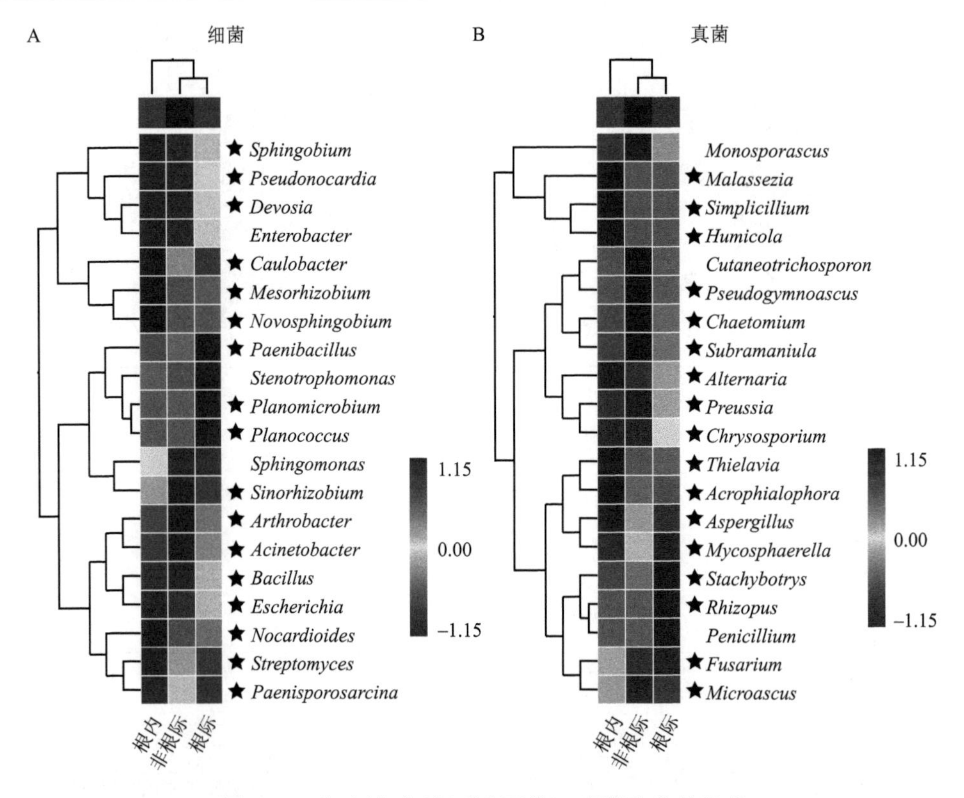

图 3.19 骆驼刺不同根系分区前 20 属微生物的组成

3.5 根系微生物的共现模式

微生物间的共现模式（或共发生模式）也是微生物群落的重要特征，可以借助网络分析的方法进行探究。网络分析超越了简单的物种丰度和组成的层面，帮助我们从另一维度上理解微生物群落生态学。网络中的点代表每一种微生物（ASV或其他分类单元），连接两点间的线表示存在相互作用关系，包括正和负相互作用。

3.5.1 不同生长时间根系微生物的共现模式

通过对骆驼刺根系微生物共现网络在时间序列上的可视化（图 3.20），并结合网络拓扑学特征分析的结果（表 3.2），表明不同生长时间骆驼刺根系微生物间的相互作用模式不同。

边的密度和网络的直径分别衡量了网络的复杂性和任意节点间的最大值。多年生骆驼刺根系微生物群落共现网络的边的密度最大，且直径最短，说明该阶段共

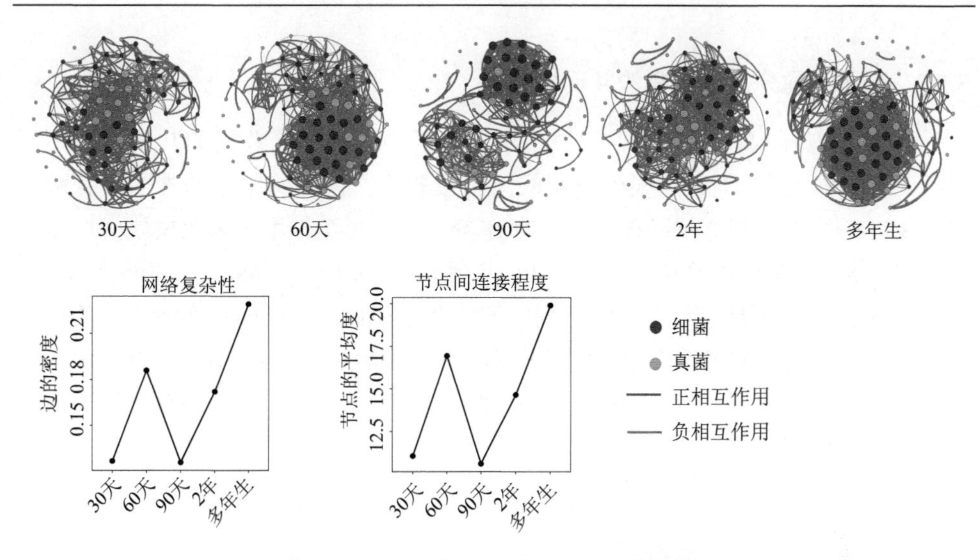

图 3.20　不同生长时间骆驼刺根系微生物的共现网络

节点表示属水平的物种，节点大小表示度的大小；节点间的连线代表显著的（Spearman 相关性>0.6，FDR-adj*P*-value <0.01）相关性

表 3.2　不同生长时间骆驼刺根系微生物共现网络的拓扑学特征

性质	生长时间				
	30 天	60 天	90 天	2 年	多年生
边数	487	780	451	630	876
边的密度	0.127	0.186	0.126	0.172	0.229
直径	7	7	9	7	6
平均路径长度	2.678	2.340	3.028	2.399	2.441
模块性	0.351	0.252	0.493	0.301	0.218
模块数	3	5	5	4	4
平均度	11.068	16.957	10.612	14.652	19.910
聚类系数	0.545	0.685	0.704	0.588	0.770

现网络的复杂性和紧密度高于其他时间；该时期共现网络较高的聚类系数也说明了节点与邻近节点的链接程度较高。多年生骆驼刺根系微生物群落互作网络节点间的平均度高于其他阶段，说明该阶段网络的信号传输也更畅通。通常认为模块性>0.4 的网络具有模块特征，模块内部节点间的联系程度高于模块外部。本研究中，仅 90 天生骆驼刺根系微生物共现网络具有模块特征，反映了该时期共现网络生境的异质性较强。与此同时，90 天时互作网络边的密度较小，同时具有较大的直径和平均路径长度。因此，90 天和多年生阶段分别代表了最简单和最复杂的网络。

3.5.2 根系不同分区微生物的共现模式

在整个取样周期内，骆驼刺根系不同分区中细菌和真菌间的共现模式不同（图 3.21A 和 C）。根内与根外细菌间无直接联系，因此网络中的外围节点最多（图 3.21B）；根际和非根际微生物间存在着很强的相互作用，因此模块间可以观察到枢纽物种的存在，主要为放线菌门（Actinobacteria）和变形菌门（Proteobacteria）类群（图 3.21B）。真菌群落在不同根系分区间存在着广泛的相互作用，因此存在着很多模块间连接节点物种，大部分属于子囊菌门（Ascomycota）和频率较低的毛霉门（Mucoromycota）微生物，但真菌网络中均不存在模块内和整个网络的枢纽物种。

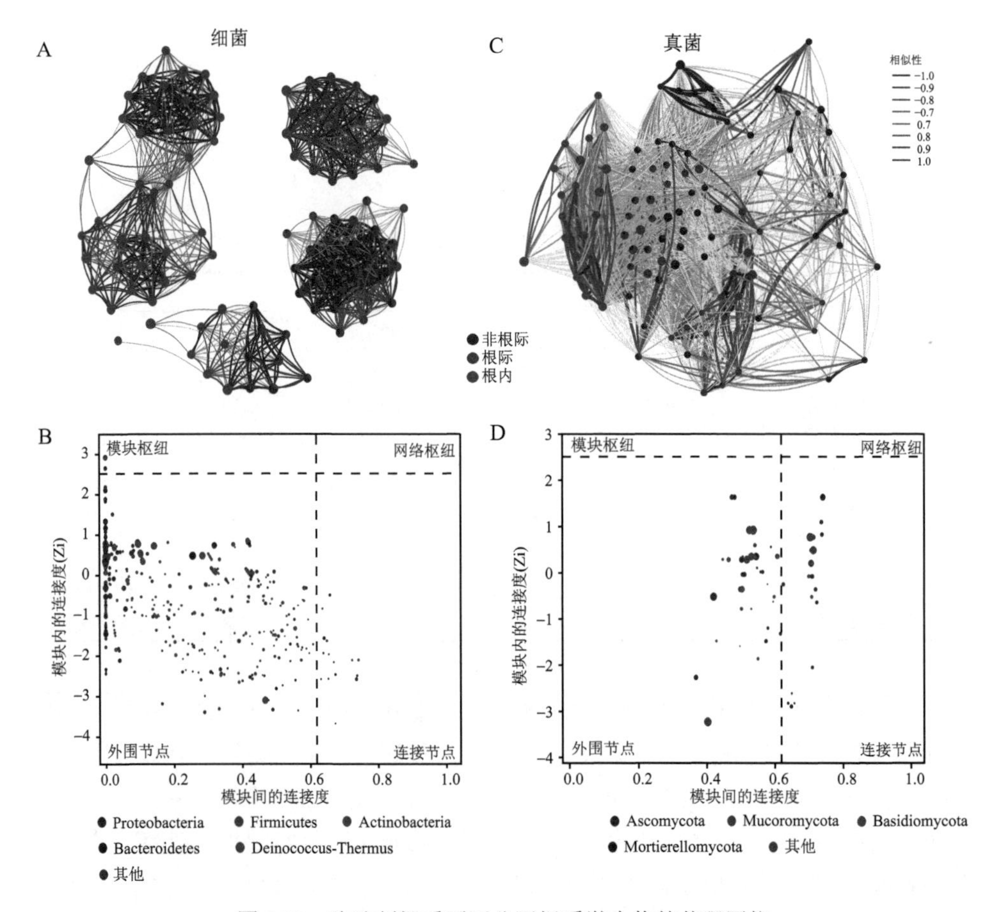

图 3.21　骆驼刺根系不同分区根系微生物的共现网络

A、C. 基于 SparCC 方法构建的骆驼刺根系不同分区间微生物群落的共现模式，节点表示属于根系不同分区的细菌或真菌物种，节点间的连线表示两个节点间存在的相关性；B、D. 网络节点的性质

在根系不同分区的子网络中，根内细菌和真菌共现网络的复杂性高于根外，主要表现在边的密度较大，平均路径长度较小（表3.3）。根内网络的模块性最低，反映了其较小的生境异质性。根际细菌共现网络的复杂性小于非根际细菌，而真菌网络则相反。总体来说，骆驼刺根系不同分区中，微生物共现网络的复杂性不同，对网络内信息传导的速度不一。

表3.3　骆驼刺根系不同分区微生物共现网络的拓扑学特征

性质	细菌			真菌		
	非根际	根际	根内	非根际	根际	根内
节点数	713	1 001	204	71	64	21
边数	45 119	64 716	9 257	1 427	1 480	180
边的密度	0.178	0.129	0.447	0.574	0.734	0.857
直径	4.212	3.946	1.969	1.163	1.114	1.149
平均路径长度	2.765	2.901	1.554	1.427	1.266	1.143
模块性	0.618	0.629	0.322	0.255	0.305	0.077
平均度	48.605	57.965	26.336	8.590	7.714	2.360
聚类系数	0.845	0.791	0.716	0.772	0.847	0.910

3.6　根系微生物群落对环境因子的响应

3.6.1　根系微生物群落物种多样性和重要物种对环境因子的响应

土壤理化性质是影响土壤微生物群落结构的重要外界因素。除土壤中有效钾（AK）、有效磷（AP）含量和电导率（EC）外，土壤养分、pH和植物叶片干物质量（LDMC）及比叶面积（SLA）均具有时间差异性（表3.4）。自然生境中的土壤有机碳（SOC）、土壤有机质（SOM）、总钾（TK）和LDMC均高于模拟试验中的其他时间节点，而土壤含水量（SWC）显著低于模拟试验。早期土壤中的总氮（TN）含量最高，而总磷（TP）含量最低。90天时土壤中的有效氮（AN）含量最低，显著低于自然生境。30天时，土壤pH显著低于其他阶段，随后逐渐升高。SLA是衡量植物生长速率的有效指标，随着骆驼刺的生长发育，其SLA逐渐增加，在90天时达到峰值，随后减缓，多年生骆驼刺的SLA最低。

PCA分析表明（图3.22），30天和多年生骆驼刺的土壤理化性质和叶片功能性状与其他时间节点明显分离。其中，SOC和SOM含量将多年生阶段与其他阶段区分开来，而AN、AP、AK和LDMC是造成30天阶段骆驼刺与其他阶段不同的主要因素。

表 3.4　骆驼刺不同生长时间的土壤理化性质和植物性状

指标	30 天	60 天	90 天	2 年	多年生
SOC	1.14±0.08d	1.76±0.02b	1.82±0.05b	1.58±0.04c	2.75±0.02a
SOM	1.97±0.14d	3.03±0.04b	3.14±0.08b	2.73±0.06c	4.74±0.03a
TN	0.23±0.02a	0.13±0.00c	0.14±0.00c	0.13±0.01c	0.17±0.00b
TP	0.31±0.01c	0.60±0.01a	0.58±0.00ab	0.58±0.01b	0.58±0.00b
TK	4.58±0.14c	17.82±0.12b	18.11±0.05b	18.11±0.09b	18.53±0.19a
AN	29.87±5.52a	4.76±0.86b	4.05±0.24b	4.76±0.63b	5.95±0.24b
AK	143.17±33.77a	103.00±2.65a	108.33±7.51a	90.00±3.61a	111.00±8.00a
AP	3.35±0.97a	2.48±0.14a	1.74±0.41a	1.33±0.07a	1.38±0.08a
pH	8.09±0.02b	9.16±0.01a	9.06±0.04a	9.23±0.03a	8.89±0.12ab
EC	0.43±0.06a	0.36±0.05a	0.43±0.06a	0.33±0.06a	0.28±0.05a
SWC	0.06±0.00c	0.10±0.00a	0.09±0.00b	0.08±0.00b	0.01±0.00d
LDMC	0.66±0.00c	0.2±0.01ab	0.19±0.01b	0.21±0.01ab	0.25±0.00a
SLA	112.16±0.00b	118.73±6.83b	144.99±10.03a	90.01±6.86c	80.74±5.67c

注：同行数据中不同小写字母表示在 $P<0.05$ 水平上具有显著差异。SOC. 土壤有机碳（g/kg）；SOM. 土壤有机质（g/kg）；TN. 总氮（g/kg）；TP. 总磷（g/kg）；TK. 总钾（g/kg）；AN. 有效氮（mg/kg）；AP. 有效磷（mg/kg）；AK. 有效钾（mg/kg）；EC. 电导率（mS/cm）；SWC. 土壤含水量；LDMC. 叶片干物质量（g）；SLA. 比叶面积（cm^2/g），下同。

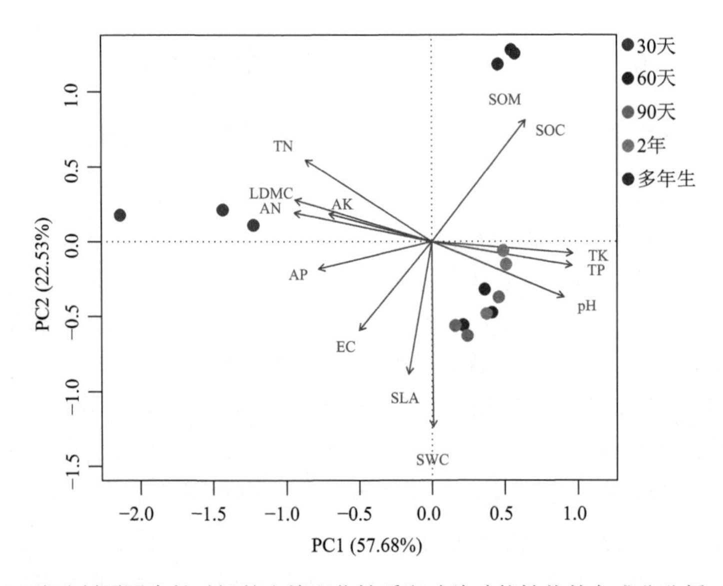

图 3.22　骆驼刺不同生长时间的土壤理化性质和叶片功能性状的主成分分析（PCA）

环境因素对骆驼刺根系不同分区中微生物 α 多样性的影响不同（图 3.23A）。根内细菌的 α 多样性不受土壤和宿主生长速率的影响。土壤 pH 与根际细菌群落的均匀度（Pielou_e 指数）呈显著正相关（$P<0.05$），而宿主 SLA 与根际细菌 Chao1 和 Shannon 指数呈显著负相关。非根际细菌的 Chao1 指数与土壤总氮（TN）呈显著负相关，而与土壤含水量（SWC）呈显著正相关。与细菌 α 多样性相比，骆驼刺根系真菌对环境因子更加敏感，与多种因子显著相关。土壤有机碳（SOC）和土壤有机质（SOM）与根内生真菌群落丰富度（Chao1 指数）呈显著正相关，而土壤含水量（SWC）和宿主比叶面积（SLA）与根内生真菌 Chao1 指数呈显著负相关。根际与非根际真菌的 α 多样性与相同的环境因子呈不同的相关关系。例如，根际真菌群落的多样性和均匀度与土壤总磷（TP）、总钾（TK）含量和土壤 pH 呈正相关，而这些因子与非根际土中真菌群落的丰富度呈负相关；叶片干物质量（LDMC）与根际真菌群落 α 多样性呈显著负相关，而与非根际土中真菌的丰富度呈显著正相关。除此之外，土壤 TN、AN、AP 和 AK 均与非根际土中真菌的 α 多样性呈显著正相关。

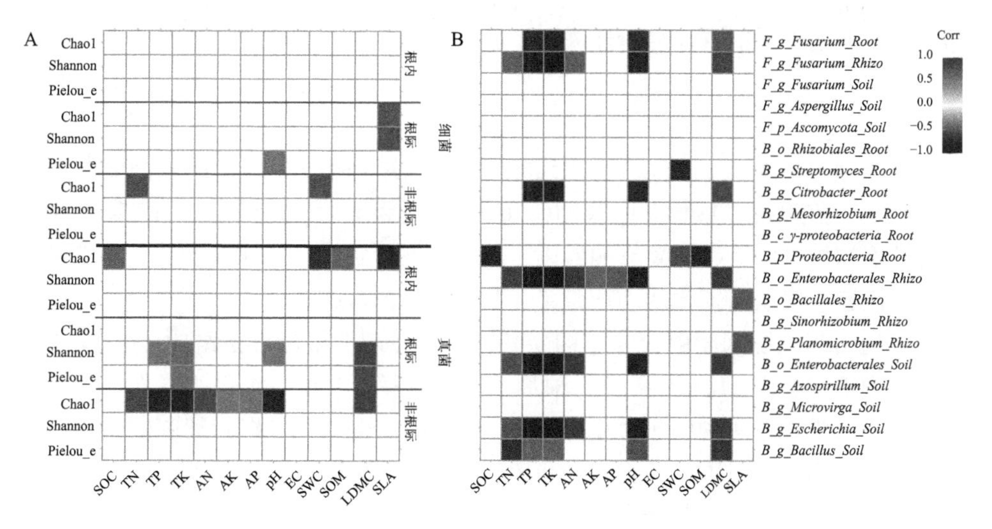

图 3.23　环境因子与骆驼刺根系微生物 α 多样性和重要物种的相关关系

造成微生物群落在时间和空间上 β 多样性的不同往往是由于组间丰度较高的差异物种所致，这些差异物种已在前面章节初步筛选。除此之外，本书还对能与植物建立起共生关系的重要物种进行了考察。环境因子对这些物种相对丰度的时空变化影响不同（图 3.23B）。土壤 SOC、SOM、AK、AP 和 EC 与物种丰度间无显著相关。肠杆菌目（Enterobacterales）是造成骆驼刺非根际和根际细菌群落在不同生长时间组成差异的标志物种，其丰度的变化与 TP、TK 和 pH 呈显著负相关，而与宿主植物叶片干物质量呈显著正相关；与非根际土中不同，根际肠杆菌目还与 AK 和 AP 含量呈显著正相关。根际土中的游动球菌属（*Planomicrobium*）

是骆驼刺根系不同分区间的差异物种，芽孢杆菌目（Bacillales）具有促进植物生长的作用，两者的丰度变化仅与宿主 SLA 显著相关。根内的固氮微生物柠檬酸杆菌属（*Citrobacter*）与宿主 LDMC 呈显著正相关，而与 TP、TK 和 pH 呈显著负相关。土壤含水量与植物耐旱性相关的链霉菌属（*Streptomyces*）的相对丰度呈显著负相关。根际和根内的致病真菌镰刀菌属（*Fusarium*）的丰度变化均与 TP、TK 和 pH 呈显著负相关，与 LDMC 呈显著正相关，不同的是根际镰刀菌属的相对丰度还与土壤 TN 和 AN 呈显著正相关。

同时也观察到一些差异物种与外界环境的关联性较弱。例如，骆驼刺非根际土中的根瘤菌类群微枝形杆菌属（*Microvirga*）、固氮螺菌属（*Azospirillum*）、腐生型真菌曲霉属（*Aspergillus*）和镰刀菌属（*Fusarium*），根际土中的中华根瘤菌属（*Sinorhizobium*）以及根内生中慢生根瘤菌属（*Mesorhizobium*）与环境因子间无显著的相关关系。

3.6.2　根系微生物群落组成对环境因子的响应

1）生长时间

环境因子对骆驼刺根系微生物群落在不同生长阶段中物种组成的影响不同（图 3.24）。在剔除共线性较强（AIC 值>10）的因素后，保留了对骆驼刺根系微生物群落物种组成具有显著影响的因子，之后进行 RDA 或 CCA 分析，所有模型经 999 次置换检验，拟合度均达到了显著水平（$P<0.05$）。

筛选后的环境因子解释了不同生长时间骆驼刺非根际细菌组成 28.07%的变异，其中 SOM 和 SLA 沿着第一轴最大限度解释了非根际细菌组成在不同生长时间的差异性，即两种因子分别对 30 天和多年生骆驼刺非根际细菌的组成具有显著影响；而 AP 在第二轴上反映了 60 天至 2 年生与其他节点细菌组成的分化（图 3.24A）。环境因子解释了非根际真菌群落在不同生长时间 32.18%的组成差异；多年生骆驼刺根际真菌组成受 pH 影响最大，与其他生长时间显著不同（图 3.24D）。

SOM、SWC 和 SLA 是影响骆驼刺根际细菌在不同生长时间的组成差异（ChiSquare=2.401，$P=0.001$）的主要因素；30 天生骆驼刺根际细菌主要受 SOM 的影响，而多年生骆驼刺根际细菌组成主要受 SLA 的影响；土壤含水量与 60～90 天根际细菌组成的相关性最强（图 3.24B）。

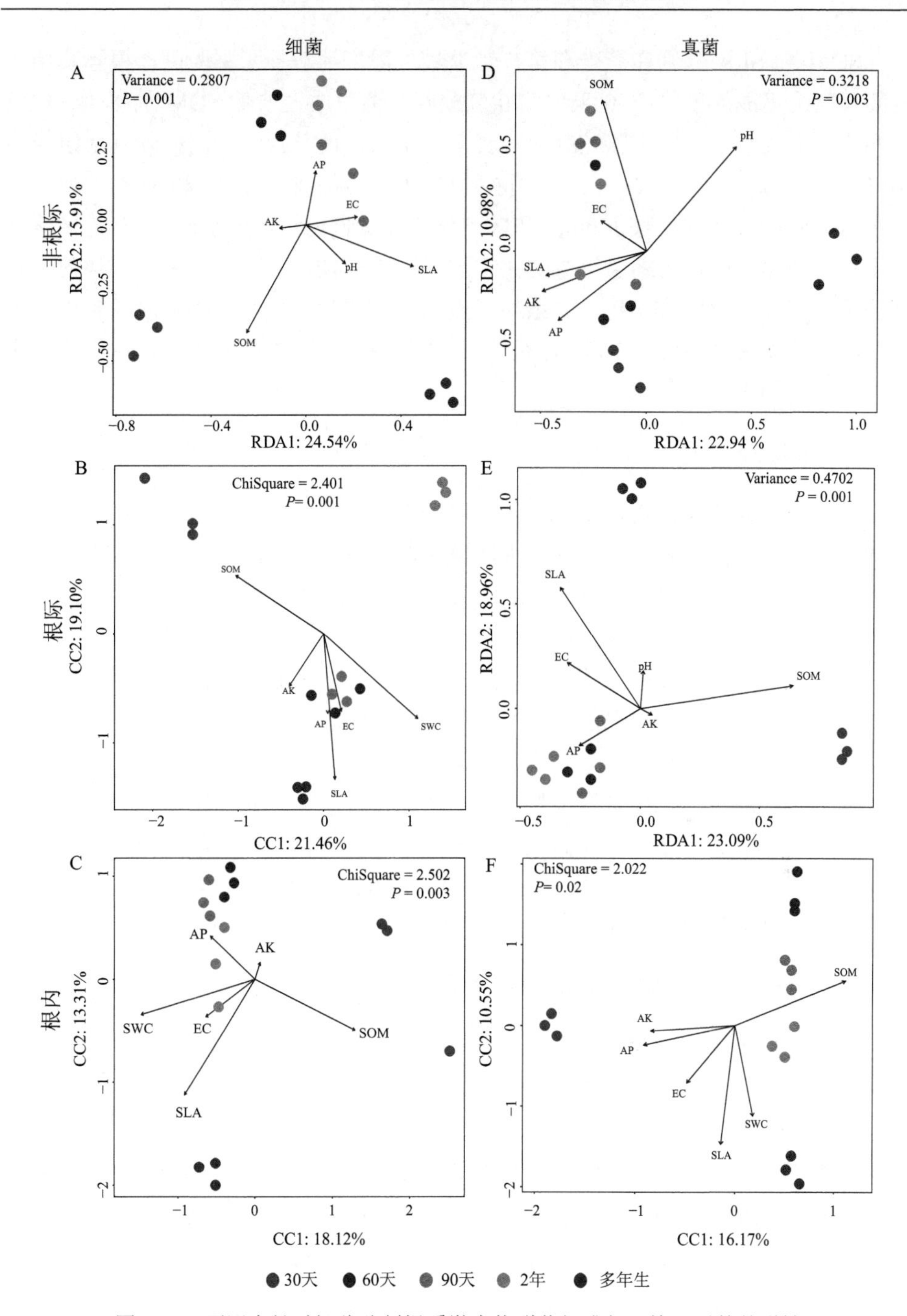

图 3.24　不同生长时间骆驼刺根系微生物群落组成与环境因子的关联性

A～C 和 D～F 分别展示了不同生长时间非根际、根际和根内微生物群落组成与环境因子间的关联性。根据去趋势对应分析的结果选择相应的典范排序方法冗余分析（RDA）和典范对应分析（CCA），对各模型均进行 999 次置换检验

SOM 和 SLA 分别在第一和第二轴上最大限度地解释了骆驼刺非根际真菌在时间尺度上组成的差异；30 天生骆驼刺根际真菌组成主要受 SOM 的影响，SLA 的变化方向反映了多年生骆驼刺根际真菌的组成，而其他阶段的根际真菌组成与 AP 的相关性最大（图 3.24E）。同根际和非根际细菌相似，SOM 和 SLA 的变化方向在最大限度上分别反映了 30 天和多年生骆驼刺根内细菌的组成；AP 是影响其他生长时间骆驼刺根内细菌组成的关键因素（图 3.24C）。30 天生骆驼刺根内生真菌的组成与土壤 AK 和 AP 的关系最为密切；土壤含水量与多年生骆驼刺根内生真菌组成的相关性最强；SOM 对 60 天至 2 年生阶段骆驼刺根内生真菌组成的影响大于其他因素（图 3.24F）。

2）根系分区

土壤理化性质和植物功能性状与骆驼刺根系微生物群落的组成关系密切，在不同根系分区间的关联性又有所不同（图 3.25）。土壤中的 C 水平（SOC、SOM）、含水量（SWC）和表征植物生长速率的 SLA 对不同根系分区的细菌组成的影响具有一致性，且这种显著的相关关系在不同分区间具有一致性（Spearman's $P<0.05$，图 3.25A），说明土壤中水分和 C 的可利用性是驱动骆驼刺根系细菌群落组成的关键因素，且细菌群落的组成与植物的生长速率也存在强烈的关联关系。

与根系细菌不同，根系真菌群落的组成与多种环境因素（除 EC 外）间存在显著的相关性（图 3.25B）。预料之外的是，非根际真菌的组成与土壤理化性质间无显著的相关性。土壤 C 水平（SOC、SOM）和含水量与根际真菌的组成密切相关。根内生真菌的组成受除 EC 外多种环境因子的影响。

3.6.3　根系微生物共现模式对环境因子的响应

骆驼刺根系微生物共现网络受到了部分环境因子的影响（图 3.26）。土壤中盐分含量与微生物共现网络边的数量、密度和平均度间呈显著负相关（$P<0.05$）。SOC 和 SOM 与共现网络的聚类系数呈显著正相关，说明土壤中 C 水平与微生物间的联系程度密切相关。土壤有效 N 和宿主 LDMC 与网络模块数呈显著负相关，表明较高的 AN 水平可能会造成相对较少的模块。宿主的生长速率（SLA）与微生物共现网络的直径呈显著正相关，说明植物的生长速率与微生物共现网络的紧密性可能具有积极影响。

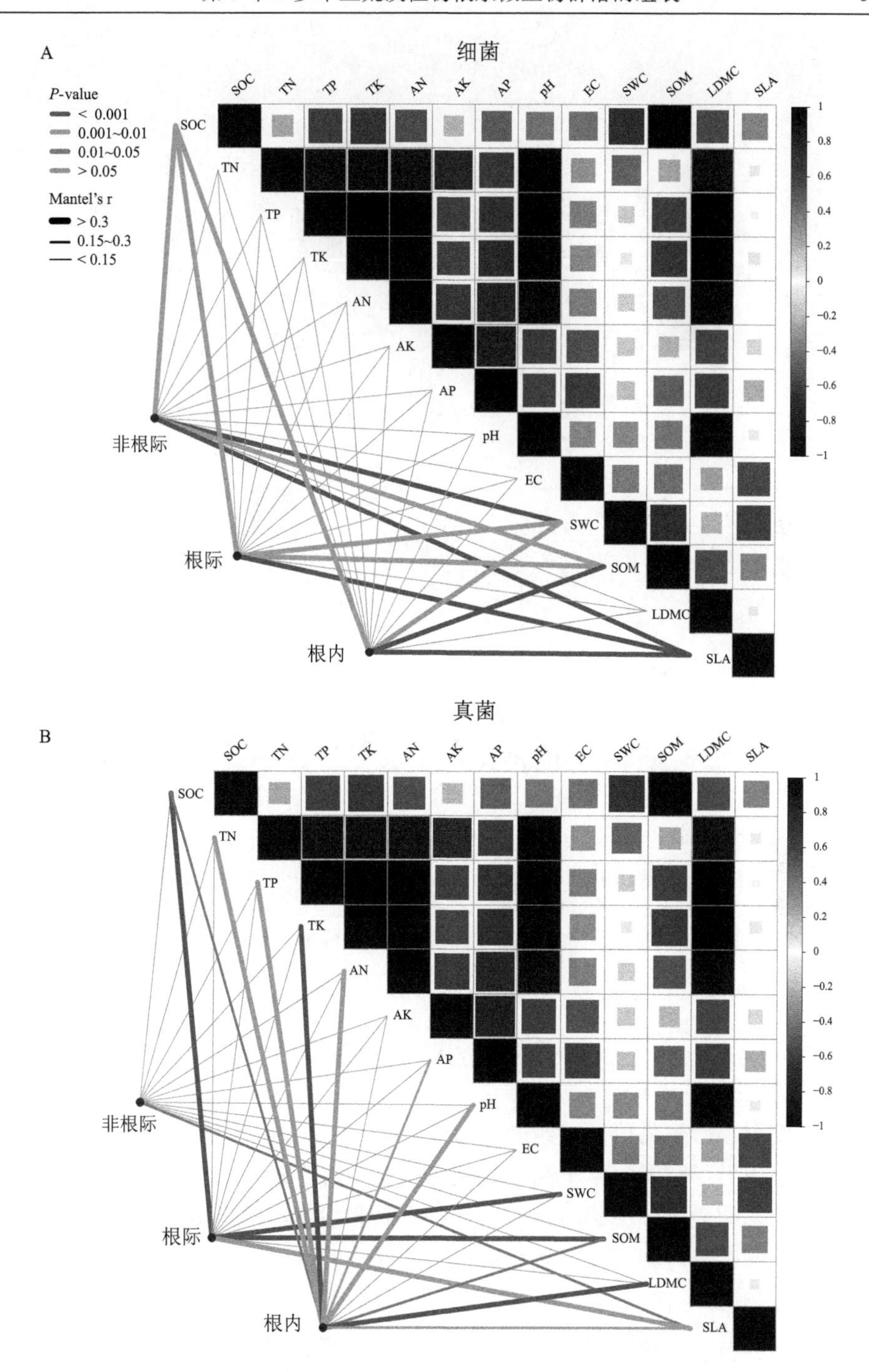

图 3.25　骆驼刺根系不同分区微生物群落组成与环境因子的关联性

A 和 B 分别展示了根系细菌和真菌群落组成与环境因子间的关联性；连线表示 Spearman 关系，代表环境因素与根系微生物群落之间的两两相关性

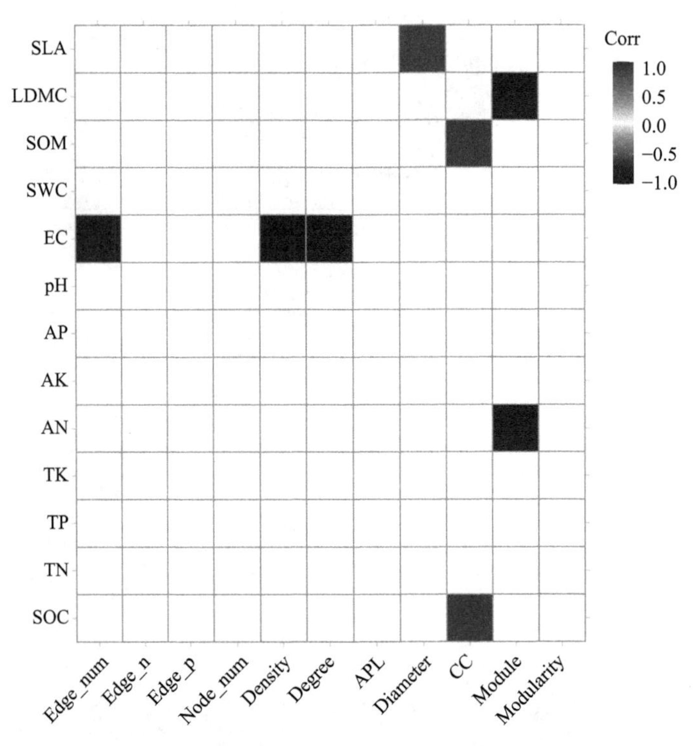

图 3.26 骆驼刺根系微生物共现网络的拓扑学性质与环境因子的关联性

相关性热图仅展示了变量间具有显著差异的相关性（Pearson 相关性，adj-P<0.05）。Edge_num. 边的数量；Edge_n. 负相互作用的比例；Edge_p. 正相互作用的比例；Node_num. 节点数量；Density. 边的密度；Degree. 平均度；APL. 平均路径长度；Diameter. 网络直径；CC. 聚类系数；Module. 模块数量；Modularity. 模块性

3.7 小 结

骆驼刺根系微生物群落的组装受生长时间、根系分区和环境因子的显著影响。确定性因素主导了时间尺度上骆驼刺根系微生物群落的组装过程，其中对根际微生物群落的影响最大。生长时间对骆驼刺根系微生物群落组成的影响大于根系不同分区。不同生长时间骆驼刺根系微生物的 α 多样性和 β 多样性差异显著，沿着土壤–植物连续体方向 α 多样性逐渐降低，根内微生物的组成显著不同于根外，体现了明显的宿主选择效应。多年生骆驼刺根系微生物共现网络的复杂性和微生物间的连接程度最高，且根内网络的复杂性大于根外，反映了共现网络中生态位共享程度的时空差异性。根系微生物与环境因子的耦合分析表明，骆驼刺的比叶

面积与根系微生物在生长时间和根系不同分区间的群落组成密切相关。驱动骆驼刺根系细菌群落在时间和空间上分化的因素具有一致性，包括比叶面积和土壤 C 水平。而对于根系真菌而言，在时间尺度上，影响其群落组成的因素不同；空间尺度上，沿着土壤–植物连续体的方向，其群落的组成对环境因素的敏感性逐渐增加，影响根内真菌群落的因素最多。

第 4 章　多年生荒漠植物根系微生物群落对氮素和水分添加的响应

植物在整个生活史中必须与多种环境压力做斗争。干旱是植物在自然生态系统和人为管理系统中所面临的最重要的非生物胁迫之一，对植物的生长和生产力产生了负面影响（Choat et al.，2012；Siepielski et al.，2017）。土壤湿度降低减少了土壤孔隙水分，导致土壤资源岛的断开，强烈地影响微生物的活动和组成，最终将改变生态系统碳和氮的循环过程（Gordon et al.，2008；de Vries et al.，2016）。同时，干旱引起的根际沉积物性质的改变也会导致根系微生物群落发生重大变化（Preece and Peñuelas，2016）。因此，干旱对土壤水分和理化性质的直接影响及对植物生理的间接影响是导致根系微生物群落变化的重要驱动因素。明确干旱影响根系微生物群落的机制是制定植物应对水分胁迫策略的必要步骤。

自工业革命以来，持续加速的大气氮沉降会直接提高生态系统中氮的可利用性，影响土壤微生物群落的结构和功能，改变其对根系生理及凋落物的分解速率和程度（Sun et al.，2015），影响土壤有机质（SOM）的数量和稳定性（Eisenlord et al.，2013）。水分和氮是限制荒漠生态系统初级生产力的主要因素（余洋等，2022）。氮沉降的少量增加会产生巨大的生态效应，这种“施肥效应”与干旱造成的土壤资源岛断裂间的交互作用，使得全球变化背景下荒漠植物与其根系微生物的相互作用更加复杂化，然而相关的研究较少。对这些过程的探究有助于准确地预测全球变化对生态系统，尤其是水分和养分相对匮乏的荒漠生态系统（Zhang et al.，2021b）的影响。

基于此，本章以极端干旱区优势深根植物骆驼刺为植物材料，重点研究了其根系微生物群落对模拟干旱和氮沉降的响应特征，同时将这种变化与土壤理化性质和植物功能性状相关联，以期阐明全球变化背景下，荒漠植物对环境变化干扰响应的微生物学机制。

4.1　氮水添加下根系微生物的序列数量与物种注释量

不同水平的氮水添加下获得的骆驼刺根系微生物的序列量不同（图 4.1）。对于细菌而言，根内获得的序列量（平均 104 554 条）高于根外，根际中最少（平均 65 893 条）；干旱条件下的序列量（平均 83 327 条）少于对照组的处理（平均 86 203 条）；沿着氮添加梯度，细菌测序量逐渐减少，即 N0（平均 87 631 条）>N1（平均 83 697 条）>N2（平均 82 967 条）。与细菌相反，骆驼刺根系真菌的测序量在根际最多（平均 105 643 条），根内最少（平均 77 973 条）；不同水分梯度对根

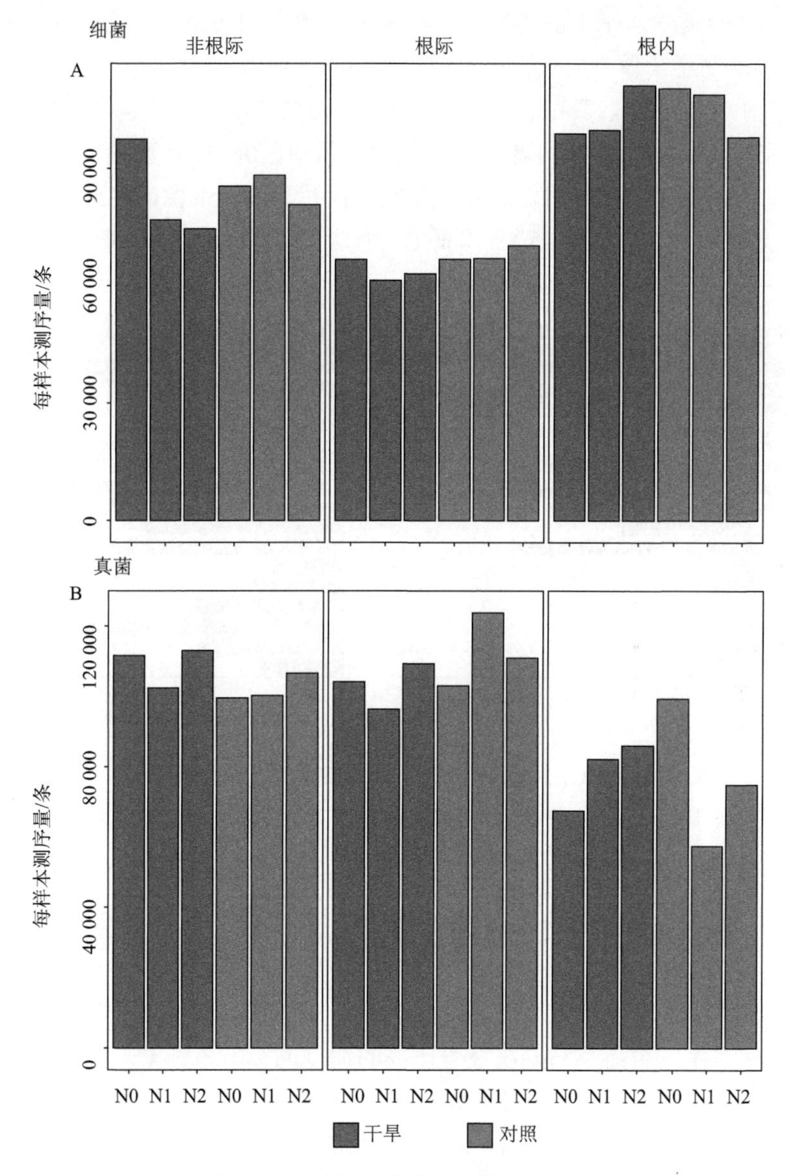

图 4.1　氮水添加处理下骆驼刺根系微生物的测序量

N0～N2 分别代表不同水平氮添加，即 N0. 0 gN/（m²·a）；N1. 3 gN/（m²·a）；N2. 6 gN/（m²·a）；干旱和对照组的土壤含水率分别是最大田间持水量的 25%和 55%，下同

系真菌测序量的影响相当；与对照（N0）相比，低水平氮添加降低了真菌的测序量（平均 93 813 条），而在高水平氮添加（N2）条件下，真菌的测序量最高（平均 100 199 条）。

原始序列经 DADA2 法聚合成 ASV 后，分别比对细菌和真菌数据库，得到 ASV 在不同分类学水平上的注释量（图 4.2）。骆驼刺根系微生物的总 ASV 数量沿着土壤–植物连续体方向依次减少，即非根际（细菌 20 981 个，真菌 580 个）> 根际（细菌 14 154 个，真菌 713 个）>根内（细菌 4427 个，真菌 372 个）；干旱处理下 ASV 平均数量更高；氮添加增加了根系细菌的 ASV 数量，而 N2 条件下根系真菌 ASV 较高。就物种注释精度而言，根系真菌较细菌的注释精度更高，前者普遍注释到种（占 32%～55%）水平上，而后者注释到属（占 28%～55%）水平。

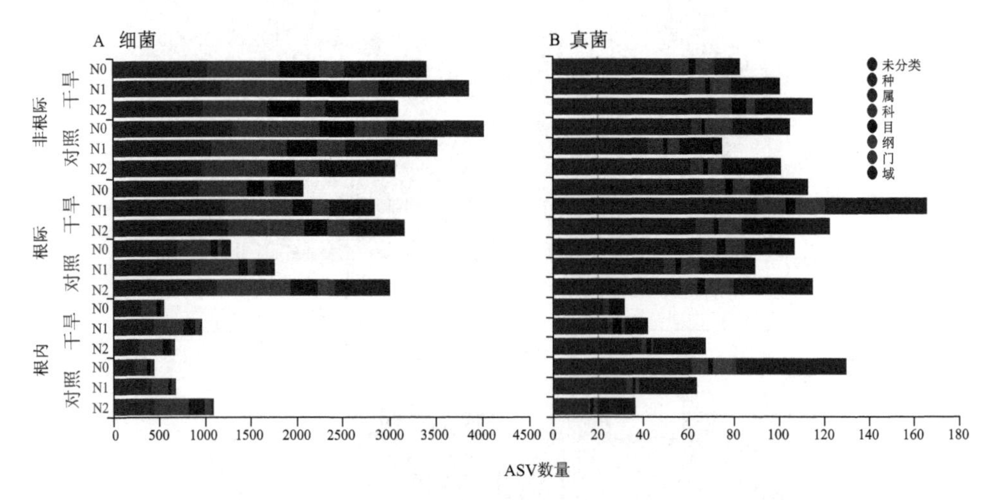

图 4.2 氮水添加处理下骆驼刺根系微生物的物种注释量

柱状图中某一分类学水平上的注释量代表最高注释到该水平的 ASV 数量

4.2 氮水添加下根系微生物群落组装模式的定量表征

图 4.3 中 β 最邻近分类指数（β-NTI）衡量了短期内不同水分状况下，氮添加对微生物间系统发育距离与随机发育距离的偏差的影响。结果表明，骆驼刺不同根系分区中，确定性组装均占主导地位，说明骆驼刺根系微生物群落的组装主要受 N、水和根系分区等非生物因素的影响，而受群落内微生物随机的出生–死亡事件的影响较小。另外，在不同的水分状况下，氮添加对非根际微生物 β-NTI 的影响显著（t 检验，P=0.0019）。然而，根际和根内微生物的系统发育周转在不同水分状况下均不受氮添加的显著影响（t 检验，P>0.05）。

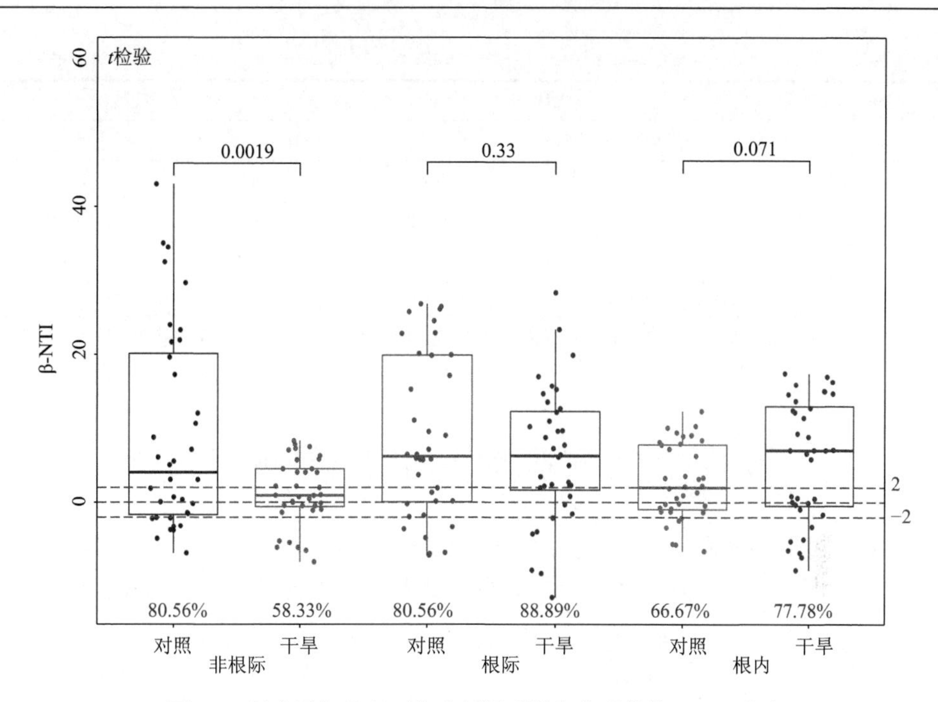

图 4.3　氮水添加处理下骆驼刺根系微生物群落的β-NTI分布

PERMANOVA量化了氮素、水分和根系分区对骆驼刺根系微生物群落组成的影响（表4.1）。氮素和水分变化及其交互作用对根系细菌群落组成的影响不显著（P>0.05），而根系分区驱动了细菌群落的组成（P<0.001），并且根系不同分区联合氮素和水分交互影响了细菌群落的组成（P<0.001），占总解释量的71.5%。与细菌不同，氮素、水分和根系分区对根系真菌群落组成的影响均达到了显著水平（P<0.05），换句话说，这些因素均显著驱动了骆驼刺根系真菌的群落组成。氮素、水分和根系分区三者的交互作用对骆驼刺根系真菌群落分化的解释度达到了68.5%。就单个因子的影响效力而言，氮添加（59.7%）对真菌群落组成分异的解释量最大，而水分（41.9%）对真菌群落的影响较小，根系分区对真菌群落（19.4%）的影响小于细菌（39.0%）。

表4.1　氮素、水分和根系分区对骆驼刺根系微生物群落组成的影响

因素	细菌		真菌	
	解释量（R^2）/%	P值	解释量（R^2）/%	P值
氮添加（N）	43.2	0.265	59.7	0.011
水分梯度（W）	23.8	0.230	41.9	0.006
根系分区（C）	39.0	<0.001	19.4	<0.001

续表

因素	细菌		真菌	
	解释量（R^2）/%	P 值	解释量（R^2）/%	P 值
N×W	11.0	0.200	16.1	<0.001
N×C	52.2	<0.001	38.9	<0.001
W×C	46.1	<0.001	30.3	<0.001
N×W×C	71.5	<0.001	68.5	<0.001

注：微生物的群落组成基于 ASV 的 Bray-Curtis 距离矩阵，PERMANOVA 经 999 次置换检验。

4.3 氮水添加下根系微生物优势类群的相对丰度

本章在门和纲水平上比较了氮水添加条件下骆驼刺根系微生物的组成差异（图 4.4 和图 4.5）。对根系细菌而言，在门水平上，变形菌门（Proteobacteria）、放线菌门（Actinobacteria）和厚壁菌门（Firmicutes）主导了根系细菌群落，前者在根内的占比达 96.41%（图 4.4A～C）。氮素和水分的交互作用显著影响了非根际细菌中绿弯菌门（Chloroflexi）、奇异球菌-栖热菌门（Deinococcus-Thermus）和 Candidatus-Tectomicrobia 以及根际放线菌门和根内厚壁菌门的相对丰度（P<0.05）。α 变形菌纲（α-proteobacteria）、β 变形菌纲（β-proteobacteria）、γ 变形菌纲（γ-proteobacteria）和芽孢杆菌纲（Bacilli）是骆驼刺根系细菌中的优势纲。非根际土中的异常球菌纲（Deinococci）及根内的 β 变形菌纲、γ 变形菌纲和杆菌纲受到氮水添加交互作用的显著影响，而 α 变形菌纲仅受到水分状况的影响（图 4.4D～F）。

就根系真菌而言，子囊菌门（Ascomycota）和担子菌门（Basidiomycota）是主要的优势门类（图 4.5A～C），且仅在根内受到氮素和水分交互作用的显著影响（图 4.5C）。除此之外，在不同的水分状况下，根内被孢霉门（Mortierellomycota）和球囊菌门（Glomeromycota）的相对丰度具有显著差异。值得注意的是，氮添加和水分状况的改善显著降低了根内担子菌门的相对丰度（图 4.5C）。受此影响，在纲水平上两种因素独立或交互地影响了银耳纲（Tremellomycetes）的相对丰度（图 4.5F）。粪壳菌纲（Sordariomycetes）主导了骆驼刺根系的不同分区，银耳纲、座囊菌纲（Dothideomycetes）和散囊菌纲（Eurotiomycetes）是根外真菌的优势类群，而马拉色菌纲（Malasseziomycetes）的相对丰度在根内最高。水分状况、氮添加和两者的交互作用分别显著影响了非根际土中座囊菌纲、酵母纲（Saccharomycetes）和马拉色菌纲的相对丰度。根际中酵母纲和粪壳菌纲的相对丰度受水分状况和氮水交互作用的显著影响。在根内，酵母纲和被孢霉纲（Mortierellomycetes）的相对丰度分别受氮添加和水分状况的显著影响，而氮水的交互作用显著影响了除这两个类群外的其他类群的相对丰度。

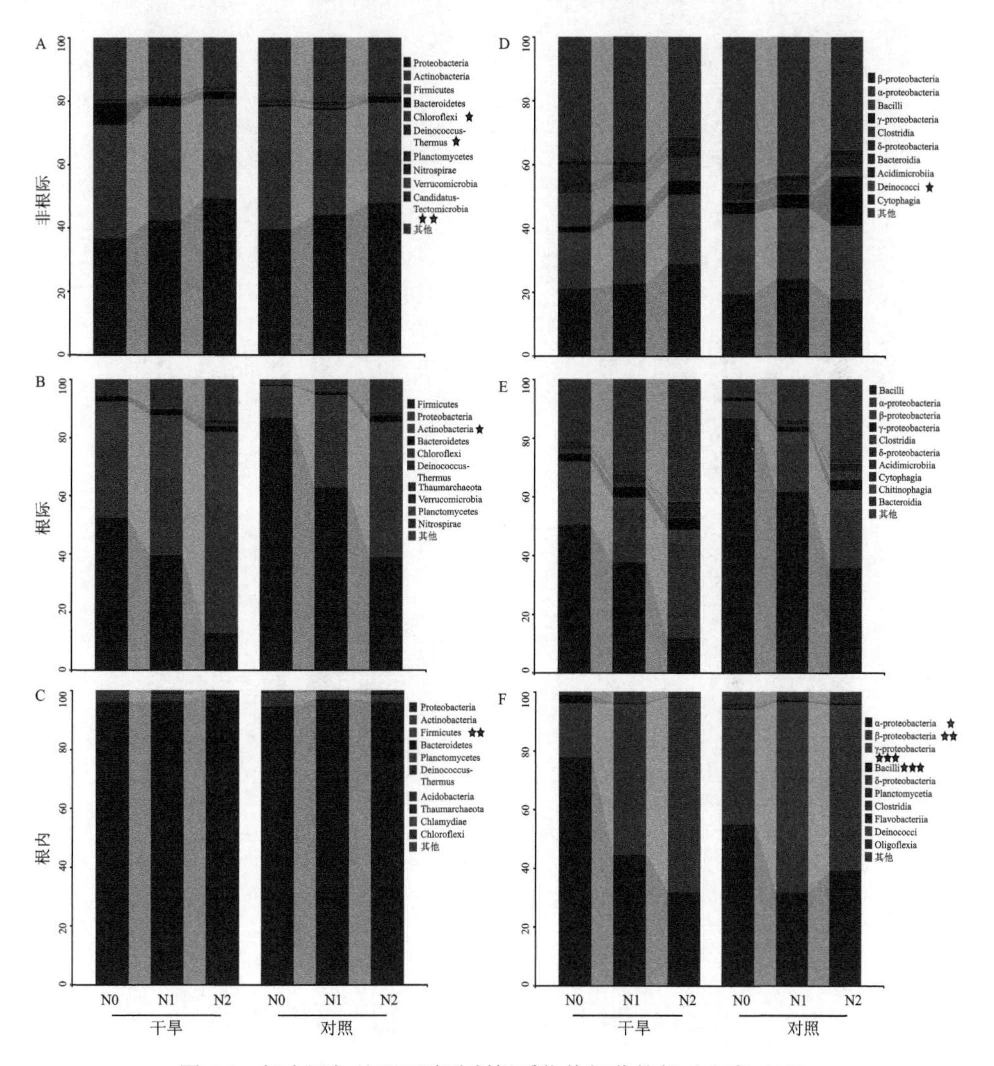

图 4.4　氮水添加处理下骆驼刺根系优势细菌的相对丰度（%）

A～C 和 D～F 分别展示了骆驼刺根系微生物在门和纲水平上相对丰度前 10 的类群组成；黄色、蓝色和绿色背景的★表示微生物的相对丰度受水分、氮添加和两者交互作用的影响显著（$P<0.05$），下同

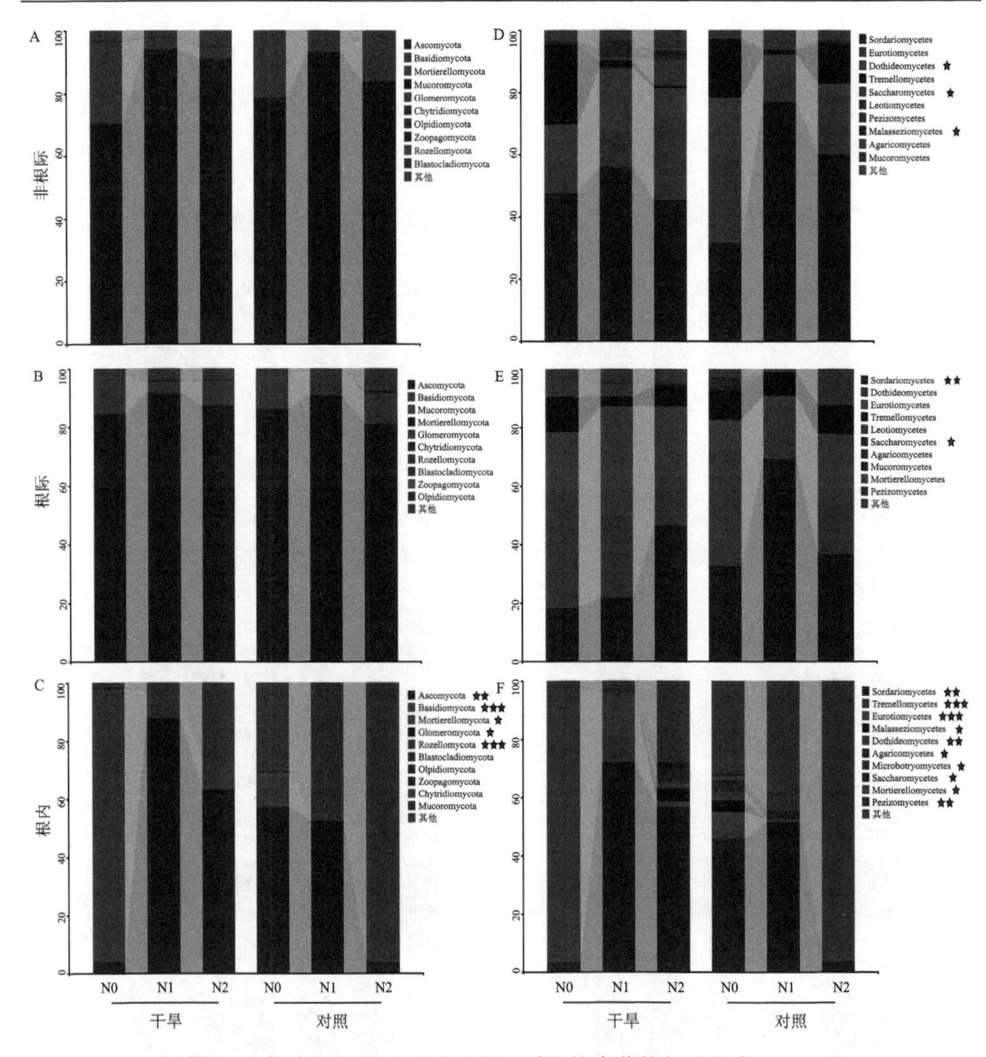

图 4.5　氮水添加处理下骆驼刺根系优势真菌的相对丰度（%）

4.4　氮水添加下根系微生物群落的多样性

4.4.1　α 多样性

Chao1、Shannon 和 Pielou_e 指数分别衡量了骆驼刺根系微生物群落的丰富度、多样性和均匀度（图 4.6 和图 4.7）。结果表明，非根际细菌对氮水添加的敏感性较低，两种因素对非根际微生物 α 多样性的影响未达到显著水平（P>0.05），而两者的交互作用却显著影响了根内细菌的丰富度（P<0.01）（图 4.6）。在不同水

分状况下，氮添加在不同程度上显著提高了根内细菌的丰富度，尤其在对照组高水平氮添加下（N2）（图 4.6C）。

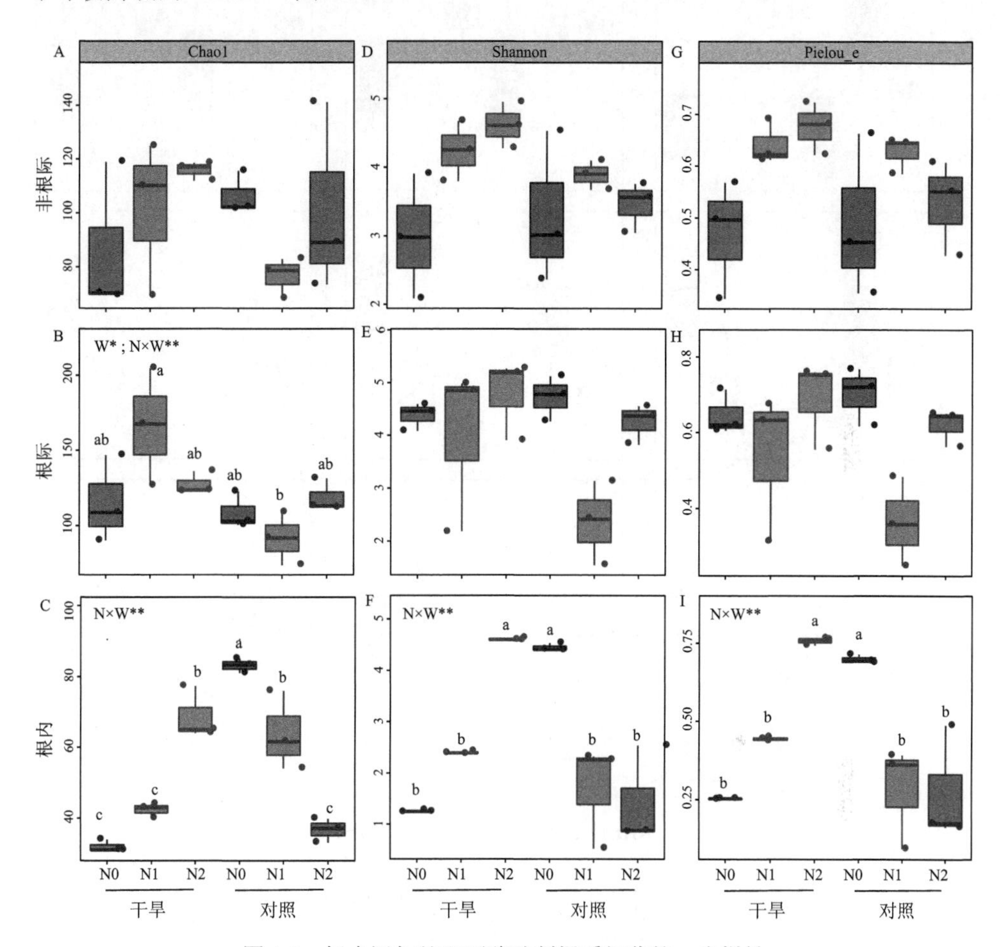

图 4.6　氮水添加处理下骆驼刺根系细菌的 α 多样性

N、W、N×W 分别表示氮素、水分及两者的交互作用。右上角*、**、***分别表示组间差异在 0.05、0.01、0.001 水平上具有显著差异，下同

氮水添加对非根际真菌的 α 多样性也无显著影响（$P>0.05$），而与根系细菌不同，两种因素的交互作用显著影响了根际真菌的丰富度（$P<0.01$），以及根内真菌的丰富度、多样性和均匀度（$P<0.01$），说明沿着土壤–植物连续体的方向（非根际–根际–根内），根系真菌对氮水添加的敏感性逐渐增加（图 4.7）。N1 显著提高了干旱胁迫下骆驼刺根际真菌的丰富度，然而却明显降低了对照组的根际真菌

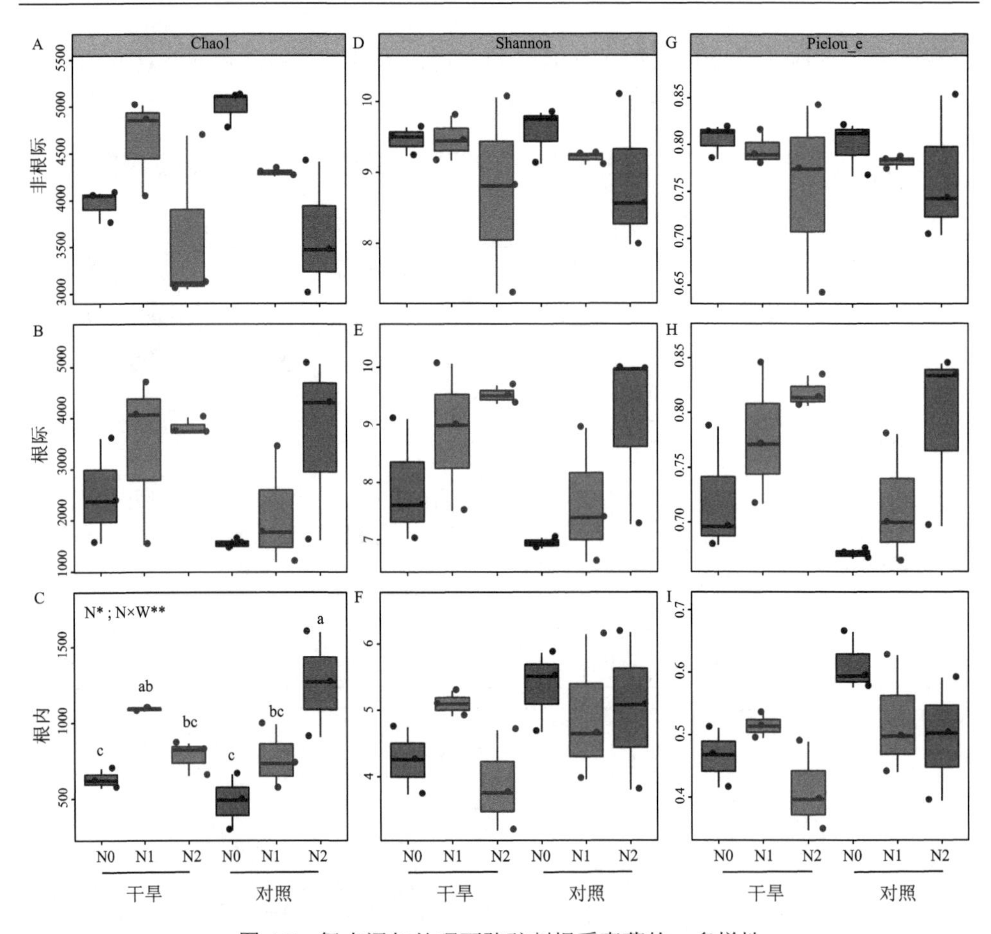

图 4.7　氮水添加处理下骆驼刺根系真菌的 α 多样性

的丰富度（图 4.7B）。在不同的水分状况下，骆驼刺根内真菌 α 多样性沿着氮添加的梯度呈现相反的趋势，即在干旱条件下，氮添加显著提高了根内细菌的 α 多样性，而水分状况的改善却降低了氮添加的这种效应（图 4.7C、F、I）。

氮水添加对骆驼刺根系不同分区微生物的 α 多样性也产生了显著的影响（图 4.8）。沿着土壤–植物连续体的方向，骆驼刺根系细菌的 α 多样性逐渐降低，即非根际>根际>根内。与细菌不同，骆驼刺根际真菌的 Chao1 和 Shannon 指数最高，根内最低，而根系不同分区间真菌均匀度（Pielou_e）间无显著差异（P>0.05）。

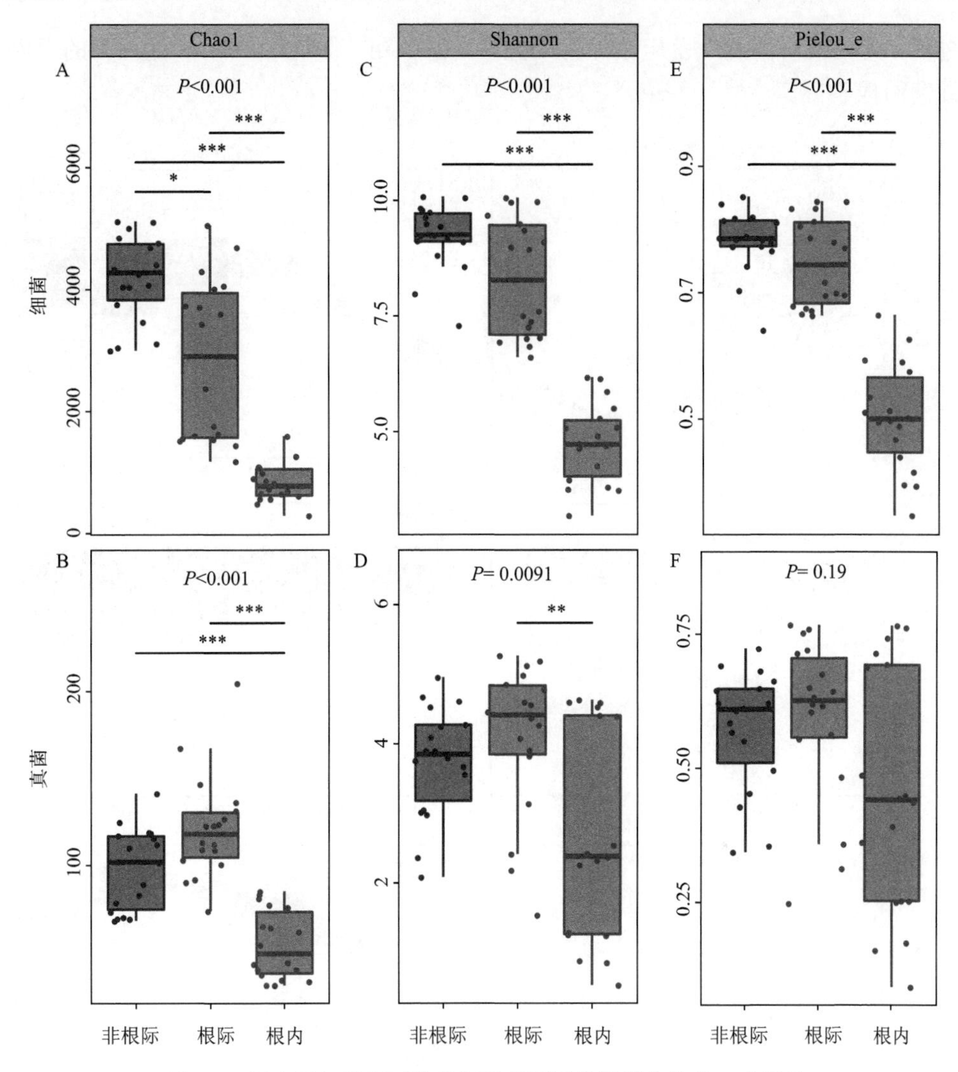

图 4.8　氮水添加处理下骆驼刺根系不同分区微生物的 α 多样性

4.4.2　β 多样性

本研究通过主坐标分析（PCoA）的方法可视化了微生物的群落组成在不同氮水添加处理间的差异，并结合相异矩阵的方法计算了组间的群落组成差异，结果发现，氮水添加对骆驼刺不同根系分区细菌 β 多样性的影响不同（图 4.9）。根际细菌群落 β 多样性对氮水添加不敏感，组间的差异不显著（PERMANOVA，P=0.072）（图 4.9E）。而氮水添加却造成了非根际和根内细菌群落间的变异（图 4.9A、C）。N0D、N0W、N1W 条件下的非根际细菌沿着第一主轴（PCo1）彼此分离，说明三者间的群落组成差异明显。沿着 PCo2，N0D 和 N1W 处理下的根内细菌组成不同。

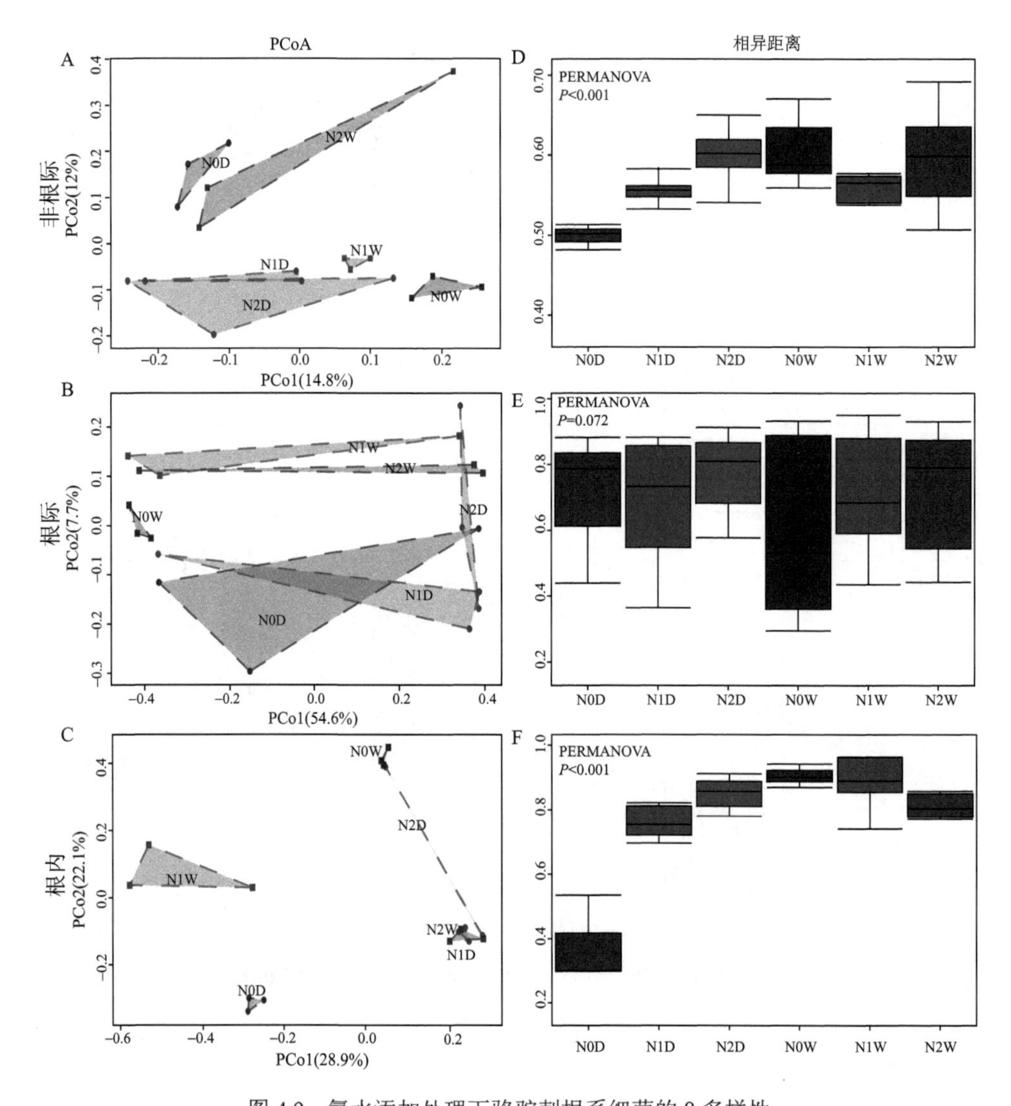

图 4.9 氮水添加处理下骆驼刺根系细菌的 β 多样性

A～C. 基于 ASV Bray-Curtis 距离的 PCoA 分析；D～F. 基于 PERMANOVA 的相异距离分析，下同

与根系细菌不同，氮水添加均显著影响了骆驼刺根系不同分区中真菌群落的组成（PERMANOVA，$P<0.001$）（图 4.10）。水分状况的改善和氮添加（N1W 和 N2W）沿着 PCo1（25.4%）造成了非根际真菌群落组成的分化（图 4.10A）。对于根际真菌而言，N0W 和 N1W 显著改变了真菌的群落组成。不同氮水处理的根内

真菌群落组成具有显著差异，表现为在排序图中彼此分离（图 4.10C），相异距离呈增加趋势（图 4.10F）。

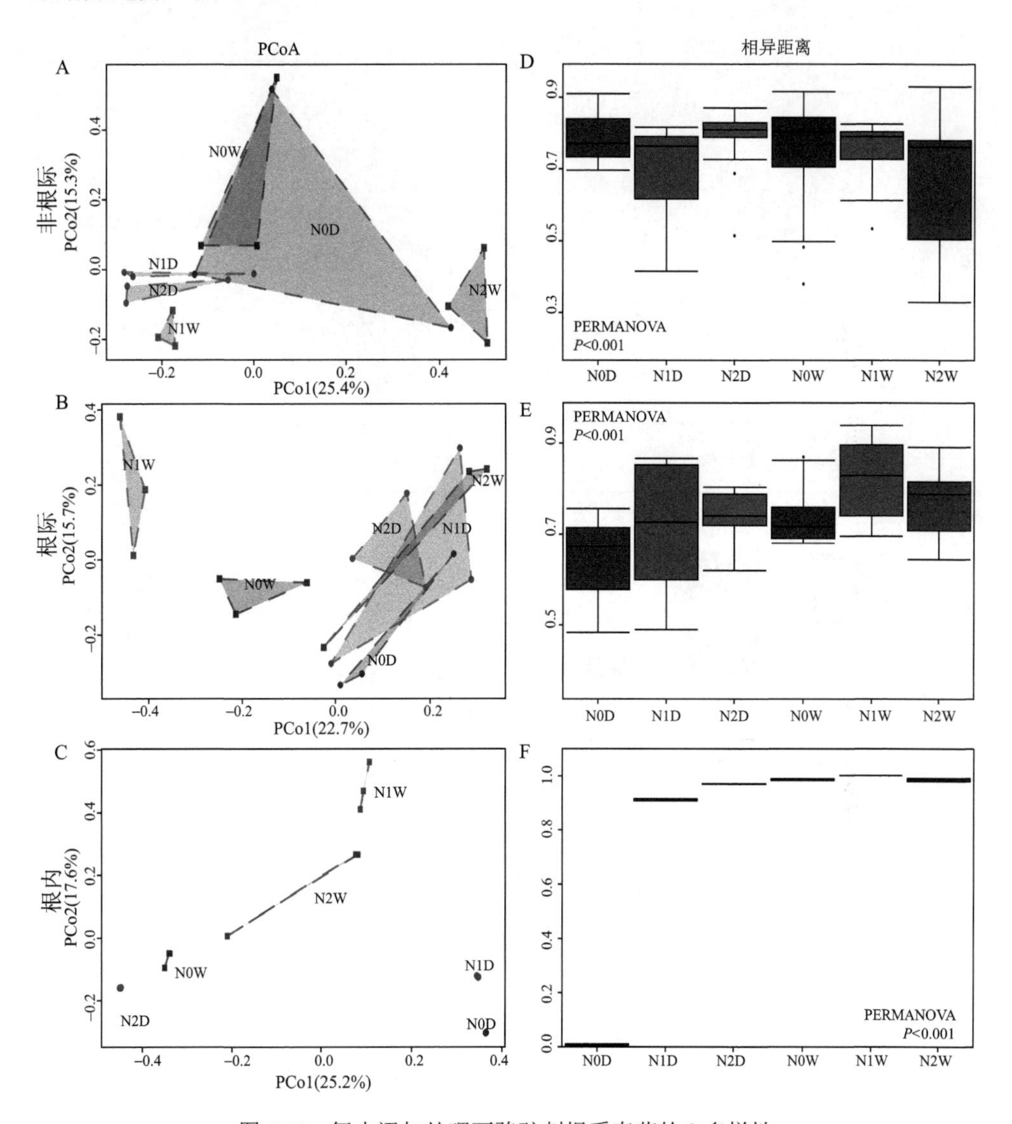

图 4.10　氮水添加处理下骆驼刺根系真菌的 β 多样性

就同一根系分区而言，土壤中氮素和水分的变化分化了不同处理间骆驼刺微生物的群落，然而在不同根系分区的横向比较中发现，根内与根外的微生物群落在氮水添加背景下被明显地区分开来，而根际和非根际细菌和真菌群落的组成间无显著差异（图 4.11A、C）。基于 Bray-Curtis 差异指数的样本间多样性（β 多样性指数）分析表明，根内和根际细菌群落的 β 多样性最高，非根际最低；根内真菌群落的 β 多样性高于根外（图 4.11B、D）。

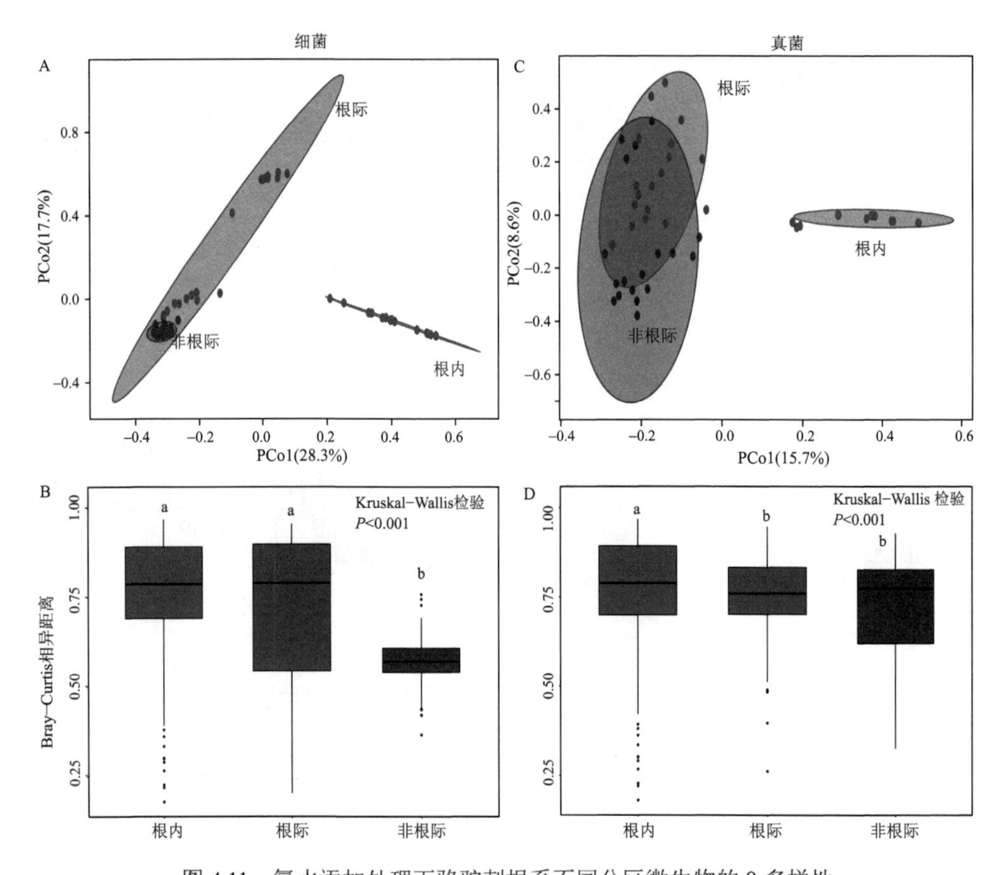

图 4.11　氮水添加处理下骆驼刺根系不同分区微生物的 β 多样性

A、C. 基于 ASV Bray-Curtis 距离的 PCoA 分析，椭圆表示 95%的置信区间；B、D. 基于 ASV 的 Bray-Curtis 距离的相异矩阵

4.5　氮水添加下根系微生物群落的核心菌群和差异物种

造成氮素和水分变化背景下骆驼刺根系微生物群落 β 多样性的不同往往是因为群落内部分物种的丰度差异，这些类群的分布特征可以通过 Venn 图和 LEFSe 分析等手段探明。Venn 图（图 4.12A、D）可视化了不同氮水添加下骆驼刺非根际微生物共有和特有的 ASV，分别有 139 个细菌和 4 个真菌 ASV 在组间稳定存在，被视为氮水添加条件下的核心菌群。变形菌门（Proteobacteria）中的 α 变形菌纲（α-proteobacteria）和 β 变形菌纲（β-proteobacteria），放线菌门（Actinobacteria）

及厚壁菌门（Firmicutes）等类群主导了骆驼刺非根际核心细菌群落（图 4.12B）；而子囊菌门（Ascomycota）中的腔菌目（Pleosporales）、粪壳菌目（Sordariales）、肉座菌目（Hypocreales）3 个目组成了非根际真菌核心菌群（图 4.12E）。

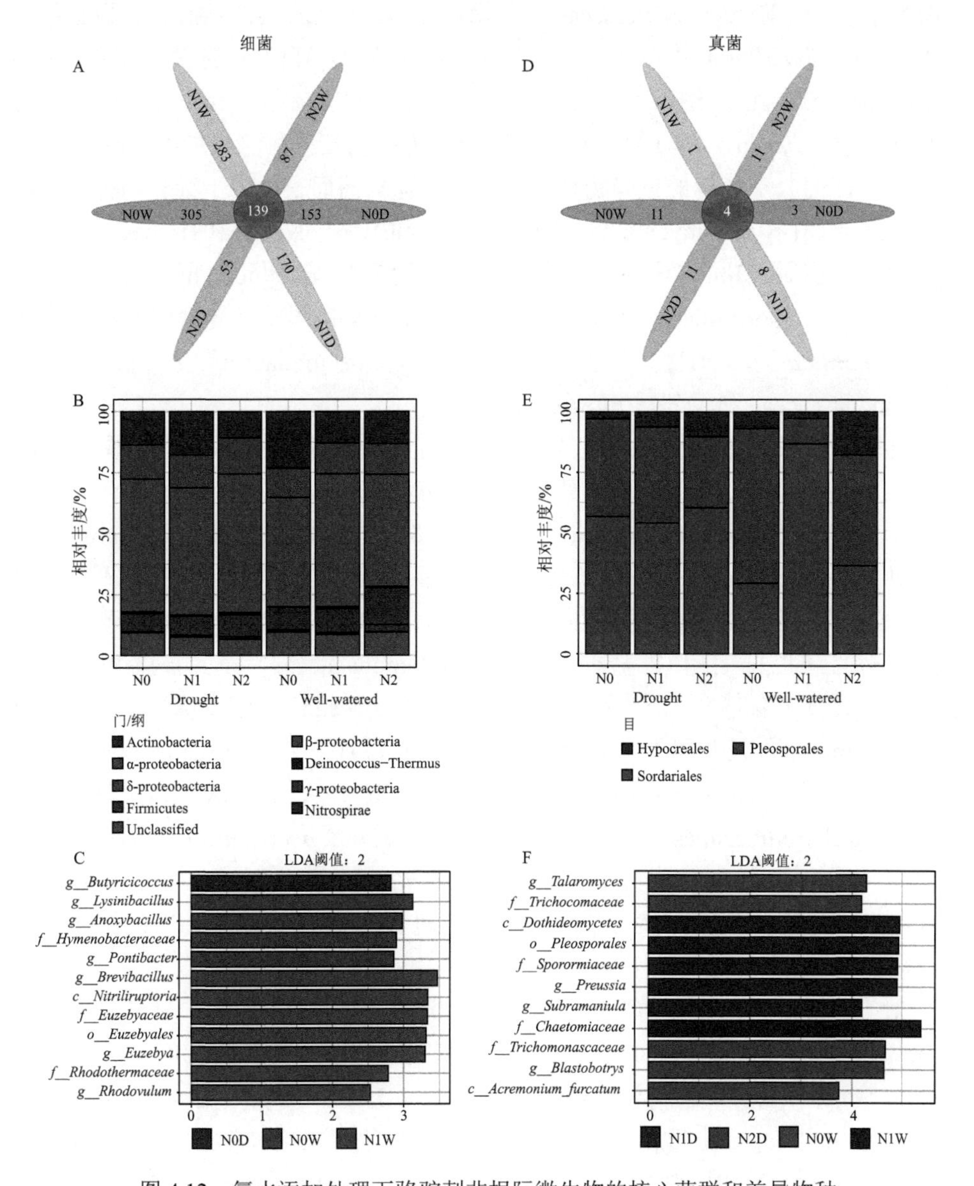

图 4.12　氮水添加处理下骆驼刺非根际微生物的核心菌群和差异物种

Venn 图 A、D 展示了组间共有和特有的 ASV（在每组中的出现频率为 100%）；柱状图 B、E 展示了核心微生物类群的组成；C、F 基于 LEFSe 分析展示了微生物在不同分类学水平上的差异物种，下同

LEFSe 分析表明，非根际细菌在组间的差异主要集中在 N0D、N0W 和 N1W（图 4.12C）。其中，在 N0D 中梭菌属（*Butyricicoccus*）（厚壁菌门），N0W 中的赖氨酸芽孢杆菌属（*Lysinibacillus*）（厚壁菌门）、厌氧芽孢杆菌属（*Anoxybacillus*）（厚壁菌门）和 Hymenobacteraceae 科及其属 *Pontibacter*（拟杆菌门）、短芽孢杆菌属（*Brevibacillus*）（拟杆菌门），N1W 中放线菌门中的腈基降解菌纲（Nitriliruptoria）尤泽比氏菌目（Euzebyales）尤泽比氏菌科（Euzebyaceae）的尤泽比氏菌属（*Euzebya*）和小红卵菌属（*Rhodovulum*）（变形菌门）、Rhodothermaceae 科（拟杆菌门）是稳健的差异物种。对于非根际真菌而言，属于标志物种的类群均属于子囊菌门（Ascomycota）（图 4.12F），包括 N0W 中的发菌科（Trichocomaceae）及其属篮状菌属（*Talaromyces*），N1D 中的座囊菌纲（Dothideomycetes）腔菌目荚孢腔菌科（Sporormiaceae）光黑壳属（*Preussia*）和同属子囊菌门的沙氏壳属（*Subramaniula*），N1W 中的毛壳菌科（Chaetomiaceae）；N2D 中的 Trichomonascaceae 科及其属 *Blastobotrys*。

在骆驼刺根际分别有 29 个和 4 个 ASV 属于细菌和真菌的核心类群（图 4.13A、D）。这些核心微生物主要包括放线菌门（Actinobacteria）、厚壁菌门（Firmicutes）及变形菌门（Proteobacteria）中的 α 变形菌纲和 β 变形菌纲、子囊菌门（Ascomycota）中的散囊菌目（Eurotiales）、腔菌目、肉座菌目等类群（图 4.13B、E）。不同氮水添加处理下具有显著差异的物种集中在 N2D、N0W 和 N1W，包括革兰菌属（*Gramella*）（拟杆菌门）、盐单胞菌科（Halomonadaceae）及其属盐单胞菌属（*Halomonas*）（变形菌门），优杆菌科（Eubacteriaceae）（厚壁菌门），发菌科（Trichocomaceae）及其属 *Blastobotrys* 和 *Rasamsonia*（子囊菌门），Lichtheimiaceae 科及其属毛霉属（*Rhizomucor*）（毛霉门），酵母纲（Saccharomycetes）及其目酵母目（Saccharomycetales）（子囊菌门），瓶毛壳属（*Lophotrichus*）（子囊菌门），曲霉科（Aspergillaceae）及其属曲霉属（*Aspergillus*）（子囊菌门），Auxarthron（子囊菌门），粪壳菌目（子囊菌门），沙氏壳属（子囊菌门）（LEFSe 分析，图 4.13C、F）。

对于骆驼刺根内微生物群落而言，Venn 图显示共有 17 个细菌 ASV 在不同氮水添加条件下稳定存在，组成了核心细菌类群，主要属于变形菌门（Proteobacteria）中的 α 变形菌纲和 β 变形菌纲（图 4.14A、B）。LEFSe 分析（图 4.14C）表明，标志物种主要属于变形菌门和拟杆菌门两个门，包括 N0D 中的根瘤菌目（Rhizobiales），N0W 中的丛毛单胞菌科（Comamonadaceae）、鞘脂杆菌目（Sphingobacteriales）及其科鞘脂杆菌科（Sphingobacteriaceae），N1D 中的德沃斯氏菌属（*Devosia*）、生丝微菌科（Hyphomicrobiaceae），N1W 中的 γ 变形菌纲肠杆菌目肠杆菌科（Enterobacteriaceae）。

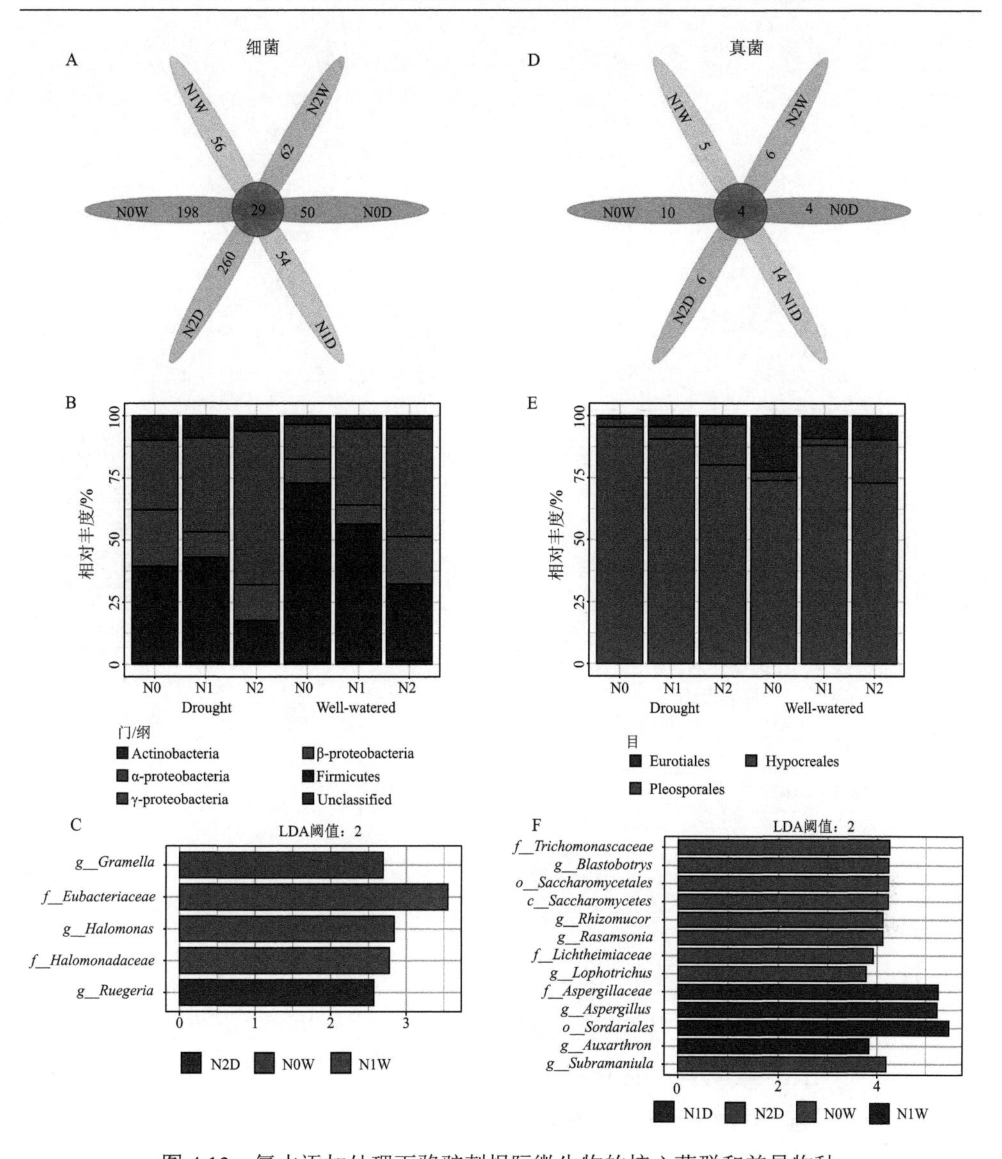

图 4.13　氮水添加处理下骆驼刺根际微生物的核心菌群和差异物种

然而，骆驼刺根内在不同处理间不存在共同的 ASV，即无核心真菌类群（图 4.14C、D）。差异物种主要集中在 N0D、N1D、N1W 中的子囊菌门和担子菌门（Basidiomycota）两个门，具体为银耳纲（Tremellomycetes）毛孢子菌目（Trichosporonales）毛孢子菌科（Trichosporonaceae）及其属 *Cutaneotrichosporon*，肉座菌目麦角菌科（Clavicipitaceae）及其属拟青霉属（*Paecilomyces*），赤壳科（Nectriaceae）及其属镰刀菌属（*Fusarium*）（LEFSe 分析，图 4.14C）。

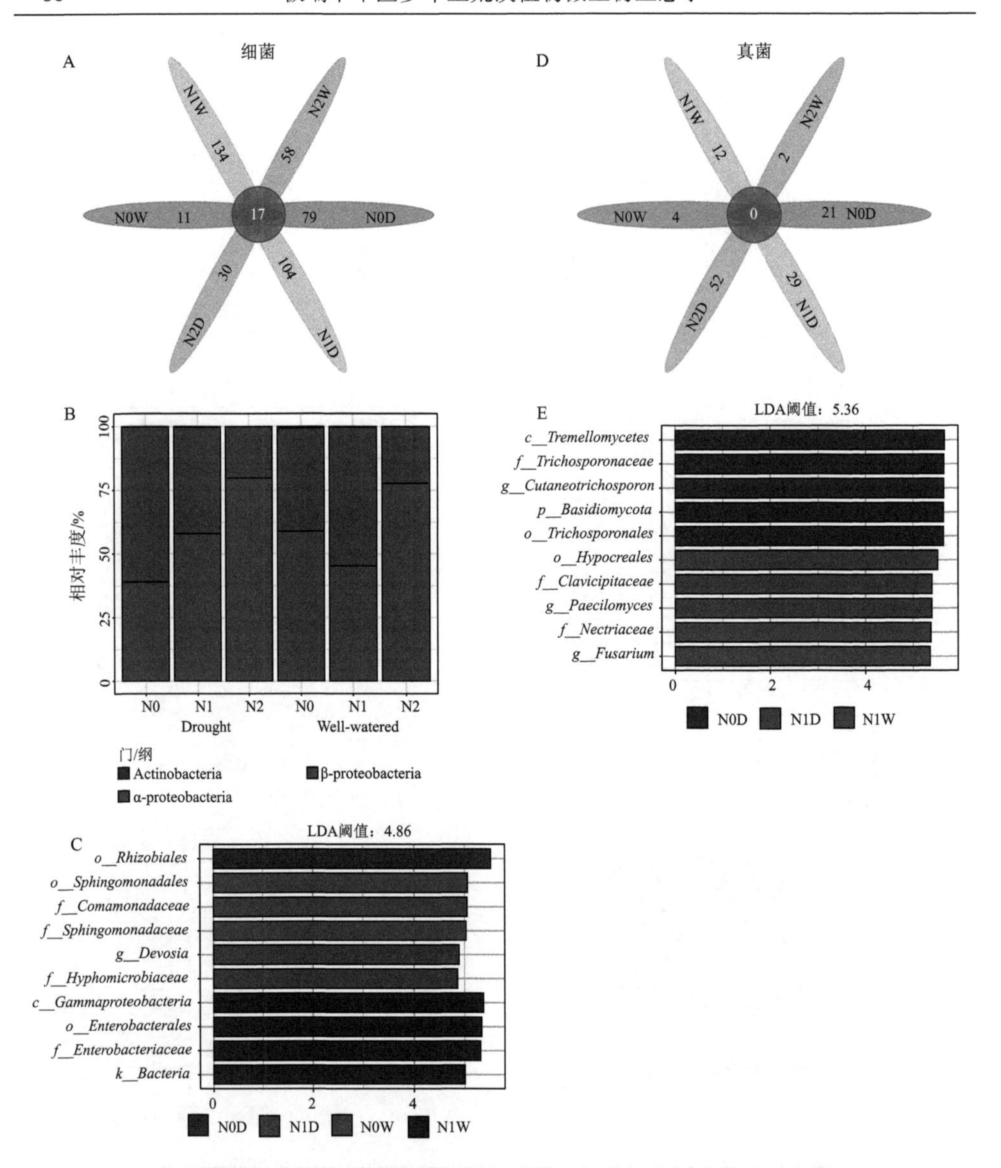

图 4.14 氮水添加处理下骆驼刺根内微生物的核心菌群和差异物种

Venn 图 A、D 展示了组间共有和特有的 ASV（在每组中的出现频率为 100%）；柱状图 B 展示了核心微生物类群的组成；C、E 基于 LEFSe 分析展示了微生物在不同分类学水平上的差异物种

4.6 氮水添加下根系微生物的共现模式

利用网络分析的方法，本研究将氮水添加试验分为 3 个水平的氮添加和 2 个水分梯度，分别探究了氮素和水分输入对骆驼刺不同根系分区微生物群落共现模

式的影响。

不同氮添加（N0、N1、N2）和水分状况（干旱和对照组）下骆驼刺非根际微生物共现网络的性质不同（表 4.2）。边的数量和密度衡量了网络的复杂性。N0 和对照组的共现网络复杂性更高，意味着网络内微生物间实际发生联系的比例更高。相反，在 N1、N2 和干旱组的平均度更低。而 N1 和对照组的平均路径长度更短。水分状况的改善降低了非根际微生物网络的直径和模块性。低水平的氮添加（N1）增加了网络的聚类系数，然而却降低了网络的直径和模块性。相反，高水平氮输入（N2）提高了网络的模块性，但却降低了网络的聚类系数。

表 4.2　氮水添加处理下骆驼刺非根际微生物共现网络的拓扑学性质

性质	总网络	子网络				
		N0	N1	N2	干旱	对照
边数	711	337	220	175	252	279
节点数	209	131	118	105	155	147
边的密度	0.033	0.040	0.032	0.032	0.021	0.026
平均度	6.804	5.145	3.729	3.333	3.252	3.800
平均路径长度	4.904	6.473	5.095	6.661	8.550	5.722
直径	14	20	13	18	20	17
聚类系数	0.596	0.568	0.610	0.467	0.479	0.479
模块性	0.588	0.712	0.677	0.762	0.796	0.678

在整个非根际网络及其不同处理组中，正相互作用主导了微生物的共现网络（图 4.15 和图 4.18A）。与 N0 相比，N1 和 N2 分别增加了负相互作用和正相互作用的比例，水分状况的改善提高了负相互作用的占比。在这些相互作用（边）中，细菌–细菌间的相互作用占主导地位，并且随着氮素和水分的输入，其占比逐渐降低，细菌–真菌跨界互作的比例得以提升（图 4.18D）。真菌–真菌间的互作比例也随着氮添加水平的升高而增加。

与骆驼刺根系其他分区微生物的共现网络相比，根际微生物网络的复杂性更高，表现为较高的边数和密度（表 4.3）。氮添加处理下根际微生物共现网络的直径降低。高水平氮添加降低了网络的复杂度、平均度、平均路径长度和聚类系数，增加了网络的模块性，而 N1 处理则相反。水分状况的改善增加了根际微生物网络的复杂性、平均度和聚类系数，而平均路径长度和模块性有所降低。

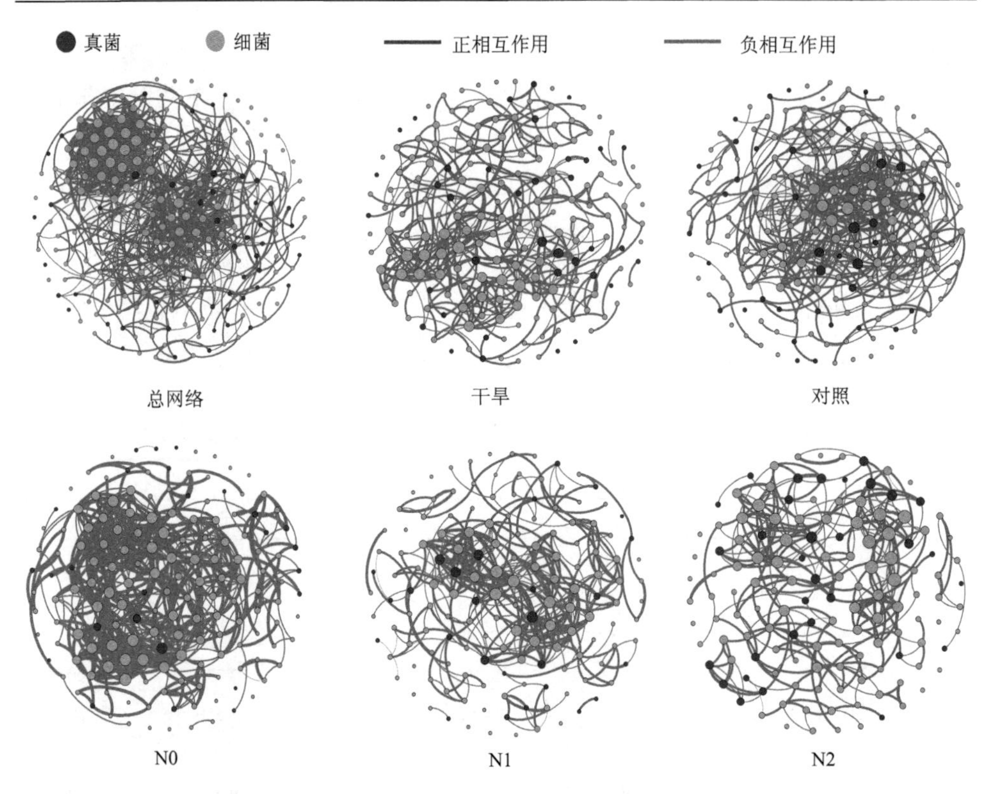

图 4.15　氮水添加处理下骆驼刺非根际微生物的共现网络

节点表示属水平的物种，节点大小表示度的大小；节点间的连线代表显著的（Spearman 相关性>0.6，FDR-adj*P*-value <0.01）相关性，下同

表 4.3　氮水添加处理下骆驼刺根际微生物共现网络的拓扑学性质

性质	总网络	子网络				
		N0	N1	N2	干旱	对照
边数	2529	309	454	170	513	774
节点数	204	88	102	103	147	122
边的密度	0.122	0.081	0.088	0.032	0.048	0.105
平均度	24.794	7.023	8.902	3.301	6.980	12.689
平均路径长度	2.660	5.267	4.278	4.142	4.023	3.506
直径	9	15	14	14	11	11
聚类系数	0.618	0.720	0.622	0.450	0.480	0.562
模块性	0.227	0.488	0.495	0.799	0.552	0.417

正相互作用同样主导了骆驼刺根际微生物的共现网络（图 4.16 和图 4.18B），且其比例沿着氮添加梯度先增加后减少，真菌-真菌互作的比例持续升高

（图 4.18E）。细菌–细菌间的互作比例受高水平氮添加的抑制，与此相反，细菌–真菌跨界互作的比例升高。干旱条件下，微生物跨界互作的比例高于水分较好的条件，而真菌–真菌间及细菌–细菌间的互作比例均出现降低。

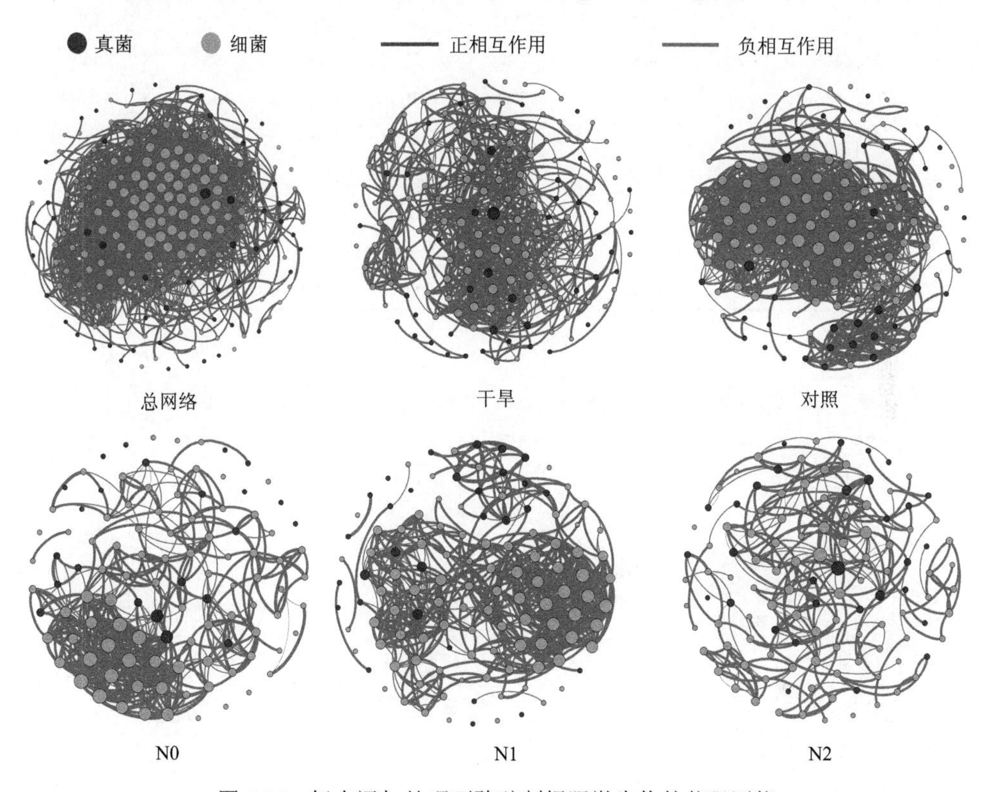

图 4.16　氮水添加处理下骆驼刺根际微生物的共现网络

与骆驼刺根际微生物共现网络不同，根内微生物网络的复杂性在 N2 组中最高，同时该组网络拥有较高的平均度和聚类系数，以及较小的平均路径长度、直径和模块性（表 4.4）。干旱使得根内微生物网络的复杂性大于水分状况良好的条件，其平均度、聚类系数同样高于后者。水分状况的改善在降低网络复杂性的同时，也增加了网络的平均路径长度、直径和模块性。

正相互作用同样也主导了骆驼刺根内微生物的共现网络，其比例在不同根系分区中表现为：根内>根际>非根际，且根内微生物间的跨界互作和真菌–真菌间的互作比例也同样最高（图 4.17 和图 4.18C、F）。氮的输入和土壤水分的减少增加了正相互作用的比例，然而在 N2 组中，观察到较少的跨界及真菌–真菌间的互作，干旱则增加了网络内真菌–真菌间的互作。

表 4.4　氮水添加处理下骆驼刺根内微生物共现网络的拓扑学性质

性质	总网络	子网络				
		N0	N1	N2	干旱	对照
边数	664	137	283	209	620	123
节点数	118	49	73	47	95	560
边的密度	0.096	0.117	0.108	0.193	0.139	0.080
平均度	11.254	5.592	7.753	8.894	13.052	4.393
平均路径长度	3.300	3.701	2.289	2.161	3.187	4.142
直径	9	9	7	6	8	12
聚类系数	0.722	0.637	0.660	0.677	0.766	0.608
模块性	0.598	0.602	0.561	0.338	0.576	0.673

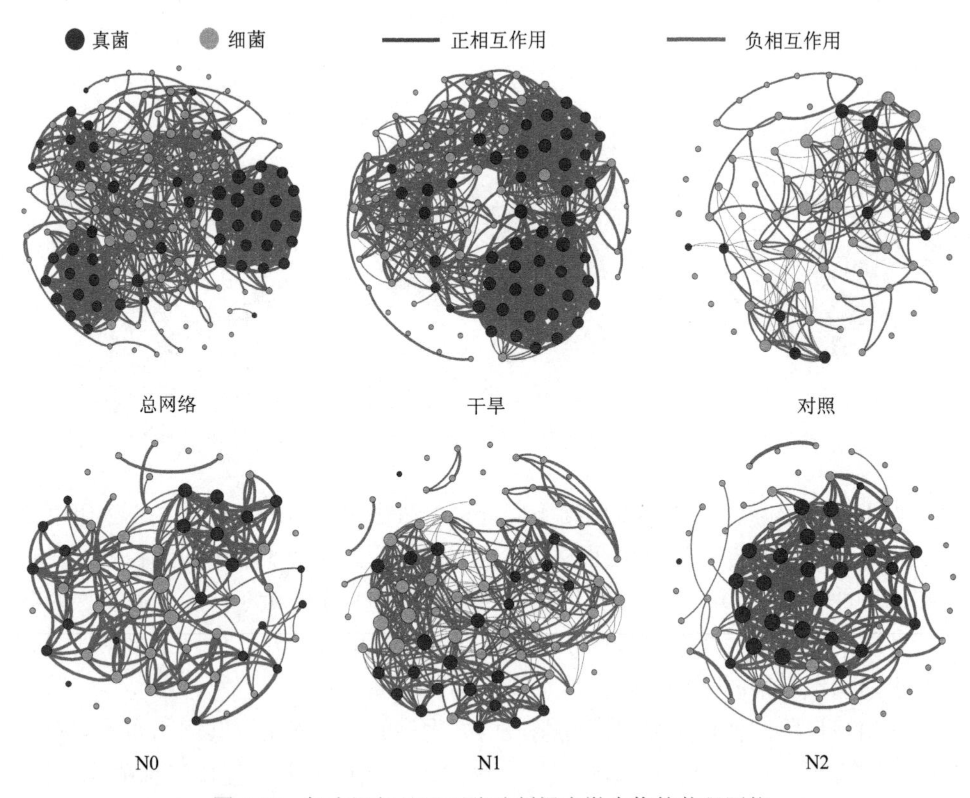

图 4.17　氮水添加处理下骆驼刺根内微生物的共现网络

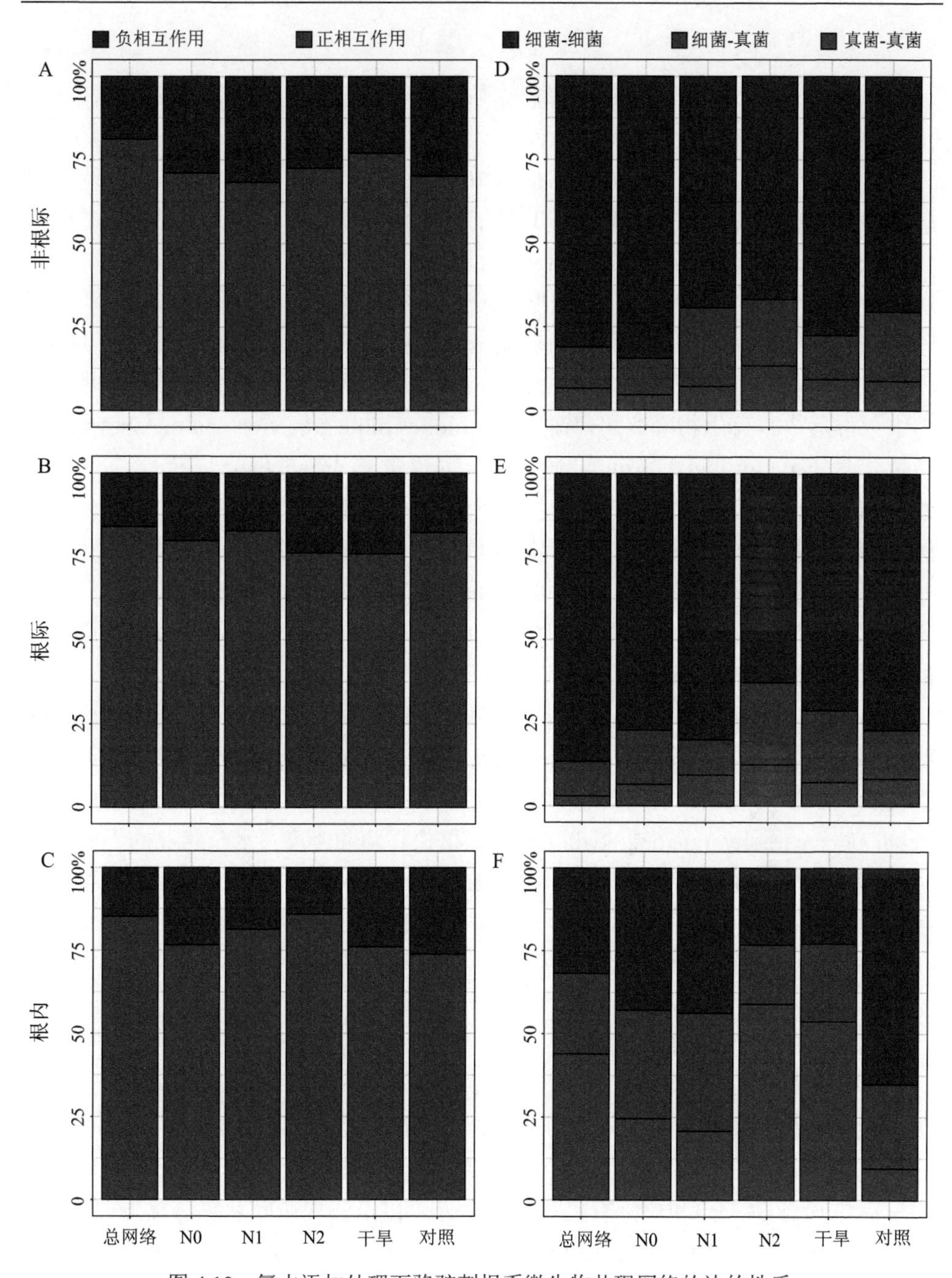

图 4.18　氮水添加处理下骆驼刺根系微生物共现网络的边的性质

4.7 氮水添加下根系微生物群落的功能基因丰度

以上的分析重点关注了骆驼刺根系微生物多样性、物种组成和共现模式等对氮素和水分变化的响应，参照已知的微生物基因组数据，本章还探究了氮水添加对这些菌群的功能潜能的影响（图 4.19）。

结果表明，氮水添加对骆驼刺根际不同分区微生物功能基因丰度的影响不同。除骆驼刺非根际微生物和根际真菌功能基因丰度对氮水添加不敏感外（$P>0.05$），根内微生物及根际细菌受氮水添加的影响显著（$P<0.05$）。氮添加显著影响了根内细菌群落内具有生物降解和代谢（xenobiotics biodegradation and metabolism）、能量代谢（energy metabolism）、碳水化合物代谢（carbohydrate metabolism）、转录（transcription）等功能基因的丰度（图 4.19A）。氮素和水的交互作用对多种代谢通路具有显著影响，包括代谢（如辅助因子和维生素的代谢）、遗传信息处理（如复制和修复等）、环境信息处理（如植物信号转导等）和细胞进程等。不同水分状况下，根际细菌群落中具有复制和修复功能的基因丰度显著不同，而碳水化合物的代谢功能受 N 输入的影响显著。

参与乙醛酸循环（glyoxylate cycle）、无机营养代谢（inorganic nutrient metabolism）和次生代谢物合成（secondary metabolite biosynthesis）过程的根内生真菌受氮和水的交互影响（图 4.19B）。氮素和水分独立地影响了参与根内碳水化合物降解（carbohydrate degradation）过程相关真菌的丰度。水分状况的不同导致了根内真菌核苷和核苷酸降解（nucleoside and nucleotide degradation）功能基因丰度的不同，具有 C1 化合物利用与同化功能（C1 compound utilization and assimilation）的根内真菌基因丰度仅受到氮输入水平的影响。

4.8 氮水添加下根系微生物群落对环境因子的响应

氮水添加显著改变了部分土壤理化性质和植物功能性状（表 4.5）。氮素和水分的交互作用显著影响了总磷（TP）、总钾（TK）、有效氮（AN）、有效钾（AK）、根际有机碳（SOC_R）和根际有机质（SOM_R），以及骆驼刺叶片可溶性蛋白（SP）、脯氨酸（pro）、叶绿素含量（Chl）和总生物量（TB）。氮添加显著增加了土壤总氮（TN）含量、骆驼刺叶片中超氧化物歧化酶（SOD）活性和丙二醛（MDA）含量以及叶片相对含水率（LRWC）。干旱增加了骆驼刺叶片干物质量（LDMC）和可溶性糖（SS）含量，然而却降低了比叶面积（SLA）和根冠比（R∶S）。而

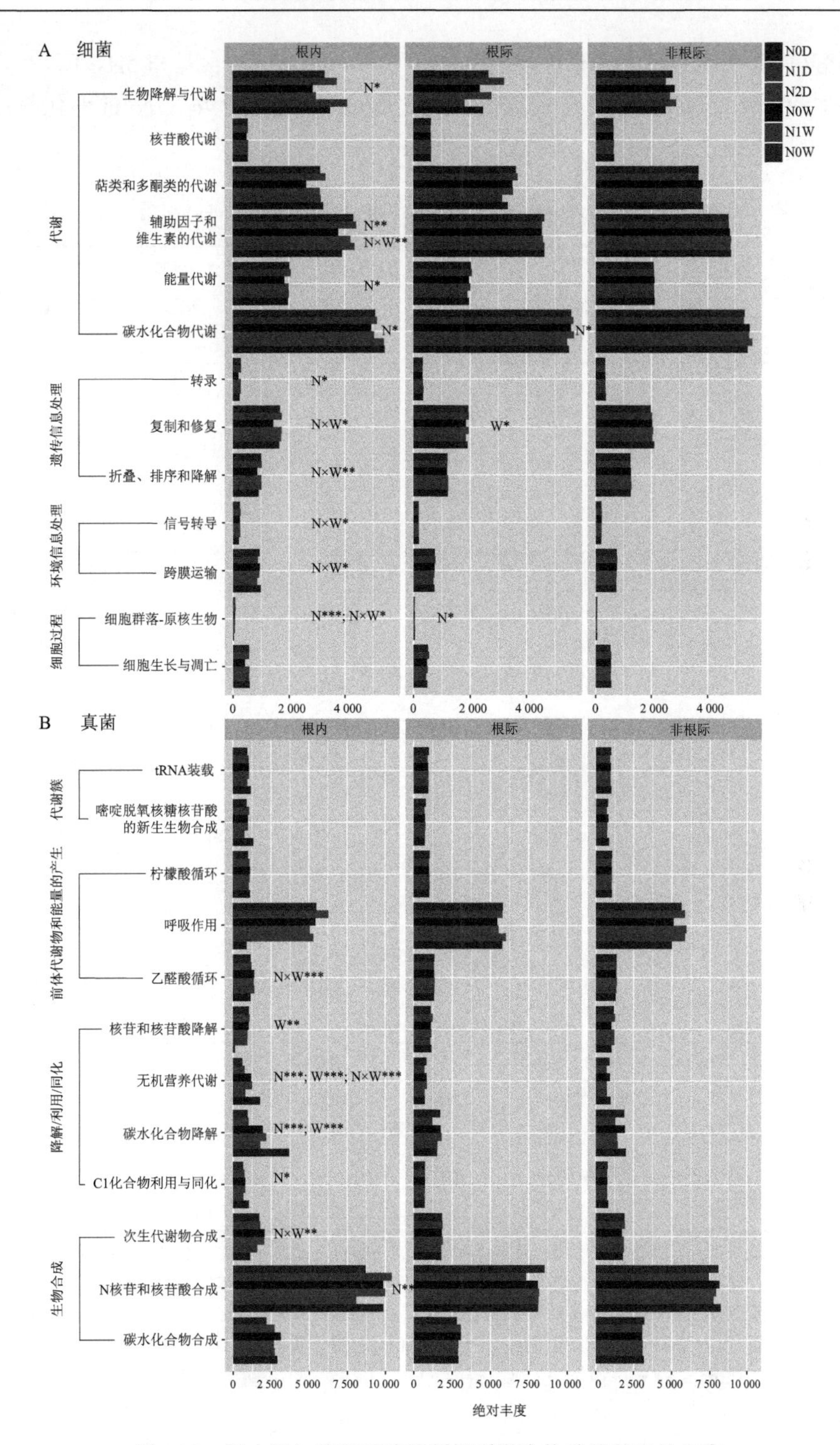

图 4.19　氮水添加处理下骆驼刺根系微生物功能基因的丰度

土壤有机碳（SOC）、土壤有机质（SOM）、有效磷（AP）含量和 pH、EC 不受氮分添加的影响。PCA 结果表明，氮素和水分输入引起的土壤 AN 的变化是造成 N2W 与其他处理分化的重要因素（图 4.20）。

表 4.5　氮水添加处理下土壤理化性质和植物功能性状指标

性质	干旱			对照		
	N0	N1	N2	N0	N1	N2
				ns		
SOC	1.79	1.83	1.53	1.82	1.75	1.60
SOM	3.09	3.16	2.64	3.14	3.02	2.75
AP	1.48	1.61	1.51	1.74	1.66	1.03
pH	9.12	9.08	9.11	9.06	9.01	9.07
EC	0.36	0.37	0.35	0.43	0.52	0.37
				N×W		
TP	0.573b	0.613a	0.582ab	0.584ab	0.570b	0.578b
TK	18.08ab	18.13ab	17.98b	18.11ab	18.47a	18.27ab
AN	4.52bc	3.81c	5.00ab	4.05bc	5.00ab	5.71a
AK	89.0bc	96.0ab	103.0a	108.33a	87.67bc	79.67c
SOC_R	3.46a	3.45b	2.54c	2.01e	2.45d	1.93f
SOM_R	5.97a	5.95b	4.37c	3.45e	4.22d	3.32f
SP	0.839d	1.530b	1.516b	0.836d	1.839a	1.205c
pro	0.729a	0.536c	0.558c	0.612b	0.611b	0.425d
Chl	5.92ab	6.54ab	6.14ab	7.15a	5.93ab	4.44b
TB	0.84e	2.69c	4.43a	2.18d	3.91b	3.54b
	氮处理				水分处理	
	N0	N1	N2		干旱	对照
TN	0.1340a	0.132ab	0.125b	SWC	0.047b	0.097 a
SOD	135.1b	228.5a	216.4a	LDMC	0.222a	0.195 b
MDA	9.54c	12.35b	13.50a	SLA	111.9b	129.9 a
LRWC	0.58b	0.69ab	0.74a	SS	9.07a	7.75 b
				R：S	0.80 b	1.48a

注：表中同行中不同小写字母表示组间具有显著差异（$P<0.05$）。ns 表示氮素（N）和水分（W）添加对响应变量无显著影响；若氮水添加对响应变量具有交互作用（N×W）时，则事后检验比较 6 个处理；氮素和水分独立作用时，事后检验仅比较 3 个 N 水平或 2 个水分处理。SOC_R. 根际有机碳（g/kg）；SOM_R. 根际有机质（g/kg）；SP. 可溶性蛋白（mg/g FW）；pro. 脯氨酸（mg/g FW）；Chl. 叶绿素含量（mg/g DW）；TB. 总生物量（g/plant）；SOD. 超氧化物歧化酶（U/g FW）；MDA. 丙二醛（nmol/g FW）；LRWC. 叶片相对含水率（%）；SS. 可溶性糖（mg/g FW）；R：S. 根冠比。

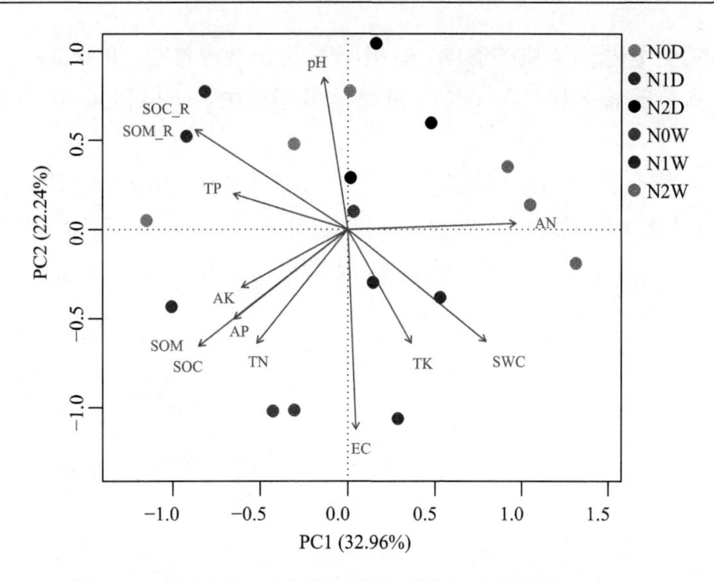

图 4.20　氮水添加下土壤理化性质的主成分分析（PCA）

氮水添加下部分土壤理化性质与骆驼刺根系不同分区微生物的 α 多样性间存在显著的相关关系（图 4.21）。非根际细菌的丰富度（Chao1）分别与土壤 TN 含量和 AN 含量呈显著的相关关系（$P<0.05$），而根际细菌的 α 多样性与土壤 TN 呈显著负相关；根内细菌 Chao1 指数与土壤 TK 含量也呈显著负相关。非根际真菌

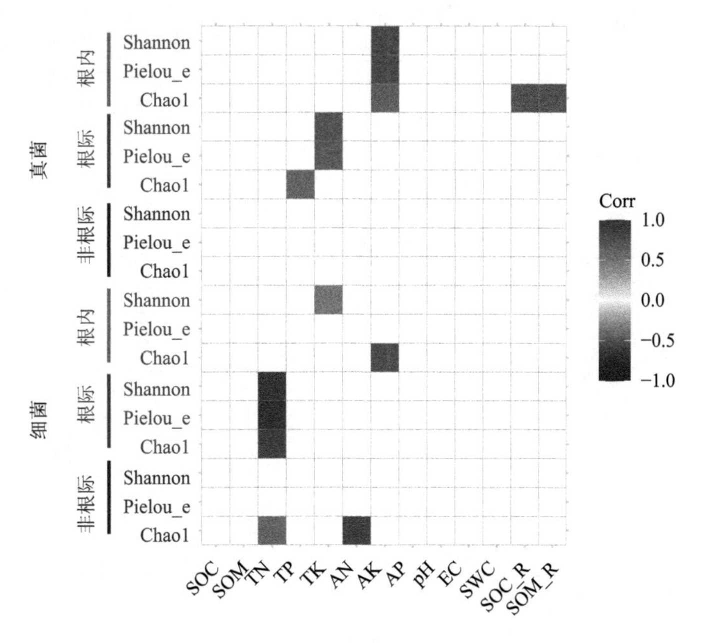

图 4.21　土壤理化性质与骆驼刺根系微生物 α 多样性的相关性

α 多样性不受土壤理化性质的影响，而根际真菌 α 多样性与 TP 和 TK 间存在显著相关；根内真菌的 α 多样性与 AK 含量呈显著正相关，而与 SOC_R 和 SOM_R 呈显著负相关。

为进一步探究氮素和水分变化背景下影响骆驼刺根系微生物群落组成的土壤因素，本研究利用相关模型（后向选择，模型置换检验 999 次）剔除了共线性较强的土壤理化性质，筛选出了对微生物群落结构影响最为显著的因素（图 4.22 和图 4.23）。

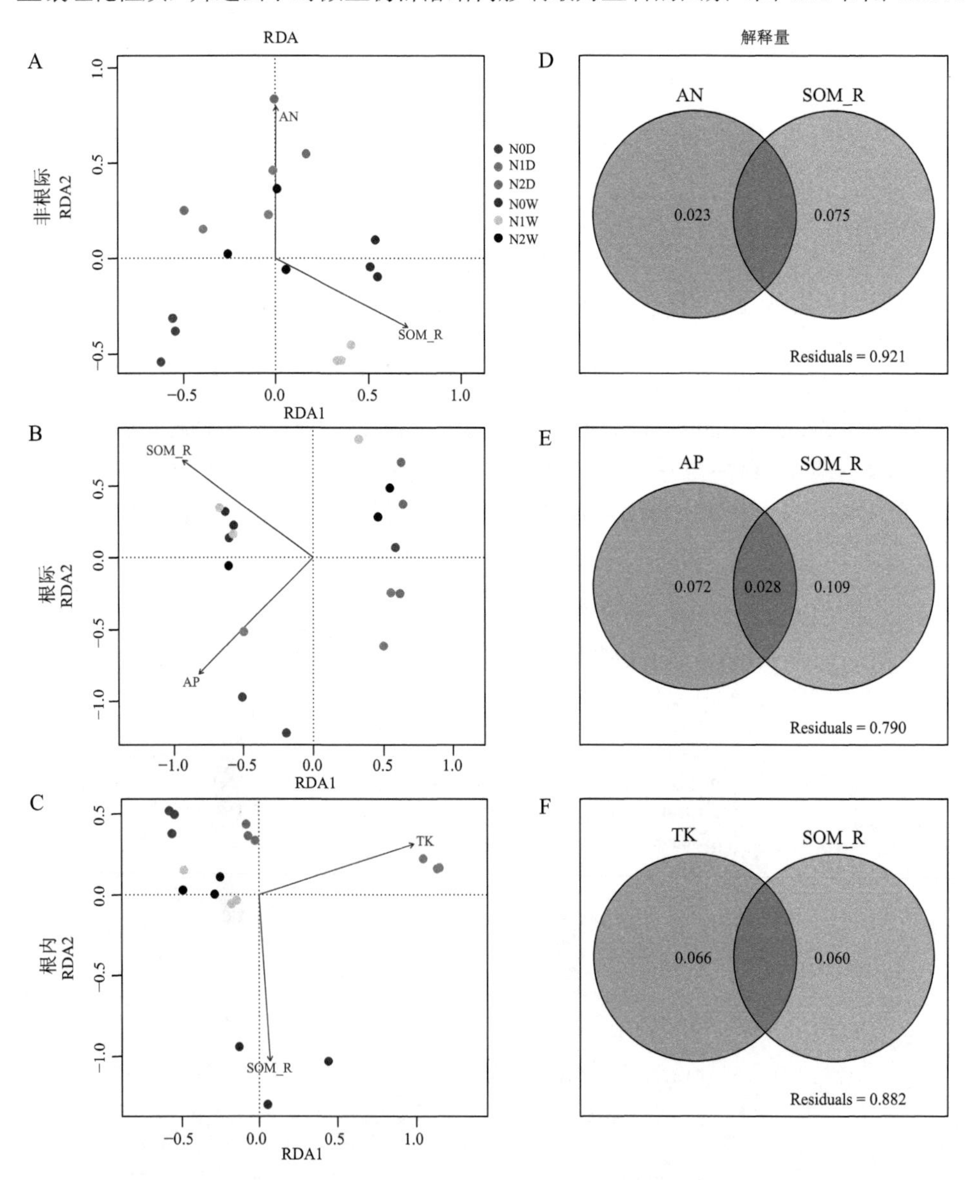

图 4.22　土壤理化性质对骆驼刺根系细菌群落组成的冗余分析（RDA）

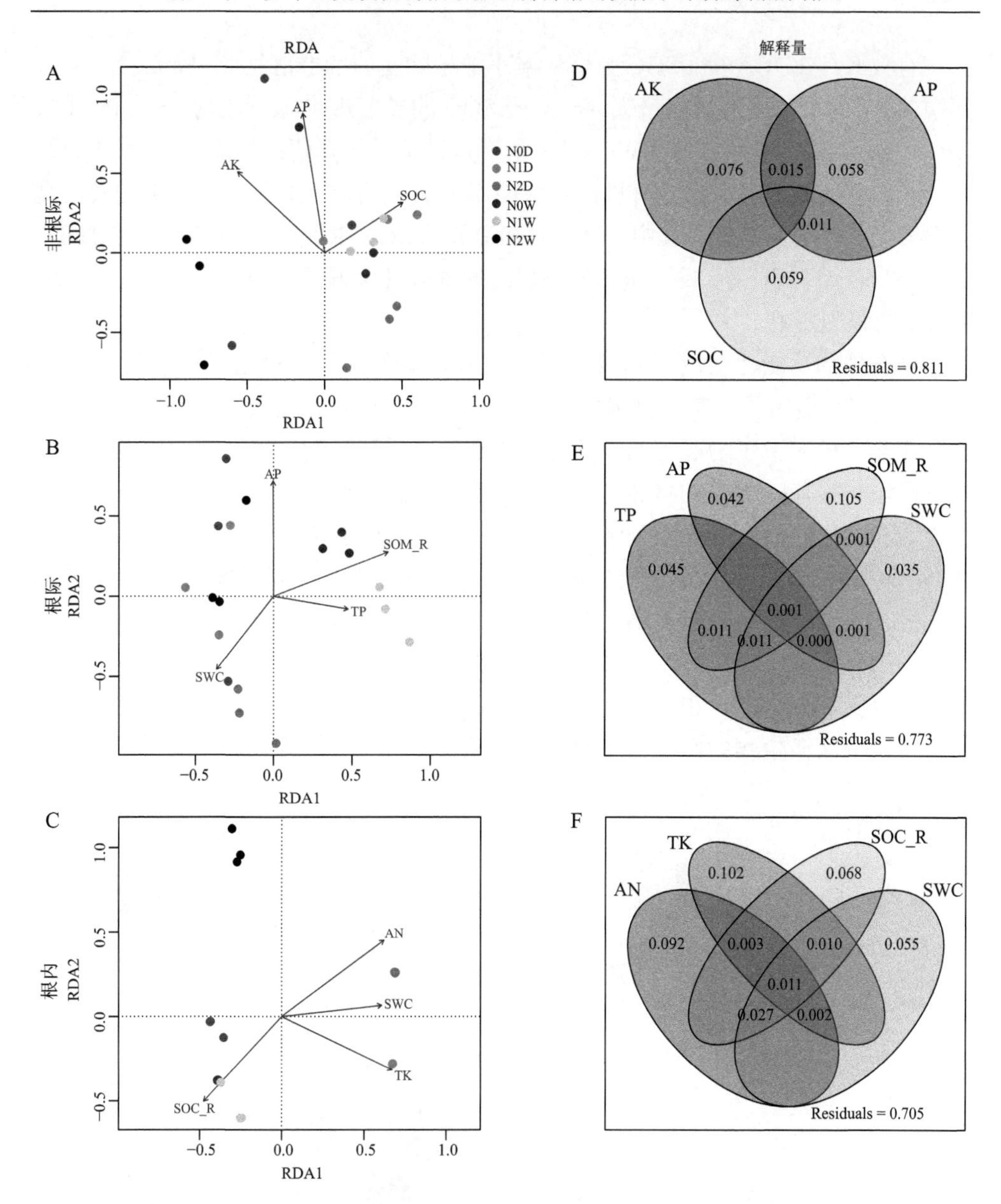

图 4.23　土壤理化性质对骆驼刺根系真菌群落组成的冗余分析（RDA）

结果表明，由氮水添加介导的根际土壤有机质（SOM_R）的变化对骆驼刺根系细菌群落组成具有显著影响，共解释了 6.0%～10.9%的变差，尤其在 N0W 处理下（图 4.22）。氮水添加造成的有效 N（AN）、有效 P（AP）和总 K（TK）的变化分别解释了骆驼刺非根际、根际和根内细菌群落组成变异的 2.3%、7.2%和 6.6%，其中 AP 和 SOM_R 共同解释了根际细菌组成的 2.8%。

有效 K（AK）、AP 和 SOC 显著影响了非根际真菌的群落组成（图 4.23A、D），其中 N2W 组受 AK 的影响最大，N1W 受 SOC 的显著影响。氮水添加下总 P（TP）、AP、SOM_R 和土壤含水量（SWC）最大限度解释了根际真菌的群落组成（图 4.23）。受 AN、SWC、TK 和根际有机碳（SOC_R）的驱动，不同氮水处理下的根内真菌群落组成的差异显著。其中，氮水添加造成的 SOC_R 的变化主要驱动了 N0D、N0W 和 N1W 的群落组成，而其他处理组的根内真菌群落组成受到了 AN、SWC 和 TK 的强烈影响。

结合植物功能性状，将骆驼刺不同分区微生物组成与环境因子相关联（Mantel test），探究环境因子与微生物组成的相关关系（图 4.24）。结果表明，与非根际和根际相比，根内微生物群落的组成受土壤理化性质和植物功能性状的影响最为强烈。根际土壤有机质（SOM_R）与不同根系分区细菌群落的组成之间具有显著相关性。与此同时，不同根系分区的微生物也与骆驼刺的 R∶S 和可溶性糖（SS）在叶片中的积累显著相关。根内细菌的组成还与叶片中可溶性蛋白（SP）、脯氨酸（pro）、SOD、丙二醛（MDA）、叶片相对含水率（LRWC）密切相关（图 4.24A）。

与根系细菌相比，环境因子对不同根系分区真菌群落组成的影响更强烈，表现为多种土壤理化性质和植物功能性状与真菌组成显著相关（图 4.24B）。另外，不同根系分区微生物的组成与土壤 SOC、SOM、pH、EC 间的相关关系不显著，

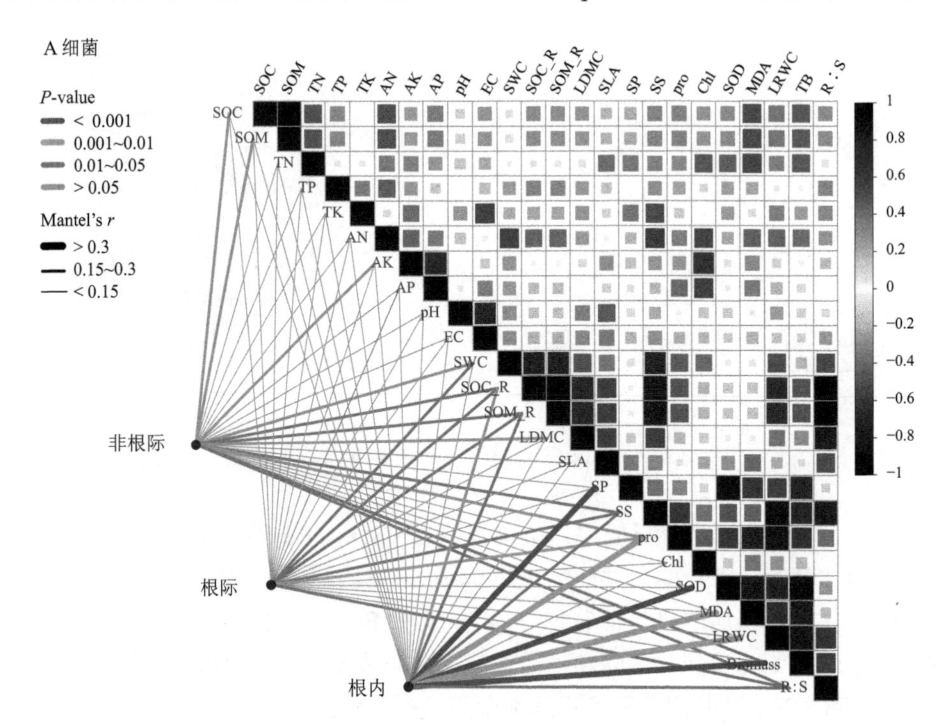

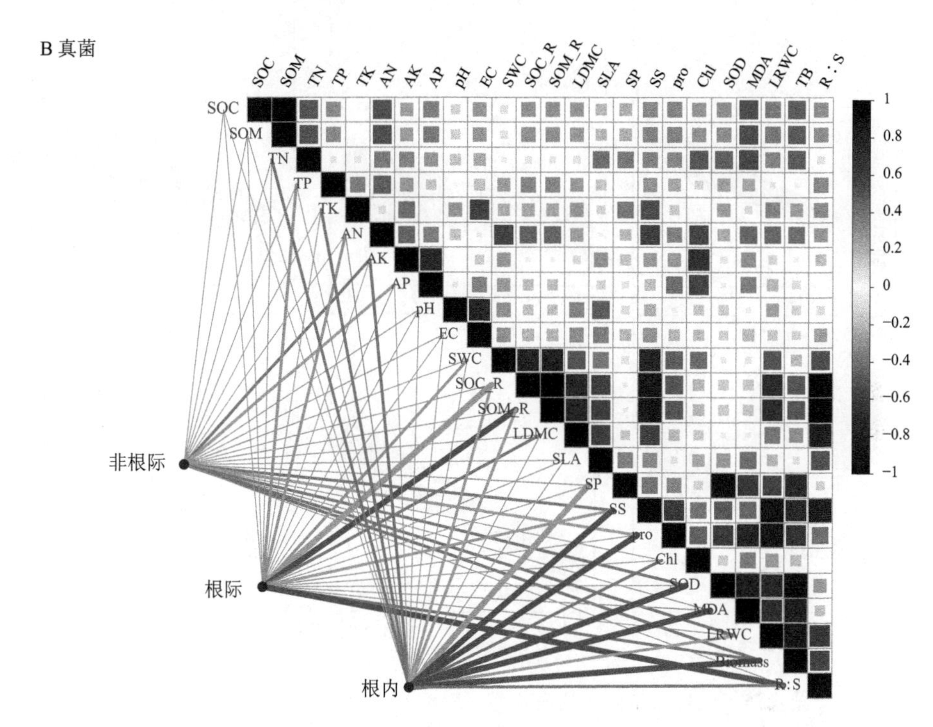

图 4.24　环境因子对骆驼刺不同根系分区微生物群落组成的 Mantel 检验

也与表征植物生长速率的 SLA 无显著关联。不同根系分区的真菌组成与骆驼刺叶片中 SS 的积累和植物生产力（TB）显著相关。根际有机碳（SOC_R）与根际和根内真菌的群落组成密切相关（图 4.25）。除根际细菌外，骆驼刺根系微生物的群落组成与根际 SOC 呈显著正相关关系（P<0.001）。

根系微生物群落在维持植物宿主的健康中起着至关重要的作用，然而部分类群受干旱等外界因素的影响，通过丰度的改变介导对植物干旱耐受性的变化。骆驼刺在干旱胁迫下，其根系微生物群落中的部分类群显著富集，可能与骆驼刺耐旱性相关，这些微生物主要集中在根际细菌（放线菌门和厚壁菌门）和真菌（子囊菌门和担子菌门）、非根际细菌（放线菌门、厚壁菌门和变形菌门）和根内生真菌（子囊菌门）（图 4.26）。

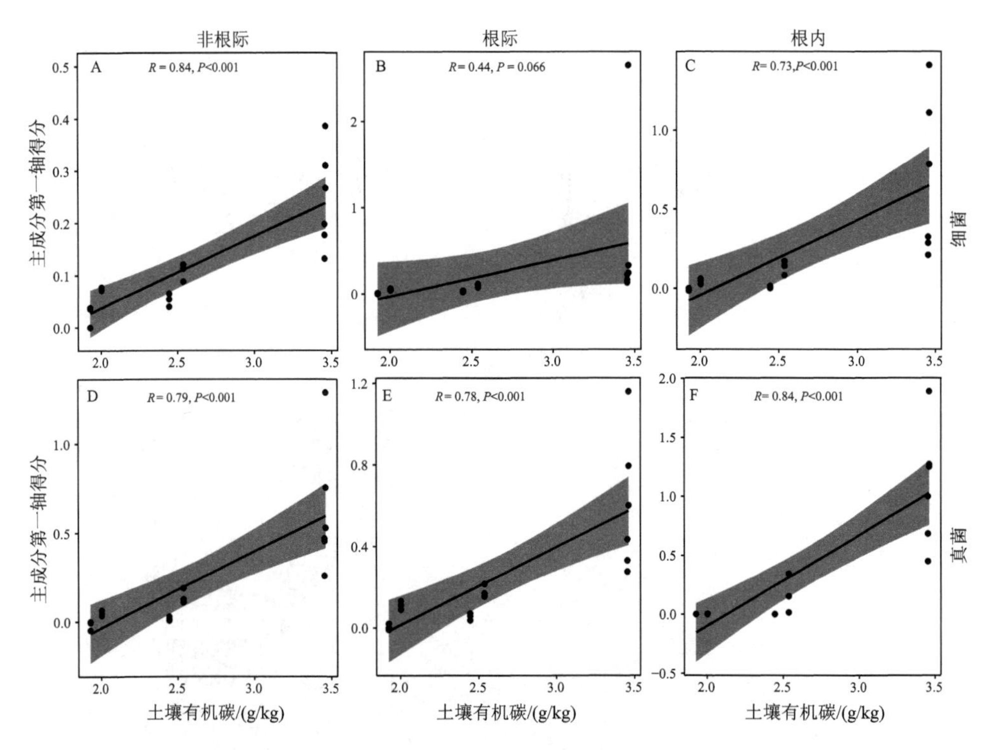

图 4.25　骆驼刺根际土壤有机碳（SOC）与根系微生物组成的关系

A～C 和 D～F 分别展示了骆驼刺根系细菌和真菌的群落组成（PCoA 的第一轴得分）与根际 SOC 的相关关系（Pearson 相关）。R 和 P 值分别表示 Pearson 相关系数和 exact two-sided P 值，阴影部分表示 95%的置信区间

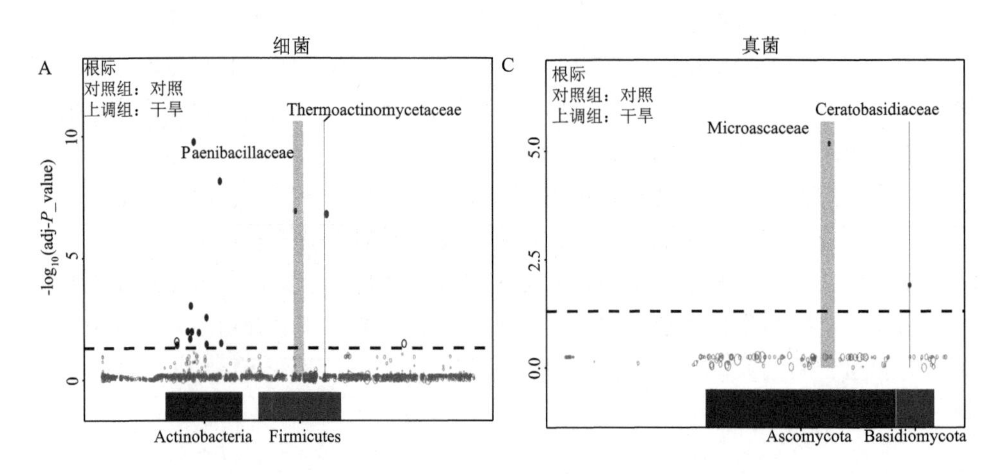

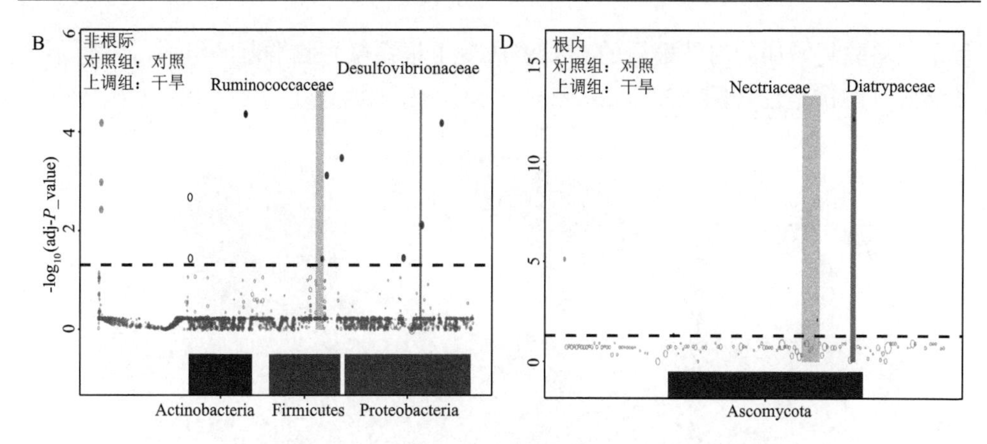

图 4.26　与干旱相关的骆驼刺根系微生物的组成

坐标系内每个圆点或圈代表 1 个 ASV，大小代表其相对丰度[以 log2（CPM/*n*）为单位；CPM. 每百万拷贝数；*n*. 样本数量]。虚线分隔了对照组与上调组间具有显著差异（虚线以上）与差异不显著（虚线以下）的 ASV。其中存在显著富集 ASV 的属中所有 ASV 用彩色实心圆点显示，并添加灰色背景，且该属的名称标注于图顶部；属中内无显著富集 ASV 的属为空心灰点，并添加白色背景

4.9 小　　结

通过上述研究工作，我们可以发现，短期氮水添加处理未改变确定性因素主导骆驼刺根系微生物群落组装过程的现状。根系分区与氮素和水分的交互作用是影响骆驼刺根系微生物群落组成的主要因素。氮素和水分变化未显著影响根系细菌的群落结构，而显著改变了真菌的群落结构，说明在骆驼刺根系定居的过程中与细菌群落建立了稳固的共生关系。氮水添加背景下，骆驼刺根系不同分区间微生物多样性显著不同。根内微生物优势类群的相对丰度和 α 多样性较根外受氮水添加的影响更为显著，反映了骆驼刺的生理变化间接诱导了微生物群落对环境变化的响应。变形菌门（Proteobacteria）、子囊菌门（Ascomycota）等类群组成了氮素和水分波动下骆驼刺根系微生物的核心菌群（图 4.27）。氮素、水分和两者的交互作用显著改变了骆驼刺根际和根内有关乙醛酸循环、碳水化合物降解、次生代谢物合成、植物信号转导等功能基因的丰度，以及根系不同分区微生物间的相互作用模式。根际微生物的共现网络最为复杂，而氮素和水分的增加会削弱网络内微生物间的交互作用和生态位的共享程度，增加网络的稳定性。氮水添加背景下的微生物群落与环境因子的关联分析显示，骆驼刺根系不同分区的微生物，尤其是根内菌群，参与调控了骆驼刺的耐旱生理，并受部分土壤因素的强烈影响。骆驼刺能够通过积累渗透调节物质、改变资源分配模式等应对干旱胁迫，在这个过

程中，骆驼刺增加的对其根际的 C 投资改变了根系微生物群落的组成，可能介导了骆驼刺的抗旱性（图 4.27）。

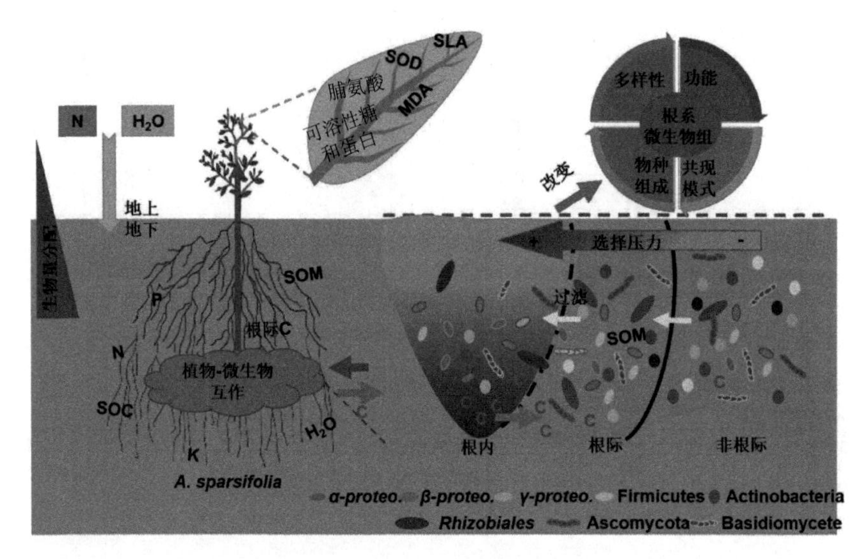

图 4.27　氮水添加背景下骆驼刺与其根系微生物群落互作关系模式图

第 5 章　多年生荒漠植物沙包凋落物组分与微生物群落结构

植物参与的碳循环是生物地球化学循环的重要部分。光合作用固定了大量的碳，除了少量被动物作为食物消耗外，大量的碳在微生物的作用下通过凋落物分解重新流通到空气中或储藏在各种碳库中。因此，微生物驱动的凋落物分解过程是生态系统碳循环的关键。

土壤具有独特的碳和储碳能力，土壤有机碳（SOC）是地球表层系统最大的碳库，对气候变化有重要的调节作用。目前对于 SOC 库的研究多集中于森林、草原等生态系统（Kramer and Gleixner，2008；Yuan et al.，2022）。但在干旱的荒漠生态系统，由于植物地下部分生物量是地上的数倍，储藏着大量的碳（苏培玺，2022），但传统的碳汇核算方法无法准确评估荒漠生态系统的生物碳汇作用及其微生物驱动的分解过程。

在干旱的塔克拉玛干沙漠南缘（简称塔南）绿洲—荒漠过渡带上广泛分布的多枝柽柳、骆驼刺和花花柴等耐盐、耐旱植物，是塔南自然植被的建群种。这些植物的沙包埋藏了大量的凋落物（图 5.1）。例如，柽柳在荒漠中定植、发育过程中会形成由凋落物和沙子交替掩盖的片层状的沙包结构。目前记录的柽柳属植物有 90 种，其中多枝柽柳的分布最广（王晓毅，2009）。多枝柽柳沙包发育时间的跨度很大，有些可达到几千年（杨镰，2003）。长时间的积累使得多枝柽柳沙包里储藏了大量的 SOC。贺俊霞等（2009）观测到塔南多枝柽柳冠层下凋落物每平方米的年沉积量可达到几百克。对多枝柽柳沙包不同沉积纹层中营养物质的分析发现，罗布泊地区多枝柽柳沙包中的 SOC 含量最高达 44.55%，最低为 24.28%（赵元杰等，2011）。多枝柽柳沙包的层状结构还储存着气候变化等环境信息（刘博等，2018）。

沙包中 SOC 主要来源于植物地上凋落物。由于风沙活动，凋落物被沙子覆盖，且随着时间的延长埋藏得越深。这些凋落物的分解状态对于维持荒漠生态系统的稳定至关重要。柽柳的沙包大，凋落物埋藏得深，而骆驼刺和花花柴的植株矮小，沙包中凋落物埋藏相对较浅，但是部分地区花花柴沙包可以聚集在一起生长，从而也能形成较大的沙包（图 5.1）。本章通过对塔南地区自然植物沙包的剖面取样分析，阐明上述 3 种荒漠植物凋落物分解特征，及其与土壤因子的关系，研究结果将进一步补充我们对凋落物分解和 SOC 储存的认知，对保护和培育荒漠植被具有科学指导意义。

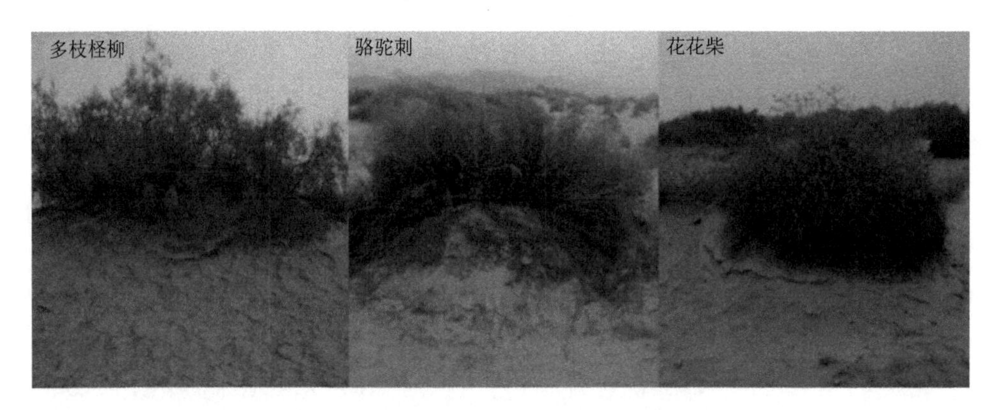

图 5.1　塔克拉玛干沙漠南缘主要植被沙包

5.1　3 种植物沙包中凋落物的热解指纹特征

5.1.1　凋落物热解产物在土壤剖面上的变化

使用 MS search V.2.3 和定量分析（QQQ）软件对热解产物进行分析，筛选鉴定出 213 种热解产物，详细化合物信息见附录。为了更好地将数据可视化，本章参照陈秋宇等（2018）划分土壤有机质热解产物的方法，将沙包凋落物的热解产物根据其相似的化学性质分为烷烯烃类、脂肪酸、氨基酸类、芳烃、多环芳烃、木质素、多环化合物类、酚类物质、多糖、含氮化合物和几丁质。根据分子结构的复杂性将烷烯烃类化合物分为短链烷烯烃（C≤20）和长链烷烯烃（C＞20）。

多枝柽柳沙包中不同层面的凋落物的热解总离子流图见图 5.2。4 个层面上的多枝柽柳在化合物组成和含量上有明显差别。新鲜多枝柽柳凋落物的峰值最高，单一化合物的峰面积最大，单位有机质含量相对较多；50 cm 和 100 cm 的热解产物明显处于表层和底层之间。而 150 cm 处的总离子流图与上层土壤中的相比明显不同，峰面积明显下降，单位有机质含量最少。

图 5.3 是骆驼刺沙包中不同层面凋落物的热解总离子流图。可以看出骆驼刺新鲜凋落物和被埋入 10 cm 处的热解产物在化合物数量和质量上差异不大，只在部分波峰上有明显的增加或减少趋势；50 cm 处峰面积明显下降；100 cm 处的总离子流图与上层土壤中的相比有较大差异，峰高最小，单位有机质含量最少。从表层 10 cm 到底层 100 cm 多枝柽柳单位质量的积分面积减少，但明显没有多枝柽柳减少得多。

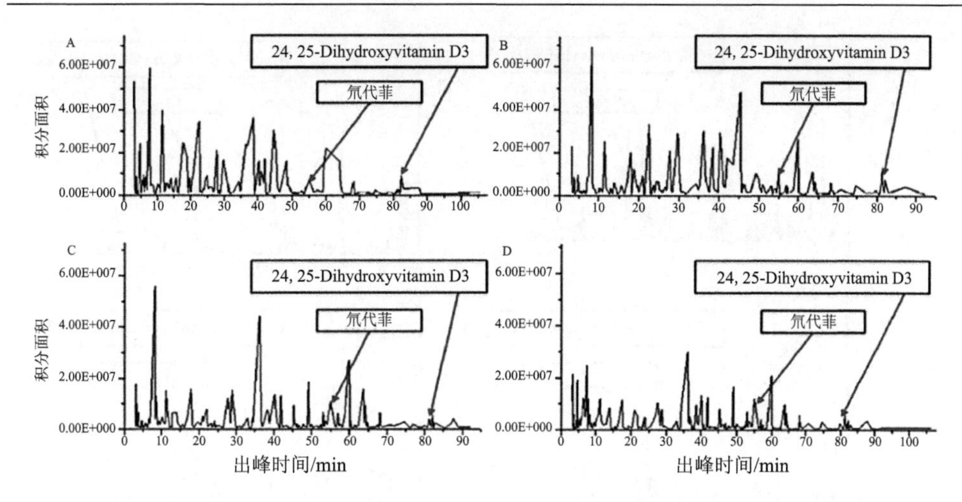

图 5.2　多枝柽柳凋落物热解结果

A、B、C 和 D 分别代表新鲜（沙包 10 cm）和沙包 50 cm、100 cm 和 150 cm 深处的凋落物，下同

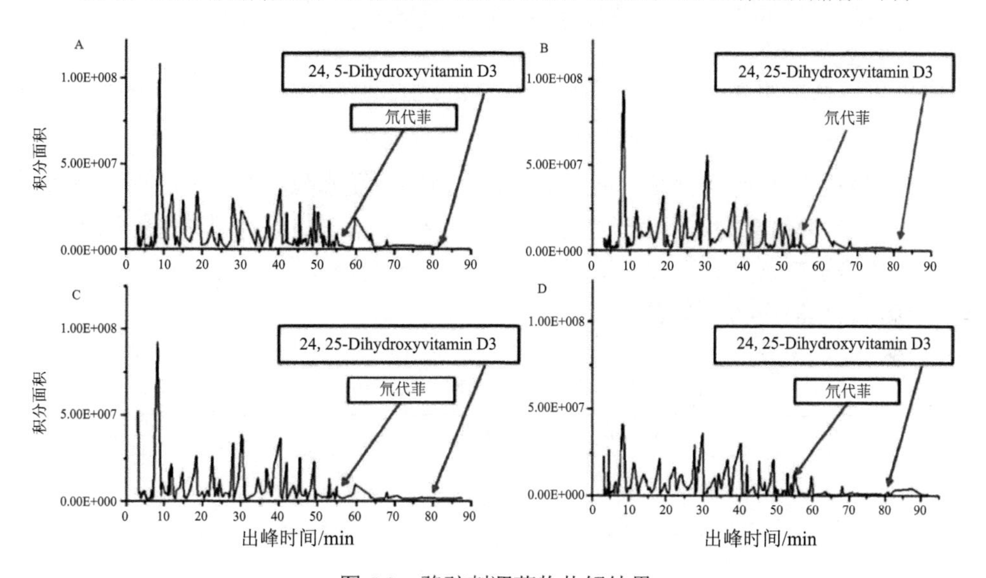

图 5.3　骆驼刺凋落物热解结果

图 5.4 是花花柴不同分解层面的热解总离子流图。花花柴 4 个层面上的化合物组成和含量上有明显差异。在垂直剖面上，花花柴 4 个层面凋落物的化合物在数量和含量上均出现降低。新鲜多枝柽柳凋落物的峰值最高，单一化合物的峰面积最大，单位有机质含量相对较多；100 cm 处的峰面积最小，峰高最低，单位有机质的含量最低。

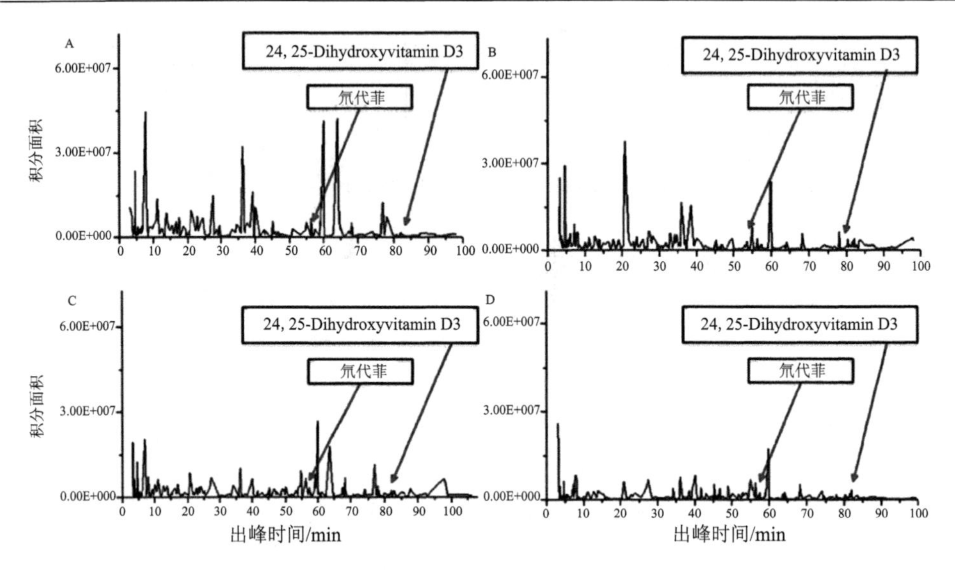

图 5.4　花花柴凋落物热解结果

对于 3 种植物沙包的热解产物而言，骆驼刺的热解产物种类高于多枝柽柳和花花柴（表 5.1）。骆驼刺叶片的热解产物共检测到 234 个峰，鉴定出了 97 种化合物，骆驼刺茎的热解产物鉴定出了 100 种。而多枝柽柳凋落物检测出 201 个峰，鉴定出了 88 种化合物，花花柴热解产物的出峰数最少。骆驼刺和花花柴的茎相比于叶片的热解产物具有更高的鉴定率（鉴定率=鉴定产物个数/出峰个数）。3 种植物凋落物的热解产物共鉴定出 213 种化合物。

表 5.1　凋落物热解产物种类

凋落物类型	多枝柽柳	骆驼刺茎	骆驼刺叶	花花柴茎	花花柴叶
原始峰/个数	201	154	234	140	117
热解产物/个数	88	100	97	71	59

3 种植物表层（新鲜到地下 10 cm）枝条凋落物的热解指纹（图 5.5A）以及表层（0 cm）、上层（10 cm）和底层的热解产物不同（图 5.5B）。多枝柽柳新鲜枝条热解产物中多糖类组分达到了 23.97%，是所有产物中最高的组分，其次为酚类 17.54%；多糖、酚类、脂肪酸、短链烷烯烃和木质素 5 类化合物占总质量的 82.55%（表 5.2）。多枝柽柳 0 cm 和 150 cm 处的热解产物在 PCA 得分图上处于不同的区域，两者间多糖和酚类化合物的含量差别较大；10 cm 处热解产物的得分处于两者中间，与表层和底层均有明显的差异（图 5.5B）。相比骆驼刺和花花柴的热解产物，多枝柽柳的木质素含量较低，酚类物质含量较高（表 5.2）。

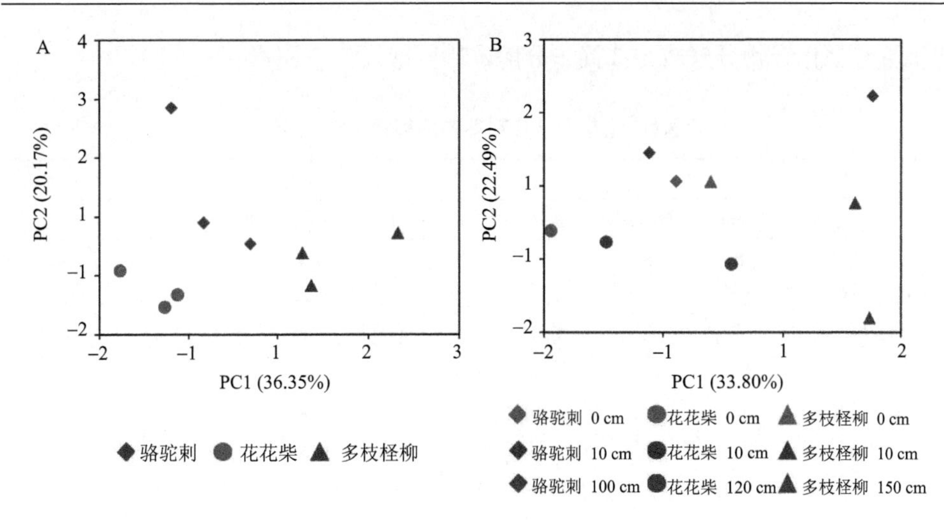

图 5.5　热解组分的 PCA 分析

A. 3 种植物浅层凋落物热解 PCA 得分；B. 3 种植物在 0 cm、10 cm 和底部的凋落物热解 PCA 得分

表 5.2　多枝柽柳各热解组分的比例　（%）

化学组分	新鲜	0 m	0.1 m	0.5 m	0.8 m	1.0 m	1.5 m
短链烷烯烃	16.65	17.52	18.76	11.60	11.97	13.30	15.94
长链烷烯烃	0.47	1.35	3.65	1.62	1.89	3.40	2.41
脂肪酸	10.44	13.87	17.11	12.97	14.27	21.38	29.35
芳烃	0.74	0.46	2.85	5.69	0.66	0.62	3.52
多环芳烃	0.13	0.18	0.23	0.11	6.98	0.72	0.50
木质素	13.95	9.75	12.10	14.43	15.60	13.31	19.34
多糖	23.97	28.68	19.25	29.59	25.51	26.94	11.60
含氮化合物	8.98	10.54	10.14	7.67	6.39	7.83	8.33
酚类	17.54	10.70	3.70	8.19	7.65	4.75	0.74
氨基酸类	4.64	3.58	3.81	0.26	1.59	1.41	1.43
多环类化合物	2.51	3.17	8.04	6.68	7.22	6.33	6.85
几丁质	0.00	0.22	0.36	1.20	0.27	0.59	0.26

花花柴叶片新鲜热解产物中多糖、脂肪酸和酚类化合物是其主要成分（表 5.3）。其中多糖（25.45%）在所有组分中含量最高，高于多枝柽柳，低于骆驼刺；脂肪酸含量 17.51%，介于多枝柽柳和骆驼刺中间；酚类化合物含量为 16.49%。30 cm 处的多糖含量急剧下降，只有 5.82%；木质素含量从 6.69%上升到 13.49%；芳烃类减少，多环芳烃类增加。多糖在新鲜花花柴茎热解产物中高达 32.86%，木质素含量为 27.81%，其他组分含量相对较低。相比于底层，表层和上层的多糖、酚类

和氨基酸类化合物分解较少或尚未分解，脂肪酸还没有积累（表 5.3）。

表 5.3　花花柴叶片和茎各热解组分的比例　（%）

化学组分	叶片		茎						
	0 m	0.3 m	新鲜	0 m	0.1 m	0.3 m	0.5 m	1 m	1.2 m
短链烷烯烃	12.85	15.00	9.54	11.27	8.84	12.31	10.30	11.50	14.57
长链烷烯烃	1.55	4.13	0.21	0.28	0.43	0.44	0.12	3.96	1.86
脂肪酸	17.51	16.74	3.26	3.92	4.90	3.07	12.28	9.21	8.16
芳烃	7.47	11.79	1.24	0.55	1.46	1.67	0.64	3.32	1.33
多环芳烃	0.08	1.42	0.00	0.67	0.00	0.00	1.10	0.34	0.25
木质素	6.69	13.49	27.81	30.45	31.69	38.54	31.10	33.30	30.14
多糖	25.45	5.82	32.86	35.39	28.98	31.84	27.05	19.53	18.85
含氮化合物	5.59	4.39	12.50	1.24	7.50	0.20	3.25	6.72	12.81
酚类	16.49	13.94	5.42	4.51	4.82	6.30	9.36	5.64	2.68
氨基酸类	0.84	3.58	3.02	3.96	2.20	1.75	1.16	2.44	2.49
多环类化合物	5.56	9.70	4.15	7.76	9.18	3.87	3.64	4.05	6.25
几丁质	0.47	0.15	0.00	0.00	0.00	0.00	0.17	0.12	0.59

木质素、多糖和短链烷烯烃类化合物占骆驼刺新鲜枝条热解产物的 77.29%（表 5.4）；表层和上层的热解产物在 PCA 得分图上的距离相对较近，与底层 100 cm 相距较远，木质素和糖类含量的降低是其主要原因。表层叶片热解产物中脂肪酸和多糖含量较高，木质素含量较低，但氨基酸类、酚类、芳烃、脂肪酸和长链烷烯烃类化合物含量均要高于骆驼刺茎的热解产物；底层叶片的热解产物中含氮化合物、多环类化合物和多环芳烃类化合物要高于表层热解产物，脂肪酸、多糖、芳烃类化合物含量百分比低于表层热解产物；30 cm 处的热解产物中烷烯烃类化合物和多环类化合物含量在 3 个层面中最高，且脂肪酸在 3 个层面上的含量最低。

表 5.4　骆驼刺叶片和茎各热解组分的比例　（%）

化学组分	叶片			茎						
	0 m	0.3 m	1 m	新鲜	0 m	0.1 m	0.3 m	0.5 m	0.8 m	1 m
短链烷烯烃	15.50	21.07	19.11	21.39	25.48	17.05	16.34	20.20	29.61	29.61
长链烷烯烃	4.31	7.86	5.29	0.45	0.32	0.19	0.66	0.55	0.81	0.81
脂肪酸	25.76	13.46	14.30	6.14	9.11	5.35	3.53	3.10	9.51	9.51
芳烃	5.28	4.26	3.51	0.85	0.36	1.56	7.67	2.08	3.06	3.06
多环芳烃	0.00	0.44	0.59	1.09	0	0.74	0.48	1.05	1.66	1.66
木质素	4.27	6.01	9.88	27.04	19.21	23.08	16.98	24.81	14.17	14.17

续表

化学组分	叶片			茎						
	0 m	0.3 m	1 m	新鲜	0 m	0.1 m	0.3 m	0.5 m	0.8 m	1 m
多糖	27.88	16.17	14.22	28.87	27.16	30.93	34.89	25.12	13.46	13.46
含氮化合物	5.15	6.23	13.50	6.61	7.02	9.98	9.98	14.39	11.83	11.83
酚类	3.72	4.46	7.17	2.12	2.29	3.32	3.09	1.96	3.33	3.33
氨基酸类	2.84	3.40	3.42	2.47	4.00	3.71	3.96	4.24	6.80	6.80
多环类化合物	5.02	16.23	8.56	1.73	5.04	3.88	2.22	2.32	5.74	5.74
几丁质	0.27	0.41	0.47	1.25	0	0.21	0.19	0.17	0	0

加权欧氏距离能够计算两者间的相似性。我们利用加权的欧氏距离计算公式计算了底层凋落物与表层凋落物之间的加权欧氏距离，公式如下：

$$D=\left(ax_1-ax_2\right)^2+\left(by_1-by_2\right)^2 \tag{5.1}$$

式中，D 为加权欧氏距离；a、b 为权重；x_1 为表层凋落物的 PCA1 的得分（33.8%）；x_2 为底层凋落物的 PCA1 的得分（33.8%）；y_1 为表层凋落物的 PCA2 的得分（22.49%）；y_2 为底层凋落物的 PCA2 的得分（22.49%）。

计算得出花花柴表层（0 cm）和底层（120 cm）的 D 值是 0.47；骆驼刺表层（0 cm）和底层（100 cm）的 D 值是 0.64；多枝柽柳表层（0 cm）和底层（150 cm）的 D 值是 0.66。花花柴底层凋落物与表层的相似性大于骆驼刺和多枝柽柳。

5.1.2　凋落物化学计量特征在土壤剖面上的变化

分析不同层面凋落物的 SOC 和氮含量，计算出凋落物的 C∶N 值（图 5.6）。花花柴新鲜凋落物的 C∶N 值最高，骆驼刺最低。多枝柽柳凋落物的 C∶N 值在剖面上先增加后减少，在新鲜凋落物到被埋入之前 C∶N 值降低，但降低效果不显著，之后迅速增加，在 80 cm 处的 C∶N 值最高，底层 C∶N 值最低，低于初始凋落物；骆驼刺新鲜凋落物的 C∶N 值最高，在整个剖面上 C∶N 值出现了 2 次明显的上下波动，50 cm 时 C∶N 值最低，3 个阶段性的峰值，在剖面上自上而下依次降低；花花柴新鲜凋落物（茎）的 C∶N 值高达 147 左右，100 cm 的 C∶N 值最低，为 34.27；花花柴和骆驼刺凋落物的 C∶N 值在剖面上变化规律一致，先减少，后增加，整体处于降低趋势。

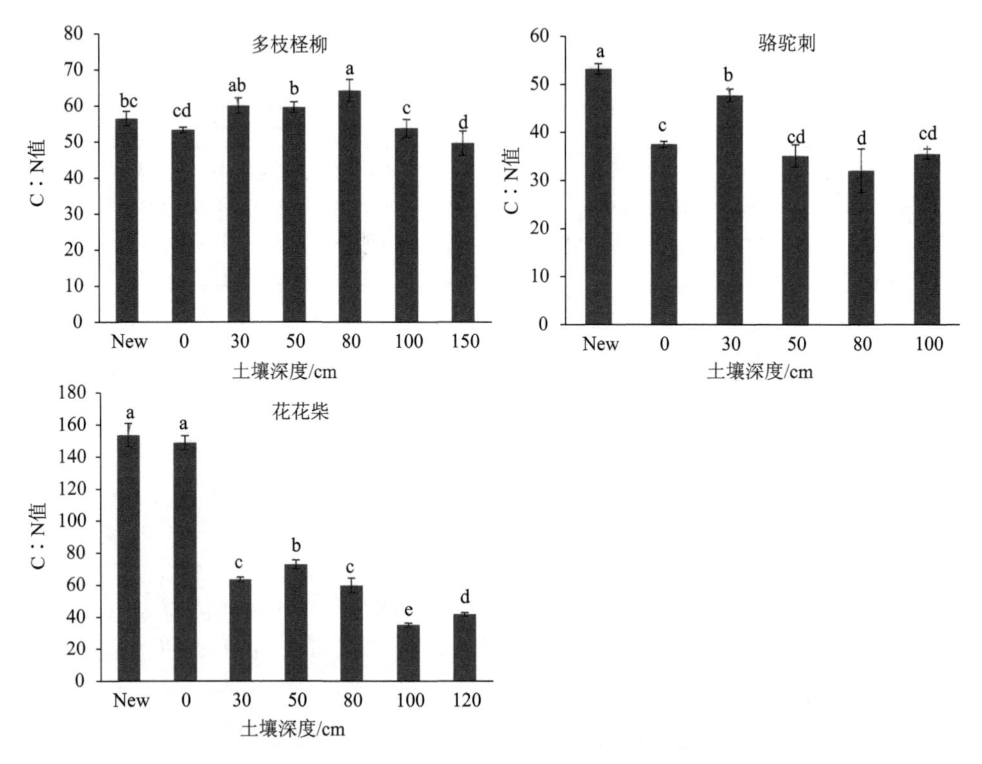

图 5.6　3 种沙包中凋落物（茎）的 C∶N 值在剖面上的变化

不同字母之间具有显著差异（P=0.05），下同

骆驼刺和花花柴叶片凋落物的 C、N 和 C∶N 值在剖面上变化规律一致（图 5.7）。骆驼刺新鲜凋落物（叶片）的 C 含量为 422.35 g/kg，N 含量是 15.16 g/kg，C∶N 值为 28，随着埋藏深度加深，C 含量先降低，接着 N 含量降低，在剖面上多次交替减少，30 cm 处的 N 含量最高，50 cm 时最低，两者差异显著，新鲜凋落物的 C 含量最高，100 cm 时最低，凋落物 C 含量整体有下降趋势，50 cm 的 C∶N 值最高，显著高于 30 cm 和 100 cm；花花柴新鲜叶片凋落物的 C 含量为 375.47 g/kg，N 含量是 10.78 g/kg，均低于骆驼刺，但 C∶N 值高于骆驼刺，随着剖面深度增加，C 含量先降低，接着 N 含量降低，与骆驼刺凋落物 C、N 含量和 C∶N 值变化规律一致。

利用热解气质联用技术，将样品分解成许多小分子化合物，无法直接得到有用的信息。因此，将骆驼刺茎、花花柴茎和多枝柽柳茎热解产物进行降维分析研究，提取主成分。

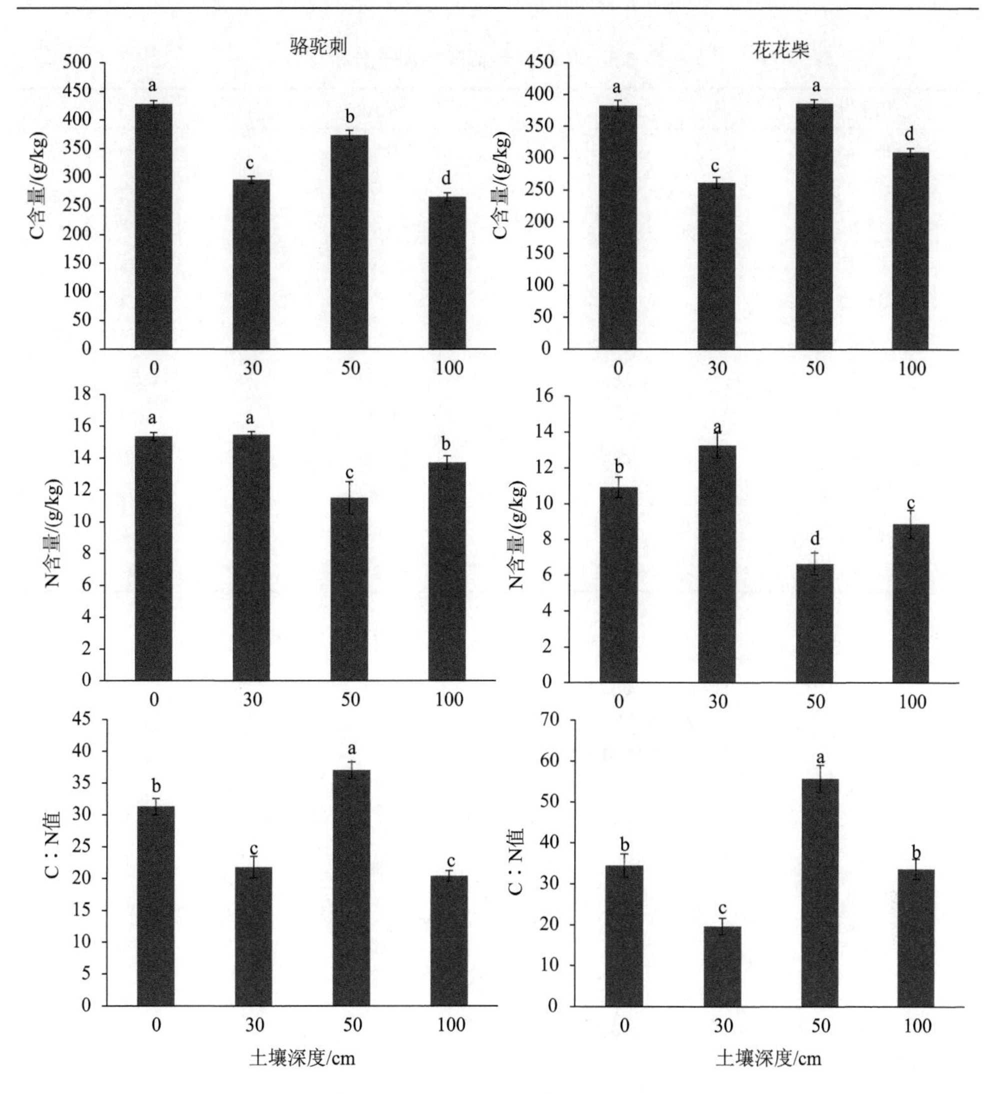

图 5.7　骆驼刺和花花柴叶片凋落物 C、N 和 C∶N 值变化

骆驼刺热解产物提取到了 3 个主成分，累计贡献率达 84.45%（表 5.5 和图 5.8）。主成分 1（PCA 1）表征了烷烯烃、脂肪酸、氨基酸类和多环类化合物的代谢，以及对木质素、多糖和几丁质的分解；主成分 2（PCA 2）表征短链烷烯烃、脂肪酸、木质素和多环类化合物的分解，对芳烃、含氮化合物代谢的表征性强；主成分 3（PCA 3）主要是对多环烷烃代谢的表征，也表征了对多糖、酚类、脂肪酸和芳烃类的分解。

表 5.5 骆驼刺热解产物因子分析

化学组分	PCA1	PCA2	PCA3
短链烷烯烃	0.781	−0.541	0.196
长链烷烯烃	0.602	0.475	0.409
脂肪酸	0.649	−0.697	−0.193
芳烃	0.098	0.899	−0.200
多环烷烃	0.454	0.132	0.783
木质素	−0.810	−0.284	0.433
多糖	−0.853	0.269	−0.439
含氮化合物	0.361	0.600	0.404
酚类	0.500	0.380	−0.431
氨基酸类	0.976	0.182	0.051
多环类化合物	0.826	−0.377	−0.371
几丁质	−0.691	−0.271	0.493

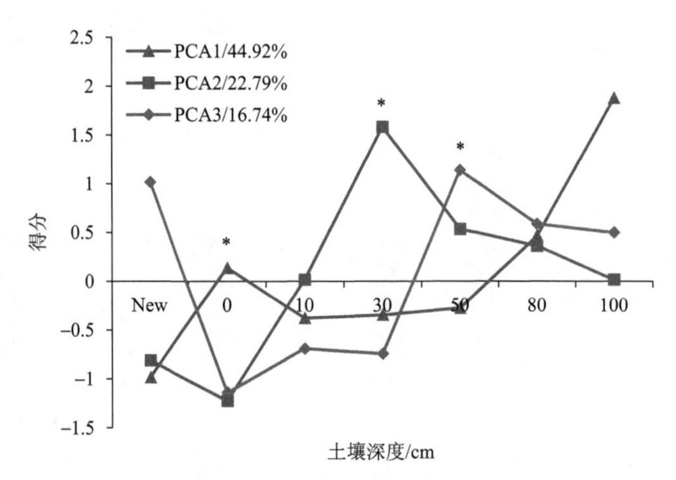

图 5.8 骆驼刺热解产物因子分析

*表示同一土层不同排序轴得分间具有显著差异（P=0.05），下同

利用变量得分图，发现骆驼刺凋落物分解在整个剖面上分为 4 个时期。新鲜到表层（0 cm）为初始分解阶段：此阶段氨基酸类、脂肪酸、短链烷烯烃和多环类化合物占比增加，木质素、多糖和长链烷烯烃占比减少；0～30 cm 是分解的第二阶段：长链烷烯烃、芳烃和含氮化合物增加，木质素、脂肪酸、短链烷烯烃和多环类化合物占比减少；30～50 cm 是分解的第三阶段：短链烷烯烃、木质素和含氮化合物比例增加，长链烷烯烃、芳烃和多糖减少；50 cm 以后为第四个阶段：

短链烷烯烃、脂肪酸、酚类、氨基酸类和多环类化合物比例增加，木质素、多糖和含氮化合物有所下降（表 5.5 和图 5.8）。随着土壤剖面深度的增加，主成分 1（PCA 1）的得分逐渐增加，得分为负的木质素、多糖的占比在剖面上从上而下降低，表现为分解趋势；长链烷烯烃、氨基酸类和多环类化合物表现为代谢趋势。芳烃和含氮化合物在 30 cm 以前快速代谢积累，之后缓慢分解。

多枝柽柳热解产物提取到了 3 个主成分，累计贡献率达 82.81%（表 5.6 和图 5.9）。主成分 1（PCA 1）表征了长链烷烯烃、脂肪酸、木质素和多环类化合物的代谢增加，以及对含氮类化合物、氨基酸类、酚类和多糖的分解减少；主成分 2

表 5.6　多枝柽柳热解产物因子分析

化学组分	PCA1	PCA2	PCA3
短链烷烯烃	−0.570	0.800	0.093
长链烷烯烃	0.561	0.493	0.201
脂肪酸	0.637	0.633	−0.164
芳烃	0.569	0.002	0.575
多环烷烃	0.263	−0.435	−0.701
木质素	0.677	0.098	−0.478
多糖	−0.377	−0.798	0.345
含氮类化合物	−0.638	−0.608	0.435
酚类	−0.814	−0.491	−0.076
氨基酸类	−0.865	0.397	−0.129
多环类化合物	0.858	0.158	0.068
几丁质	0.554	−0.450	0.699

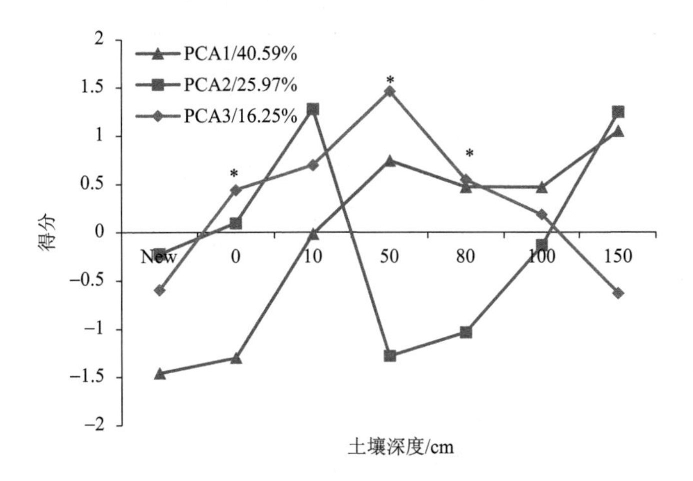

图 5.9　多枝柽柳热解产物因子分析

（PCA 2）与短链烷烯烃和脂肪酸的关系为正，与多糖、酚类和多环烷烃的关系为负，其中对短链烷烯烃和多糖的表征关系最好，且效果相反；主成分 3（PCA 3）中多环烷烃的得分最高。

多枝柽柳凋落物分解也可分为 4 个阶段。新鲜到被埋入 10 cm 是多枝柽柳分解的第一阶段：烷烯烃、脂肪酸、芳烃、多环类化合物组分相对增加，多糖和酚类化合物减少；10～50 cm 是第二阶段：木质素、多糖和芳烃成分占比增加，其中芳烃在 0～50 cm 处于一直增加的趋势，烷烯烃、脂肪酸、酚类、含氮化合物和多环类化合物在减少；50～100 cm 是第三阶段：酚类继续降低，多糖再一次出现降低现象，脂肪酸、木质素和短链烷烯烃增加；100～150 cm 是第四阶段：这一时期与第三阶段的分解特性基本一致，只有芳烃有所增加。随着土壤剖面深度的增加，主成分 1 的得分逐渐增加，PCA 1 表征效果为正的多环类化合物和木质素将逐渐增多，表征效果为负的多糖类、酚类、氨基酸类和含氮类化合物将会减少。

花花柴热解产物的 PCA 前 3 轴累计解释了 75.33%的变异。花花柴凋落物分解也可分为 3 个时期：新鲜到表层、0～50 cm、50～120 cm（表 5.7 和图 5.10）。新鲜的凋落物在被埋入之前，主要是含氮化合物的减少，0～50 cm 多糖和氨基酸类比例降低，脂肪酸增加，且脂肪酸在整个剖面呈现逐渐缓慢积累，50～120 cm 处多环芳烃和多环类化合物减少。花花柴新鲜凋落物和 120 cm 处的凋落物热解产物变化不显著，主要是脂肪酸和短链烷烯烃的代谢积累，以及多糖的分解。在整个剖面上花花柴的新鲜凋落物（茎）与沙包底部 120 cm 处的凋落物热解产物的组成与比例相差不大。PCA 1 对花花柴热解产物的表征效果和对各层面热解产物的得分斜率均小于骆驼刺和多枝柽柳。

表 5.7　花花柴热解产物因子分析

化学组分	PCA1	PCA2	PCA3
短链烷烯烃	0.641	−0.149	−0.016
长链烷烯烃	0.825	−0.084	−0.337
脂肪酸	0.613	0.602	0.442
芳烃	0.596	−0.025	−0.691
多环烷烃	0.016	0.627	0.621
木质素	0.030	0.400	−0.782
多糖	−0.977	−0.037	−0.045
含氮化合物	0.454	−0.571	0.307
酚类	−0.247	0.937	0.043
氨基酸类	−0.264	−0.742	0.098
多环类化合物	−0.280	−0.604	0.195
几丁质	0.795	0.152	0.441

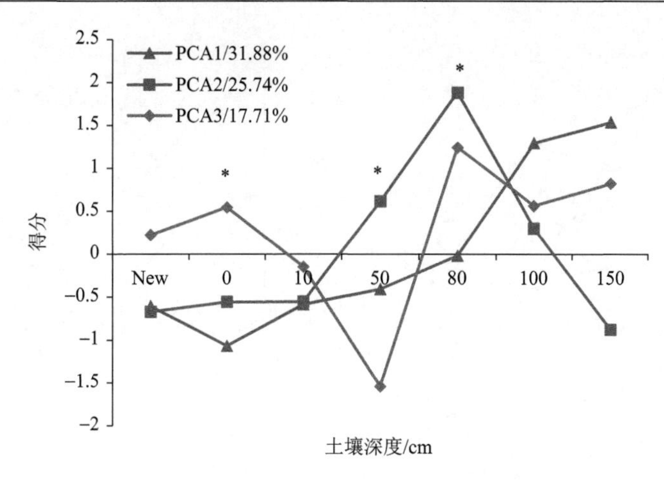

图 5.10　花花柴热解产物因子分析

5.2　3 种植物沙包土壤理化性质和定年分析

5.2.1　土壤理化性质在土壤剖面上的变化

对多枝柽柳、骆驼刺、花花柴、骆驼刺和花花柴共存 4 种沙包类型 0～180 cm 的主要土壤理化性质做了分析(图 5.11)。结果表明，除了骆驼刺沙包在 30～70 cm SOC 含量较高外，其余沙包的 SOC 含量随深度增加而逐渐减少。3 种沙包中花花柴沙包中 SOC 含量最高，显著高于骆驼刺和多枝柽柳。花花柴 0～40 cm 的 SOC 含量较高，平均达到了 2.5%。骆驼刺沙包平均总氮含量为 0.16 mg/g，其分布规律是在 0～60 cm 持续增加，有明显的氮素固持作用，60 cm 之后到 180 cm 持续减少，氮素释放作用较强。多枝柽柳沙包土壤总氮含量显著高于骆驼刺和花花柴，平均氮含量为 0.32 mg/g，在整个剖面上的分布规律与骆驼刺相似，在 20～70 cm 氮素富集，70～180 cm 氮素释放，花花柴总氮素含量最低。

花花柴沙包的 C∶N 值显著高于多枝柽柳和骆驼刺沙包，平均 C∶N 值为 17.56，整个剖面上最低的 C∶N 值是 60 cm 处的 13.77（图 5.12)。骆驼刺沙包的平均 C∶N 值为 9.83，显著高于多枝柽柳沙包，多枝柽柳沙包土壤 C∶N 值最低，平均值只有 5.1；花花柴沙包的速效磷含量显著高于多枝柽柳沙包，与骆驼刺沙包差异不显著，主要是花花柴沙包 0～40 cm 的速效磷含量较高；4 种沙包均为碱性土壤，其中骆驼刺沙包的 pH 最高，显著高于多枝柽柳和花花柴沙包，平均 pH 为 8.5，在 100 cm 处最高可达到 8.78；所有沙包中土壤含水率均较低，且多枝柽柳、花花柴和骆驼刺 3 种沙包的平均含水率无显著差异，其中多枝柽柳和花花柴沙包

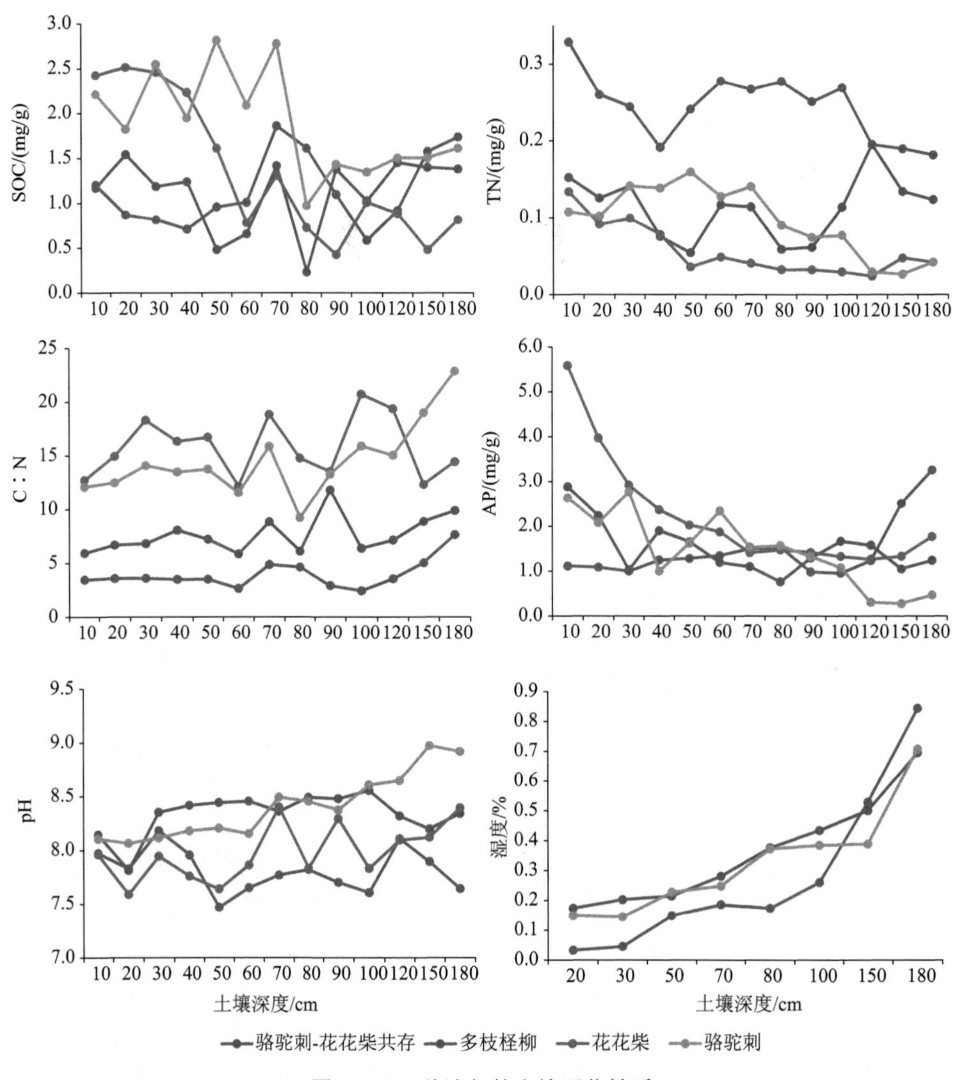

图 5.11　4 种沙包的土壤理化性质

土壤含水率随着剖面加深逐渐递增，在多枝柽柳沙包 180 cm 处的含水率为最高（0.86%），骆驼刺沙包的土壤含水率在 120 cm 时达到最高，为 0.7%，之后有所降低，这种反常现象的可能原因是在 120 cm 以下没有骆驼刺的凋落物，而沙质土壤的保水性很差，半分解的植物凋落物具有疏松的网孔结构，具有吸水保水作用，因此有这种现象。花花柴和骆驼刺共存沙包中土壤的理化性质基本处于骆驼刺与花花柴沙包之间。

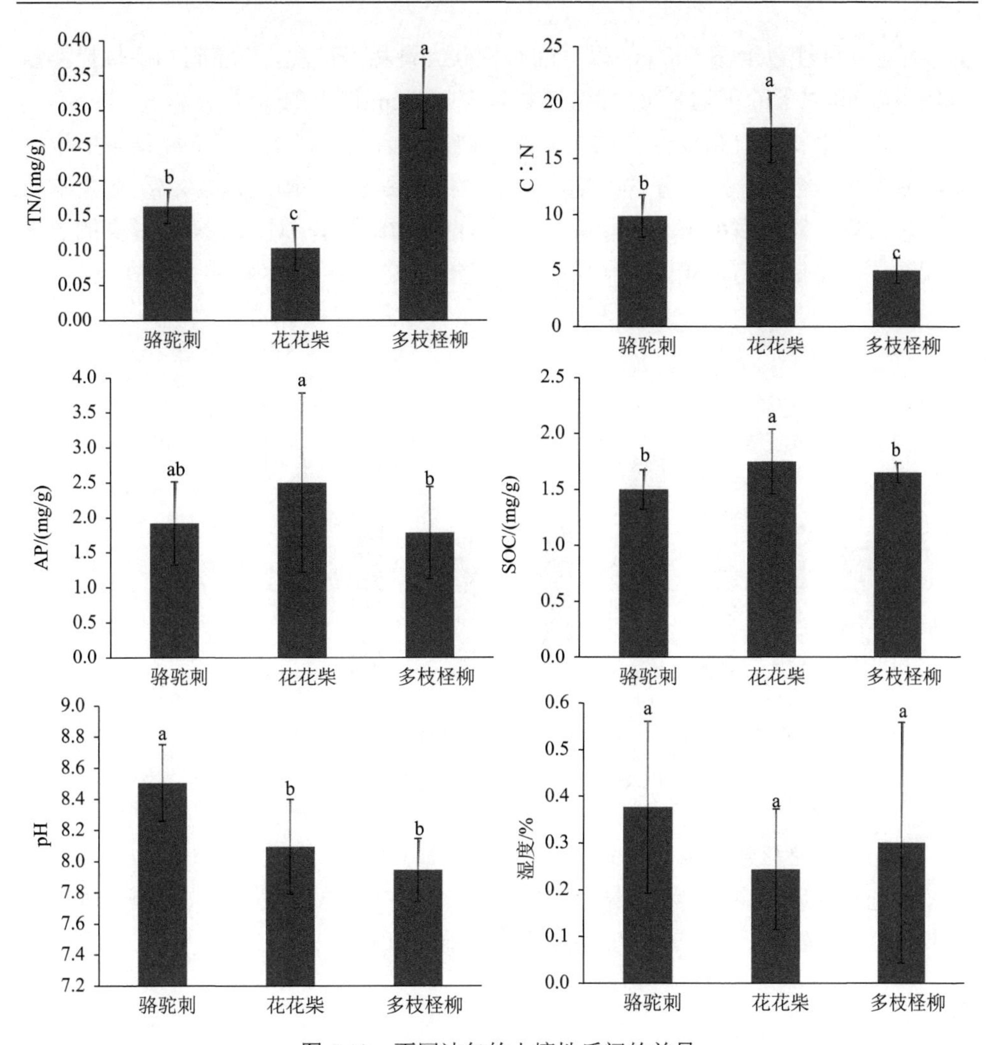

图 5.12　不同沙包的土壤性质间的差异

将土壤分为上层（0～50 cm）、中层（50～100 cm）、下层（100～180 cm）3层来进一步分析3种沙包中SOC的含量变化（图5.12）。花花柴沙包SOC含量在垂直剖面上由上而下减少，上层有机碳含量较高，显著高于其他两个土壤层面，中下两层有机碳含量没有显著差异，100～180 cm的平均SOC含量是1 m以上的70%；骆驼刺沙包中SOC含量在下层较高，中间层面最低，但3个层面的差异不显著，其中下层有机碳含量是100 cm以上的117%；多枝柽柳沙包较大，将180～240 cm的土壤作为第四层，分析发现SOC含量在垂直剖面上逐渐增加，第四层的有机碳含量最高，为2.26 mg/g，100～240 cm的平均SOC含量是100 cm以上的136%，前面3层的有机碳含量差异互不显著，上中两层与第四层具有显著差异。可见 3 种沙包土壤 100 cm 以下的有机碳含量相当可观，骆驼刺和多枝柽柳沙包在 100 cm 以下的平均 SOC 含量还要高于 100 cm 以上的土层。

根据凋落物热解指纹分析结果和微生物分布情况，将土壤 C∶N 值按照不同分解时期来区分，分别为分解早期、分解期和分解末期（图 5.13）。由于微生物的内稳态过程，对土壤的 C∶N 值有一定的自主选择能力，对 C∶N 值过高的要先将碳释放，将氮固持，等 C∶N 值到达一定阈值之后，才能利用。

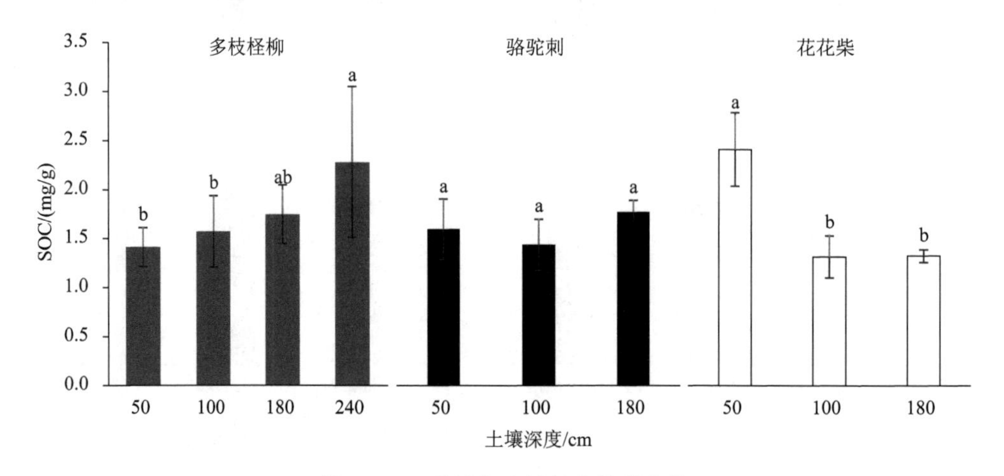

图 5.13　3 种沙包土壤的有机碳含量

骆驼刺和花花柴沙包土壤的 C∶N 值随分解时期的推进呈现出相似的变化趋势，即先降低后升高，但花花柴沙包土壤的 C∶N 值总体上显著高于骆驼刺沙包（图 5.14）。多枝柽柳沙包的分解后期显著高于前期和中期，且前期与中期无显著差异。

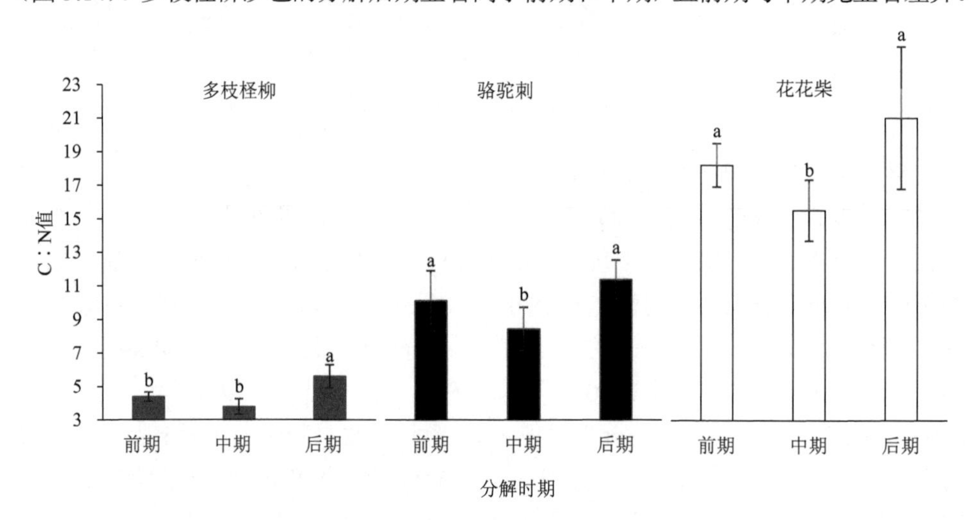

图 5.14　不同分解时期的 C∶N 值

5.2.2　定年分析与沉积速度估算

使用释光法测得骆驼刺沙包 100 cm 处的年限约为 430 年，50 cm 处为 280 年；多枝柽柳沙包 50 cm、100 cm、150 cm 和 180 cm 处的年限分别是 160 年、220 年、330 年和 380 年；花花柴沙包 120 cm 处的年限是 270 年左右（图 5.15）。

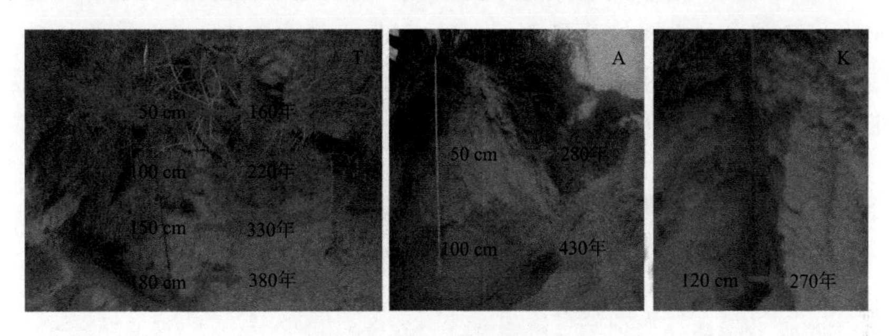

图 5.15　沙包层面测年结果

T. 多枝柽柳；A. 骆驼刺；K. 花花柴

利用两个层面的年份差异和土壤层面的深度，估算了各个沙包的沉积速度，发现 3 种沙包沉积的速度不一样。骆驼刺沙包的沉积速度最慢，0～50 cm 的平均沉积速度是 0.2 cm/a，50～100 cm 的平均沉积速度是 0.33 cm/a，下层的沉积速度要快于上层；花花柴沙包的平均沉积速度是 0.44 cm/a，比骆驼刺沙包快但比多枝柽柳沙包慢，多枝柽柳沙包的平均沉积速度是 0.47 cm/a，其中 0～50 cm 的沉积速度是 0.31 cm/a，50～100 cm、100～150 cm 和 150～180 cm 的沉积速度分别是 0.83 cm/a、0.45 cm/a 和 0.6 cm/a。多枝柽柳沙包的整个剖面上的沉积速度不一样，但是均高于骆驼刺沙包的沉积速度。

依据测年结果，我们将凋落物单位时间的加权欧氏距离作为分解常数（C），也就是 $C=D/T$，T 是指不同层面之间的时间间隔。计算得出骆驼刺、花花柴和多枝柽柳沙包的分解常数分别为 1.5‰、1.7‰和 1.9‰。分解常数表征了某一阶段凋落物与初始凋落物的距离，分解常数越小，与初始凋落物的距离越近，表明凋落物分解越缓慢。因此多枝柽柳沙包中凋落物分解最快，花花柴沙包次之，骆驼刺沙包最慢。

5.3　3 种植物沙包土壤微生物群落结构

5.3.1　多枝柽柳沙包

1）细菌

在多枝柽柳沙包 0～240 cm 的剖面上取了 10 个层面的微生物样品，进行细菌的 16S rRNA 和真菌的 18S RNA 高通量测序分析。对多枝柽柳沙包中细菌和真菌的群落组成进行了分析。

多枝柽柳沙包土壤细菌群落由 16 个门类组成，变形菌门（Proteobacteria）的丰度最高，其次是放线菌门（Actinobacteria）、拟杆菌门（Bacteroidetes）和厚壁菌门（Firmicutes），它们分别占多枝柽柳沙包土壤细菌群落组成的 33.73%、26.11%、15.77%和 6.32%。变形菌门（Proteobacteria）中以 α 变形菌为主；厚壁菌门中包括 2 个纲：芽孢杆菌纲（Bacilli）和梭菌纲，它们很多可以产生芽孢，能够抵抗脱水和极端环境（图 5.16）。

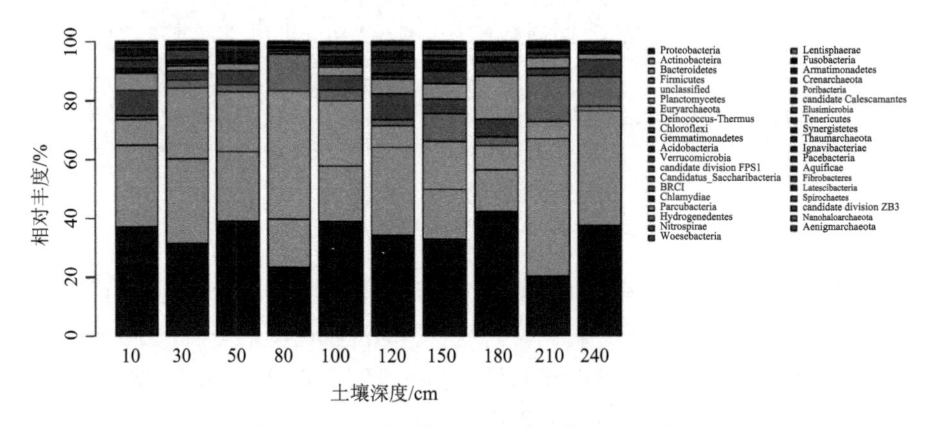

图 5.16　多枝柽柳沙包土壤细菌群落组成

多枝柽柳细菌 α 多样性的物种丰富度和均匀度均较高，在剖面上没有显著变化（图 5.17）。ACE 指数（对丰富度敏感）、Shannon 指数（对均匀度敏感）和 Chao1 指数（对丰富度敏感）整体变化不大，最高与最低之间相差不大，其中 ACE 指数在最高点 150 cm 处比最低点 120 cm 处增加了 43%，Shannon 指数在 150 cm 处比

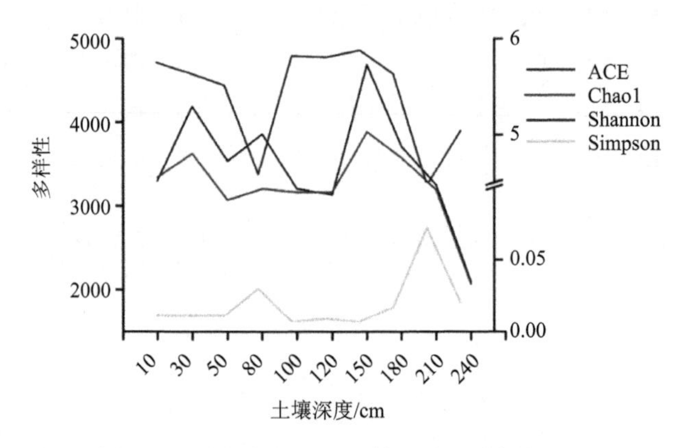

图 5.17　多枝柽柳沙包土壤细菌 α 多样性分布

在 80 cm 处高 28%，Chao1 指数在 150 cm 处最高，在 50 cm 处最低，两者相差 26%。从土壤剖面上的变化趋势来看，0～10 cm 对物种丰富度敏感的指数升高，但 Shannon 指数降低，其均匀度降低，10～120 cm 物种丰富度敏感指数减小，但 Simpson 指数（对均匀度敏感）指数在 80 cm 处最低，之后上升，群落均匀度呈凹形分布，80 cm 为均匀度最低的；150 cm 处的物种丰富度和均匀度均达到最高。

2）真菌

沙包土壤真菌由 9 个门类的真菌组成。其中主要是子囊菌门（Ascomycota），占整个真菌群落的 70.84%，其次是担子菌门（Basidiomycota），占多枝柽柳沙包真菌群落的 10.48%，之后是毛霉门（Mucoromycota）、壶菌门（Chytridiomycota）、芽枝霉门（Blastocladiomycota）等（图 5.18）。

子囊菌门主要由 5 个纲组成：粪壳菌纲（Sordariomycetes，24.67%）、座囊菌纲（Dothideomycetes，21.2%）、盘菌纲（Pezizomycetes，12.01%）、散囊菌纲（Eurotiomycetes，6.02%）和酵母纲（Saccharomycetes，3.67%）。子囊菌大多数是腐生性真菌，它们通常均能利用多糖来获取物质和能量，粪壳菌纲多腐生在朽木和植物凋落物上；座囊菌纲常见于果树病原菌；盘菌纲大多均能形成大型子实体；散囊菌纲以腐生为主；多枝柽柳沙包中含有很多的酵母菌（属于子囊菌门）。担子菌门由 7 个纲组成，其中伞菌纲（Agaricomycetes）的丰度最高。壶菌门类在多枝柽柳沙包中主要分布在上层土壤中，研究发现壶菌既能够腐生营生，也能够寄生营生，具有分解纤维素和几丁质的能力。

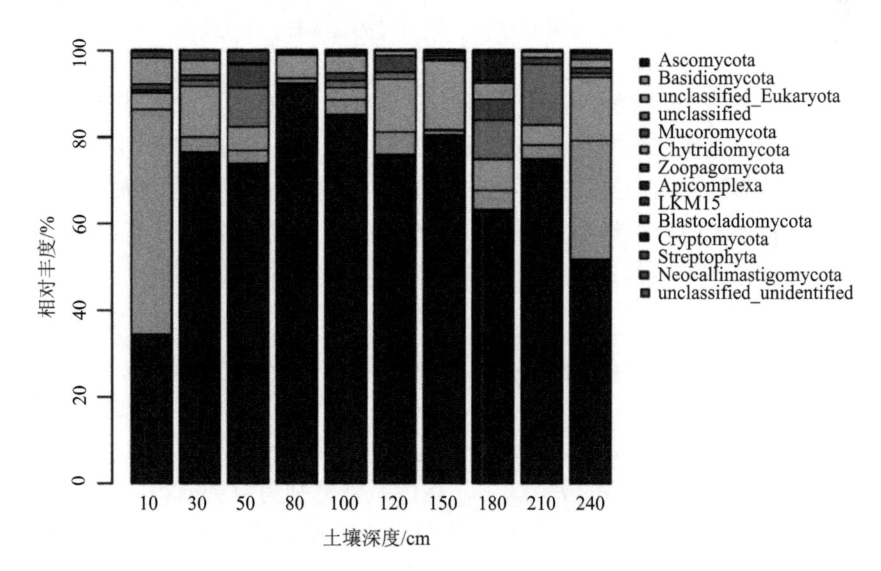

图 5.18　多枝柽柳沙包真菌群落组成（门）

多枝柽柳真菌 α 多样性在整个剖面上呈锯齿状分布（图 5.19）。ACE 指数、Shannon 指数和 Chao1 指数从上而下有减少的趋势，说明在剖面上物种丰富度有减少的趋势，其中 0～30 cm 物种丰富度指数升高，但 Simpson 指数降低，其均匀度降低，30～80 cm 物种丰富度指数降低，但 Simpson 指数升高，群落均匀度增加；在 30 cm 和 100 cm 时 ACE 指数、Shannon 指数和 Chao1 指数阶段性达到最高，说明 30 cm 和 100 cm 处的真菌物种丰富度最高，80 cm 和 120 cm 处的物种丰富度最低，在 80～100 cm 和 100～120 cm 之间的物种丰富度和均匀度的变化规律与 0～80 cm 的规律一致，均为物种丰富度和均匀度先增加后减少。整体来看多枝柽柳沙包的真菌多样性的物种多样性和均匀度偏低，整个多枝柽柳沙包真菌群落的 α 多样性呈现出周期变化。

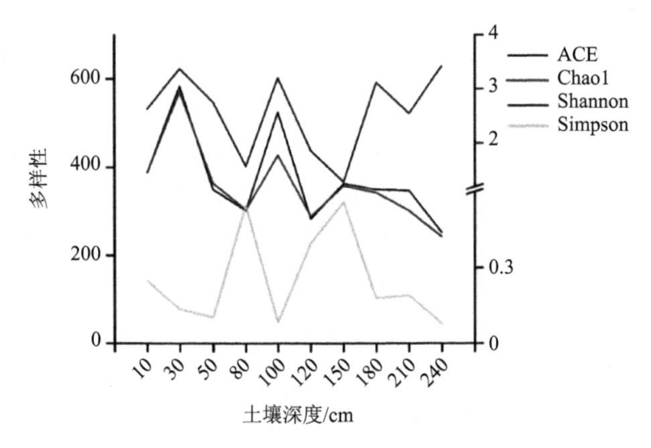

图 5.19　多枝柽柳沙包土壤真菌 α 多样性分布

基于 COGG 基因功能预测，对多枝柽柳沙包各层面土壤真菌的主要物种组成进行统计分析，发现在上层（0～50 cm）剖面以子囊菌等腐生性真菌为主导，还有少量的担子菌和伞菌门类真菌；在中层（50～100 cm）仍是以子囊菌为主导，但是上层子囊菌以座囊菌纲为主，中层以粪壳菌纲为主，且担子菌的丰度增加；下层（100 cm 以下）虽然还有大量子囊菌存在，但是菌根类真菌已经明显处于优势地位（表 5.8）。

子囊菌门篮状菌属（*Talaromyces*）的 *Talaromyces purpureogenus* 的丰度与酚类化合物、多糖呈显著负相关（$P<0.05$）（表 5.9）；担子菌门桑黄属（*Sanghuangporus*）的 *Sanghuangporus baumii* 和子囊菌门枝孢属（*Cladosporium*）的 *Gadus morhua* 与含氮化合物呈显著正相关（$P<0.05$），相关系数分别为 0.937 和 0.918。属于子囊菌的 OTU5、OTU6 和 OTU21，与多环类化合物呈显著正相关（$P<0.05$），相关系数分别为 0.893、0.983 和 0.976；与短链脂肪酸显著相关的真菌有 7 种，且均为

表 5.8　多枝柽柳沙包中土壤真菌物种分布与营养类型

	物种	土壤剖面/m									
		0.1	0.3	0.5	0.8	1	1.2	1.5	1.8	2.1	2.4
	Saccharomyces	0.11	0	0	0	0	0	0	0	0	0
▲	*Cochliobolus*	0.01	0.11	0.35	0.98	0.19	0.03	0.03	0.05	0.02	0.21
	Melanocarpus	0	0.36	0	0	0.26	0.01	1.23	0.61	0.56	0
	unclassified	0	0	0.17	0	0.01	0	0	0.01	0	0
▲	*unclassified_Pezizaceae*	0	0	0.24	0	0	0	0	0.01	0	0
	Pacispora	0	0.01	0.1	0	0.01	0.02	0	0	0	0
	Penicillium	0	0.01	0.43	0	0	0	0	0.01	0.07	0.02
	Ascoidea	0.01	0	0.06	0	0.02	0	0	0.01	0	0
▲	*Ulospora*	0	0.06	0.22	0.04	0.03	0.05	0	0.01	0	0
▲	*Rachicladosporium*	0.03	0.03	0.02	0.02	0.01	0	0.01	0.01	0.01	0.01
	Pulchromyces	0.01	0.01	0.1	0.03	0.13	0.03	0.01	0	0	0
	unclassified_Eukaryota	0	0	0.08	0	0	0	0	0	0	0
	Ascoidea	0.04	0	0.02	0	0.05	0	0	0	0	0
▲	*Miladina*	0	0.01	0.08	0	0.2	0	0	0	0	0
	unclassified_Eukaryota	0	0	0.01	0.01	0.02	0	0	0	0	0
	Plicaria	0	0.02	0	0.01	0.09	0	0	0	0	0
	Phialosimplex	0	0.01	0	0.02	0.03	0	0.01	0.01	0	0
▲	*Arthrographis*	0	0	0	0	0.15	0	0	0.02	0	0
	unclassified_Eukaryota	0	0	0	0	0	0.11	0	0	0	0
	Jimgerdemannia	0.01	0	0	0	0.01	0.02	0	0	0.01	0
	Wolfina	0	0.02	0	0.02	0	0.69	0	0	0	0
□	*Lulworthia*	0	0	0	0	0	0	0	0	0	0.05
▲	*Cladosporium*	0	0	0	0	0.01	0	0.01	0.01	0	0.02
	Delphinella	0	0	0	0	0	0	0	0	0	0.18
□	*Fusarium*	0	0.02	0	0.01	0.01	0	0	0.04	0	0.04
	unclassified_Eukaryota	0	0.01	0	0	0	0	0.24	0	0	0.03
	Preussia	0	0	0	0	0	0	0	0	0	0.03
□	*Microascus*	0	0	0	0	0	0	0	0	0.24	0
	Epicoccum	0	0.01	0	0.01	0.01	0	0	0	0	0.05
▲	*Talaromyces*	0	0	0	0	0	0	0	0	0.06	0
	Microsporum	0	0	0	0	0	0	0	0.01	0.03	0
	unclassified	0	0	0	0	0	0	0	0.08	0.21	0
□	*Inocybe*	0.01	0.02	0.03	0.01	0	0.05	0	0	0.01	0.43

续表

	物种	土壤剖面/m									
		0.1	0.3	0.5	0.8	1	1.2	1.5	1.8	2.1	2.4
	Trichophyton	0	0	0	0	0	0	0	0.05	0.03	0.08
	unclassified_Eukaryota	0	0	0	0	0	0	0	0	0.03	0.03
□	*Sanghuangporus*	0	0	0	0	0.01	0	0	0	0.02	0.01
	unclassified_Eukaryota	0	0	0	0	0	0	0	0	0	0.1

▲表示已知的腐生性真菌；□表示已知的菌根真菌，不同颜色标识了不同区段频度。

负相关（$P<0.05$），包括OTU3456、OTU4776和OTU492等；OTU2与长链烷烯烃呈显著正相关（$P<0.05$）；与木质素呈显著正相关（$P<0.05$）的有5个真菌OTU，其中OTU5与木质素的相关系数达到0.996；OTU4030与芳烃化合物呈显著负相关（$P<0.05$），相关系数为−0.82；脂肪酸和氨基酸类与土壤真菌没有显著相关性（$P>0.05$），这主要是因为脂肪酸和氨基酸类在微生物体内大量存在，它们受到多种真菌的分解和代谢作用，各个真菌的相对贡献率较低，脂肪酸和氨基酸类与各个菌株的两两相关性降低。

表5.9 多枝柽柳热解产物与土壤真菌丰度的相关性分析

OTU_ID	Sc	Lc	Fa	Ar	Lg	Ps	N	Ph	Ac	Pc	Chi
1	0.40	0.28	−0.38	−0.04	−0.29	−0.46	0.33	−0.35	0.82	−0.25	−0.35
0	−0.48	−0.40	−0.37	−0.35	0.931^{*}	0.62	−0.72	0.82	−0.20	0.78	0.00
15	0.50	0.04	0.88	0.17	−0.28	−0.66	0.32	−0.76	−0.14	−0.17	−0.38
152	-0.89^{*}	−0.64	−0.54	0.79	−0.31	0.34	−0.56	0.45	−0.76	−0.58	0.906^{*}
492	-0.89^{*}	−0.66	−0.54	0.80	−0.30	0.32	−0.58	0.45	−0.75	−0.58	0.897^{*}
493	-0.89^{*}	−0.64	−0.53	0.79	−0.30	0.34	−0.57	0.45	−0.76	−0.57	0.907^{*}
566	−0.86	−0.61	−0.65	0.80	−0.35	0.28	−0.53	0.42	−0.61	−0.63	0.87
1323	-0.89^{*}	−0.67	−0.54	0.81	−0.30	0.32	−0.58	0.45	−0.75	−0.58	0.891^{*}
1325	−0.84	−0.43	−0.49	0.69	−0.40	0.45	−0.38	0.46	−0.73	−0.59	0.979^{**}
3549	-0.95^{*}	−0.64	−0.55	0.70	−0.17	0.47	−0.62	0.58	−0.79	−0.44	0.919^{*}
3553	−0.23	−0.32	−0.81	0.37	−0.15	−0.22	−0.29	0.08	0.37	−0.36	0.07
4770	-0.91^{*}	−0.68	−0.56	0.78	−0.26	0.35	−0.61	0.48	−0.76	−0.54	0.891^{*}
4030	0.22	0.45	0.42	−0.82	0.60	0.53	0.18	0.31	0.01	0.82	−0.24
8487	0.25	0.80	0.40	−0.52	−0.18	0.50	0.66	0.05	−0.02	0.13	0.21
617	0.25	0.80	0.40	−0.52	−0.18	0.50	0.66	0.05	−0.02	0.13	0.21
1885	0.44	0.70	−0.20	−0.27	−0.44	−0.10	0.67	−0.26	0.71	−0.24	−0.10
2348	−0.31	−0.50	−0.20	−0.29	0.951^{*}	0.31	−0.73	0.58	−0.12	0.78	−0.26

续表

OTU_ID	Sc	Lc	Fa	Ar	Lg	Ps	N	Ph	Ac	Pc	Chi
10768	0.82	0.82	0.85	−0.42	−0.37	−0.30	0.918*	−0.68	0.31	−0.01	−0.38
5	−0.18	−0.28	−0.24	−0.51	0.996*	0.38	−0.58	0.60	0.08	0.893*	−0.34
6	−0.02	0.02	−0.06	−0.74	0.965*	0.49	−0.32	0.57	0.15	0.983*	−0.37
17	0.40	0.28	−0.38	−0.04	−0.28	−0.45	0.33	−0.35	0.82	−0.25	−0.34
21	−0.01	−0.01	−0.13	−0.73	0.975*	0.45	−0.35	0.56	0.21	0.976*	−0.40
3545	0.63	0.01	0.58	0.25	−0.38	−0.97*	0.33	−0.92*	0.28	−0.32	−0.59
3546	−0.89*	−0.66	−0.54	0.80	−0.30	0.32	−0.58	0.45	−0.75	−0.58	0.893*
510	0.25	0.80	0.40	−0.52	−0.18	0.50	0.66	0.05	−0.02	0.13	0.21
1331	−0.88	−0.68	−0.77	0.75	−0.21	0.27	−0.64	0.49	−0.51	−0.52	0.77
2	0.70	0.995*	0.40	−0.61	−0.31	0.01	0.937*	−0.37	0.55	0.05	−0.24

*表示相关性达到显著水平（P<0.05）。Sc. 短链烷烯烃；Lc. 长链烷烯烃；Fa. 脂肪酸；Ar. 芳烃；Aromatic；Lg. 木质素；Ps. 多糖；N. 含氮类化合物；Ph. 酚类化合物；Ac. 氨基酸类；Pc. 多环类化合物；Chi. 几丁质。

5.3.2　骆驼刺沙包

1）细菌

骆驼刺沙包土壤细菌群落共检测到 10 208 个 OTU，分别属于 14 个细菌门类，其中放线菌门（Actinobacteria）的丰度最高，占 37.14%，其次是变形菌门（Proteobacteria）、拟杆菌门（Bacteroidetes）等，它们的丰度各为 26.54%和 10.57%（图 5.20）。放线菌在 100 cm 以下的丰度高于 100 cm 以内；变形菌门（Proteobacteria）以 α 变形菌为主，其他类较少；拟杆菌门中以纤维黏菌纲（Cytophagia）和鞘脂杆菌纲（Sphingobacteria）为主；浮霉菌在 80 cm 以上的丰度更高一些。

骆驼刺沙包土壤细菌 α 多样性变化有阶段性差异变化（图 5.21）。0～100 cm 是第一阶段，期间 ACE 指数、Shannon 指数和 Chao1 指数缓慢下降，物种丰富度降低，均匀度升高，ACE 指数在 80 cm 达到最低点，Shannon 指数和 Chao1 指数在 100 cm 处最低；100～150 cm 是第二阶段，ACE 指数和 Chao1 指数迅速升高，物种丰富度增加；Simpson 指数在 0～120 cm 持续增加，在 80～100 cm 增速最快，120 cm 以后快速减少，因此骆驼刺沙包土壤细菌群落的均匀度在 0～120 cm 持续增加，在 80～100 cm 增速最快，120 cm 以后快速减少。

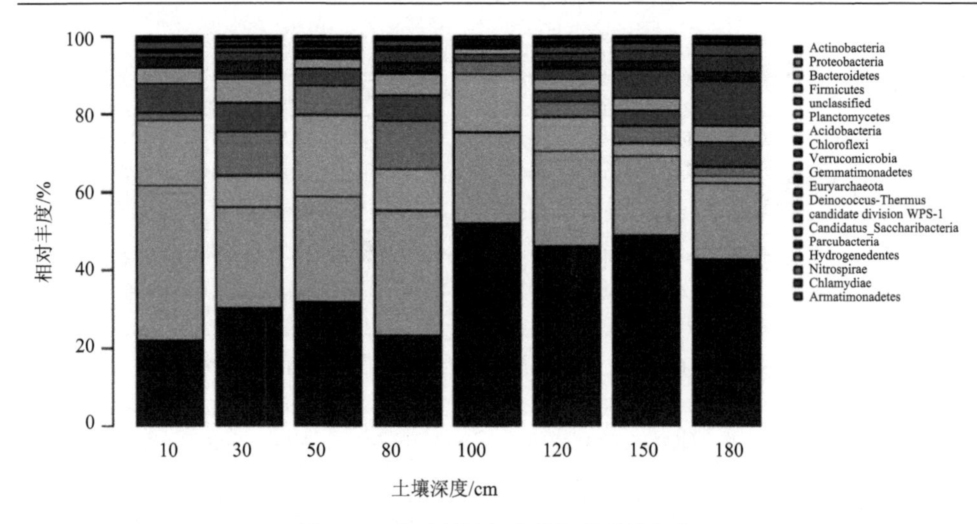

图 5.20　骆驼刺沙包土壤细菌群落组成

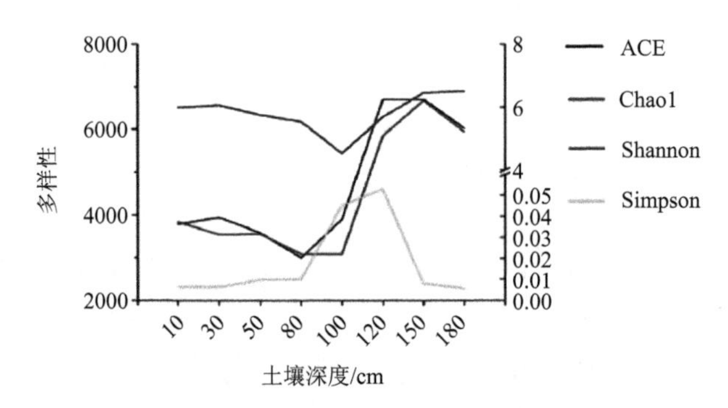

图 5.21　骆驼刺沙包土壤细菌 α 多样性分布

2）真菌

骆驼刺沙包 8 个土壤层面共分析鉴定了 2151 个真菌 OTU，由 8 个门类组成。以子囊菌门（Ascomycota）为主，占整个真菌群落的 62%，其次是担子菌门（Basidiomycota），占多枝柽柳沙包真菌群落的 17.92%，之后是捕虫霉门（Zoopagomycota）、壶菌门（Chytridiomycota）、毛霉门（Mucoromycota）、芽枝霉门（Blastocladiomycota）和隐真菌门（Cryptomycota）（图 5.22）。骆驼刺沙包中子囊菌门由 10 个纲组成。担子菌门由 7 个纲组成，丰度最高的是伞菌纲（Agaricomycetes，17.14%），其次为银耳纲（Tremellomycetes，0.52%）。骆驼刺沙包土壤真菌群落结构整体在剖面上呈波动状态，其中担子菌的波动性较大，子囊菌在剖面中间的优势最大。

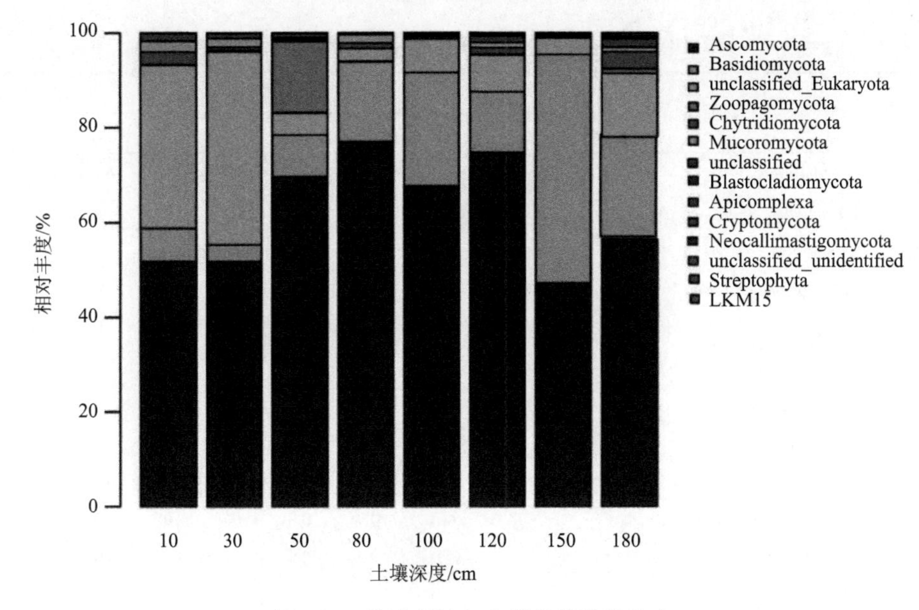

图 5.22　骆驼刺沙包土壤真菌群落组成

骆驼刺沙包土壤真菌 α 多样性在整个剖面上的分布规律与多枝柽柳相似，呈锯齿状分布（图 5.23）。ACE 指数和 Chao1 指数在 0～50 cm 是第一次上升期，在 50～80 cm 时达到最高，此时鉴定到 413 个 OTU，之后开始下降，在 120 cm 降到了最低，此时检测到了 264 个 OTU，120～150 cm 是物种丰富度第二次增加期，在 150 cm 处达到最高，但低于 50～80 cm，150 cm 之后物种丰富度敏感指数迅速降低。均匀度敏感指数 Shannon 指数和 Simpson 指数的变化趋势相反，但表征的意义一致，Simpson 指数在 0～180 cm 的剖面上出现了 3 次上下波动，其中第一次在 10～80 cm，0～30 cm 降低，30～80 cm 升高；80～120 cm 是第二次波动，在 100 cm 处骆驼刺沙包土壤真菌群落均匀度达到最低；第 3 次是 120～180 cm，180 cm 的均匀度最高。

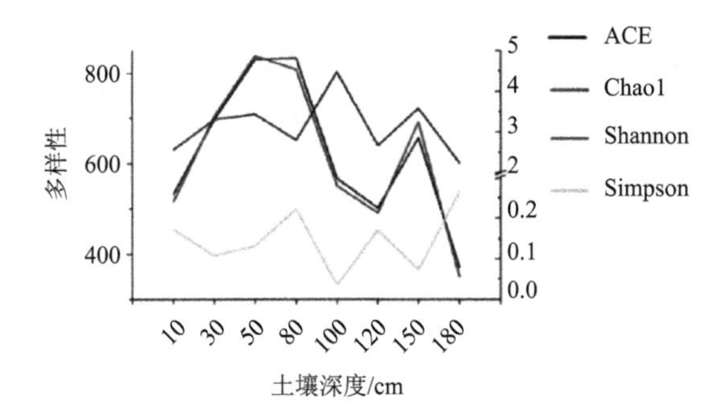

图 5.23　骆驼刺沙包土壤真菌 α 多样性分布

表 5.10 骆驼刺沙包中土壤真菌物种分布与营养类型

	物种	土壤剖面/m							
		0.1	0.3	0.5	0.8	1	1.2	1.5	1.8
▲	*Cochliobolus*	0.22	0.2	0.1	0.06	0.15	0.02	0.02	0.08
	Fusarium	0.02	0.15	0	0	0	0	0	0
▲	*Ascobolus*	0.05	0	0	0	0	0	0	0
	Pacispora franciscana	0.02	0.01	0	0	0	0	0	0
▲	*Ulospora*	0.06	0	0.08	0	0	0	0	0
▲	*Pulchromyces*	0.06	0.01	0	0	0	0	0	0
	Laetiporus sulphureus	0.01	0.02	0	0	0	0	0	0
	Ascoidea rubescens	0	0.01	0	0	0	0	0	0
	Melanocarpus	0	0.02	0.21	0.16	0.06	0.36	0.01	0
	Lasiobolidium orbiculoides	0	0.01	0	0	0	0	0	0
▲	*Arthrographis arxii*	0	0.05	0	0	0	0	0	0
□	*Microascus cirrosus*	0	0.01	0.01	0	0	0	0	0
	Basidiobolus	0	0	0.17	0	0	0	0	0
	Trichophyton	0	0	0.05	0	0	0.01	0	0
	Microsporum	0	0.01	0.04	0	0	0.01	0	0
	Sanghuangporus	0.05	0	0.08	0.18	0.25	0.09	0.57	0.12
	Delphinella strobiligena	0	0	0.01	0	0.01	0	0.01	0
□	*Pinus taeda*	0	0	0.02	0	0	0	0	0
	Ulospora bilgramii	0	0	0.01	0	0	0	0	0
	Phialosimplex sp. NIOCC_1	0	0	0.02	0	0	0	0.01	0
▲	*Diplodia sapinea*	0	0	0.02	0	0.02	0	0	0
	Candida sagamina	0	0	0	0.03	0	0	0	0
	Cyllamyces aberensis	0	0	0	0.01	0	0	0	0
	Jimgerdemannia lactiflua	0	0	0	0.01	0	0	0	0
	Trichophyton	0	0	0	0	0.04	0.06	0.01	0
	Medeolaria	0	0	0	0	0	0.05	0	0
□	*Albertiniella polyporicola*	0	0	0	0	0.01	0.01	0	0
	Hanseniaspora vineae	0	0	0	0	17	0	0.02	0
	Talaromyces purpureogenus	0	0	0.01	0	0.01	0	0	0.01
	Aspergillus cristatus	0	0	0	0	0.01	0	0.01	0
	Pinus taeda	0	0	0	0	0	0.01	0	0
▲	*Pseudocercospora fijiensis* CIRAD86	0	0	0	0	0	0.03	0	0
	Lambertella corni-maris	0	0	0	0	0.01	0	0.03	0
	Trichophyton rubrum	0	0	0	0	0.01	0.01	0.01	0

续表

	物种	土壤剖面/m							
		0.1	0.3	0.5	0.8	1	1.2	1.5	1.8
	Aspergillus nidulans	0	0	0	0	0	0	0.02	0
	Setosphaeria monoceras	0	0	0	0.01	0.01	0	0	0.01
	Aspergillus niger ATCC 1015	0	0	0	0	0	0	0	0.01
	Alloascoidea hylecoeti	0	0	0	0	0	0	0	0.01
	Preussia minima	0	0	0.01	0	0.01	0	0	0.01
	Rachicladosporium	0.01	0	0.08	0.05	0.08	0.02	0.01	0.08
	Hanseniaspora	0	0	0	0	0	0	0.12	0.02
	Penicillium	0.00	0.00	0.02	0.00	0.00	0.08	0.09	0.05
□	*Inocybe*	0.00	0.00	0.01	0.01	0.01	0.01	0.02	0.03
	Epicoccum nigrum	0.00	0.00	0.01	0.00	0.01	0.00	0.00	0.02
	Arachnomyces	0.00	0.00	0.00	0.00	0.00	0.02	0.05	0.03
□	*Scedosporium*	0.00	0.00	0.00	0.00	0.00	0.01	0.07	0.00
□	*Sporothrix*	0.00	0.00	0.00	0.00	0.00	0.03	0.02	0.02

基于 COGG 基因功能预测，骆驼刺沙包各层面土壤真菌主要物种和生活习性不同。将骆驼刺沙包也分为 3 层，分别为上层（0～50 cm）、中层（50～100 cm）和下层（100 cm 以下），分析比较 3 层土壤真菌的组成及其生活习性（腐生和菌根）（表 5.10）。发现在上层（0～50 cm）剖面以子囊菌等腐生性真菌为主导，其中属于座囊菌纲的旋孢腔菌的丰度最高，其余还有少量的担子菌门的伞菌纲类真菌；在中层（50～100 cm）以子囊菌中的座囊菌纲为主导，但是粪壳菌纲和担子菌的比例增加，出现了酵母菌和壶菌；下层（100 cm 以下）以子囊菌门中粪壳菌纲和担子菌为主，且菌根类真菌已经明显处于优势地位。

5.3.3　花花柴沙包

1）细菌

花花柴沙包土壤细菌群落共检测鉴定了 8967 个 OTU，分别属于 16 个细菌门类，其中放线菌门（Actinobacteria）的丰度最高，占 34.75%，其次是变形菌门（Proteobacteria）和拟杆菌门（Bacteroidetes）等，它们的丰度各为 28.81%、11.58%（图 5.24）。放线菌在下层的丰度较高，在 30～120 cm 丰度逐渐增大；变形菌门以 α 变形菌纲和 γ 变形菌纲为主，在 0～180 cm 剖面逐渐降低；拟杆菌门有 3 个纲，包括纤维黏菌纲（Cytophagia）、黄杆菌纲（Flavobacteriia）和鞘脂杆菌纲（Sphingobacteria）；厚壁菌门中只有芽孢杆菌纲（Bacilli），主要分布在 80 cm 左右；浮霉菌主要分布在 30 cm 和 100 cm 左右。

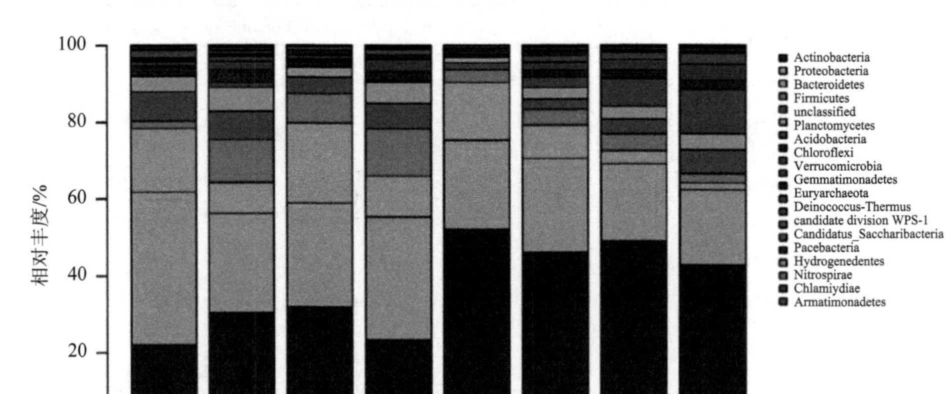

图 5.24　花花柴沙包土壤细菌群落组成

花花柴沙包土壤细菌群落丰富度和均匀度在剖面上逐渐增加，只有在 30～50 cm 有个小波动（图 5.25）。其 Shannon 指数缓慢下降，Simpson 指数在 10～180 cm 逐渐上升，均匀度升高，ACE 指数和 Chao1 指数在 50 cm 处有增加，但不显著，之后持续升高。因此花花柴沙包土壤细菌群落的物种丰富度和均匀度在上层和下层间有显著差异和持续增加，在 80～100 cm 增速最快，120 cm 以后快速减少。

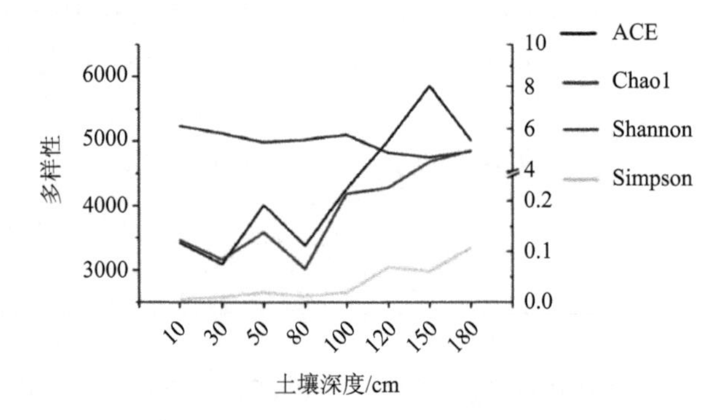

图 5.25　花花柴沙包土壤细菌 α 多样性分布

2）真菌

在花花柴沙包中共分析检测并筛选到 1416 个 OTU，由 8 个门类的真菌组成。其中主要是子囊菌门（Ascomycota），占整个真菌群落的 59.1%，其次是担子菌门

（Basidiomycota），占多枝柽柳沙包真菌群落的 9%，之后是毛霉门（Mucoromycota）、壶菌门（Chytridiomycota）、芽枝霉门（Blastocladiomycota）等（图 5.26）。花花柴沙包中子囊菌门包括了 12 个纲，其中以粪壳菌纲（Sordariomycetes, 15.71%）、座囊菌纲（Dothideomycetes, 9.19%）、盘菌纲（Pezizomycetes, 11.98%）为主。在花花柴沙包土壤中鉴定到了较多属于子囊菌门的酵母纲（Saccharomycetes，6.01%）。担子菌门由 7 个纲组成，以伞菌纲（Agaricomycetes, 7.61%）最为丰富。

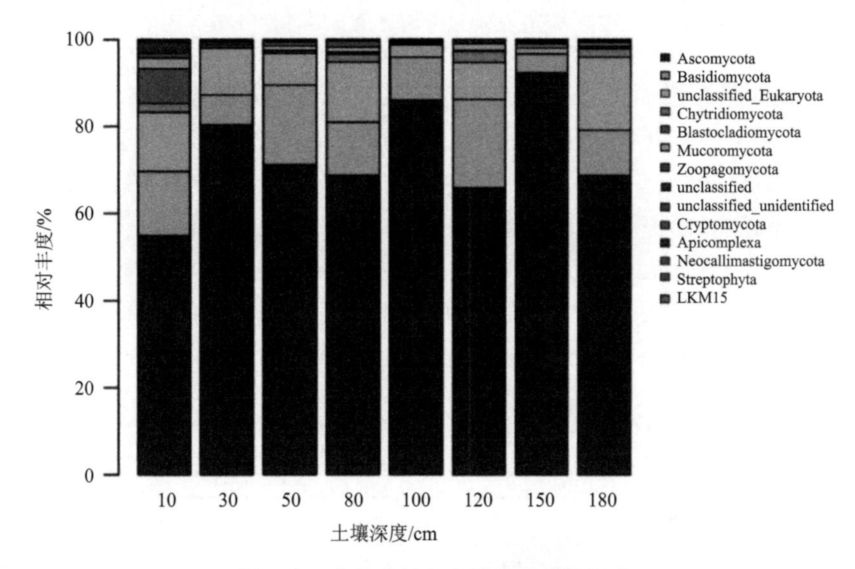

图 5.26　花花柴沙包土壤真菌群落组成

花花柴沙包土壤真菌 α 多样性在整个剖面上的分布规律与多枝柽柳和骆驼刺相似，呈锯齿状分布（图 5.27）。物种丰富度敏感指数 ACE 指数和 Chao1 指数的变化规律基本一致，有两个峰值，80 cm 处是第一次达到峰值，ACE 指数和 Chao1 指数在 80 cm 处分别是 475.42 和 478.88，此时有 413 个 OTU，物种丰富度在 0～80 cm 不断升高，80 cm 处最高，之后开始下降，在 100 cm 处降到了最低，此时只鉴定到 264 个 OTU，是整个剖面上最少的层面。100～150 cm 物种丰富度再次增加，在 150～180 cm 处达到峰值，其峰值和 OTU 个数均小于 80 cm，150 cm 之后物种丰富度迅速降低。Shannon 指数是表征群落均匀度的参数，花花柴沙包土壤真菌的 Simpson 指数在 0～180 cm 的剖面上呈锯齿状分布，在 10～50 cm 和 150～180 cm 呈上升趋势，50～150 cm 逐渐降低，在 50 cm 和 150 cm 分别达到最高和最低，花花柴沙包土壤真菌群落均匀度整体变化规律是先增加后减少，最后在 150 cm 后再次增加。

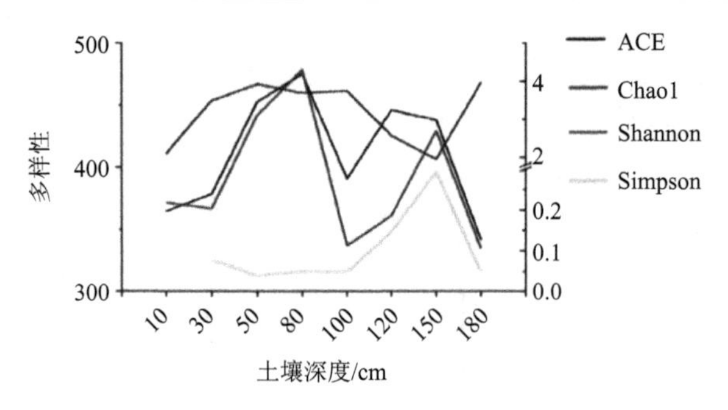

图 5.27　花花柴沙包土壤真菌 α 多样性分布

花花柴沙包各层面土壤真菌的分布及其生活习性与柽柳和骆驼刺的规律一样，各层面主要物种和生活习性均不同。同样将花花柴剖面分为上层（0～50 cm）、中层（50～100 cm）和下层（100 cm 以下），分析比较 3 层土壤真菌的组成及其生活习性（腐生和菌根）。发现在上层（0～50 cm）剖面以子囊菌等腐生性真菌为主导（83%），其中盘菌纲约为 58%，少量的担子菌、壶菌门和毛霉门类真菌；中层以粪壳菌纲和担子菌为主；下层（100 cm 以下）中子囊菌门中粪壳菌纲和担子菌为主，但是根类真菌已经明显处于优势地位（表 5.11）。

表 5.11　花花柴沙包中土壤真菌物种分布与营养类型

	物种	土壤剖面/m							
		0.1	0.3	0.5	0.8	1	1.2	1.5	1.8
▲	*Pseudombrophila theioleuca*	0.77	0.01	0.00	0.00	0.00	0.00	0.00	0.00
	Inocybe myriadophylla	0.11	0.01	0.00	0.01	0.01	0.00	0.00	0.00
▲	*Saccobolus dilutellus*	0.03	0.00	0.00	0.00	0.00	0.00	0.00	0.00
	invertebrate environmental_sample	0.03	0.04	0.03	0.00	0.00	0.00	0.00	0.00
▲	*Pacispora franciscana*	0.03	0.02	0.00	0.00	0.01	0.00	0.00	0.00
▲	*Cochliobolus* sp. 007-L1-1	0.04	0.13	0.02	0.02	0.15	0.01	0.02	0.05
▲	*Wolfina aurantiopsis*	0.01	0.00	0.00	0.00	0.00	0.00	0.00	0.00
	Cladia retipora	0.00	0.03	0.01	0.00	0.02	0.00	0.00	0.01
▲	*Glaziella aurantiaca*	0.00	0.02	0.00	0.00	0.00	0.00	0.00	0.00
	Aspergillus niger ATCC 1015	0.00	0.02	0.00	0.00	0.00	0.00	0.00	0.00
	Skvortzovia furfurella	0.00	0.01	0.02	0.02	0.00	0.00	0.00	0.00
▲	*Delphinella strobiligena*	0.00	0.00	0.04	0.02	0.04	0.00	0.00	0.00
	Saccharomyces cerevisiae	0.00	0.02	0.03	0.00	0.04	0.00	0.00	0.00
	uncultured_*eukaryote*	0.00	0.00	0.02	0.00	0.00	0.00	0.00	0.00
▲	*Jimgerdemannia*	0.00	0.00	0.02	0.00	0.00	0.00	0.00	0.00

续表

	物种	土壤剖面/m							
		0.1	0.3	0.5	0.8	1	1.2	1.5	1.8
□	*Chaetomium thermophilum* var. thermophilum_DSM_1495	0.00	0.00	0.08	0.04	0.00	0.00	0.00	0.00
□	*Parascedosporium putredinis*	0.00	0.00	0.02	0.00	0.00	0.00	0.00	0.00
▲	*Arthrographis arxii*	0.00	0.01	0.07	0.01	0.01	0.02	0.00	0.00
	Laetiporus sulphureus	0.00	0.00	0.05	0.01	0.00	0.00	0.00	0.00
	Ascoidea rubescens	0.00	0.00	0.03	0.12	0.00	0.00	0.00	0.00
	Nannizzia gypsea CBS 118893	0.00	0.00	0.03	0.13	0.01	0.01	0.00	0.00
	Arachnomyces kanei	0.00	0.00	0.00	0.15	0.00	0.02	0.00	0.00
	Penicillium camemberti FM 013	0.00	0.00	0.00	0.01	0.05	0.02	0.01	0.00
▲	*Ascoidea rubescens*	0.00	0.01	0.03	0.03	0.02	0.00	0.00	0.00
	Smittium megazygosporum	0.00	0.01	0.00	0.00	0.10	0.00	0.00	0.00
	Keratinophyton terreum	0.00	0.00	0.01	0.00	0.18	0.01	0.00	0.00
	Candida caryicola	0.00	0.00	0.00	0.00	0.15	0.00	0.00	0.06
	Ulospora bilgramii	0.00	0.00	0.01	0.00	0.04	0.01	0.01	0.01
□	*Sanghuangporus baumii*	0.00	0.00	0.00	0.00	0.03	0.00	0.00	0.00
	Ambispora granatensis	0.00	0.00	0.00	0.00	0.03	0.00	0.00	0.00
▲	*Setosphaeria monoceras*	0.00	0.00	0.00	0.00	0.01	0.00	0.00	0.00
	Histoplasma capsulatum H143	0.00	0.00	0.00	0.00	0.00	0.32	0.00	0.00
□	*Sporothrix pallida*	0.00	0.00	0.00	0.00	0.00	0.17	0.00	0.00
	Melanocarpus albomyces	0.00	0.00	0.00	0.04	0.03	0.10	0.58	0.01
□	*Albertiniella polyporicola*	0.00	0.00	0.00	0.00	0.00	0.00	0.39	0.01
	Ascobolus crenulatus	0.00	0.00	0.00	0.00	0.00	0.00	0.01	0.00
	Trichophyton rubrum	0.00	0.00	0.00	0.00	0.00	0.00	0.02	0.00
	Nannizzia gypsea CBS 118893	0.00	0.00	0.00	0.05	0.00	0.06	0.00	0.01
	Rachicladosporium inconspicuum	0.00	0.00	0.02	0.04	0.03	0.00	0.01	0.01
□	*Hannaella sinensis*	0.00	0.00	0.00	0.00	0.00	0.00	0.00	0.05
	Trichophyton rubrum	0.00	0.00	0.00	0.00	0.01	0.03	0.04	0.05

5.3.4　3 种植物沙包土壤微生物群落的对比分析

1）细菌

3 种沙包中土壤细菌多样性无显著差异（图 5.28）。多枝柽柳、骆驼刺和花花柴 3 种沙包中土壤细菌的丰富度敏感指数（ACE 指数和 Chao1 指数）和均匀度敏感指数（Shannon 指数和 Simpson 指数）均无显著差异，3 种沙包的土壤细菌的 ACE 指数和 Chao1 指数均在 4000 左右，其中骆驼刺的 ACE 指数和 Chao1 指数在整个剖面上的变化幅度最大，多枝柽柳最小，花花柴次之。多枝柽柳土壤细菌的 Shannon 指数高于骆驼刺和花花柴，且三者均小于 1。花花柴、骆驼刺和多枝柽柳的 Simpson 指数依次递增。可见 3 种沙包土壤细菌的群落结构变化主要由物种丰富度引起。

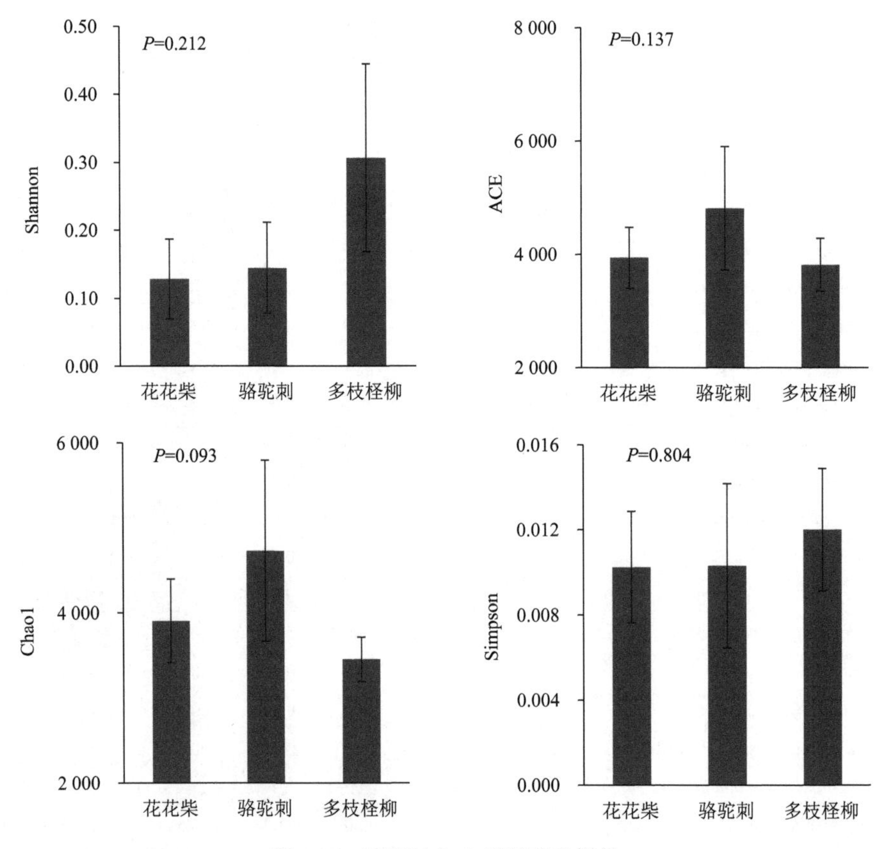

图 5.28 不同沙包土壤细菌多样性

3 种沙包的土壤细菌的 CCA 分析表明（图 5.29），3 种沙包的土壤细菌和真菌的分布及其决定因子相似或相同。土壤深度对多枝柽柳和花花柴沙包的土壤细菌分布的影响在深层更大，深层与浅层的土壤被明显分开；但对骆驼刺影响不大。土壤 pH 和 C∶N 值与花花柴土壤细菌的分布关系密切；骆驼刺沙包土壤细菌在 10～180 cm 的剖面上分布相对均匀。SOC 含量和 C∶N 值对沙包土壤细菌群落构建的影响小于土壤含水量、土壤深度以及土壤 pH。骆驼刺沙包土壤特性（包括土壤微生物和土壤营养条件）介于多枝柽柳和花花柴之间。

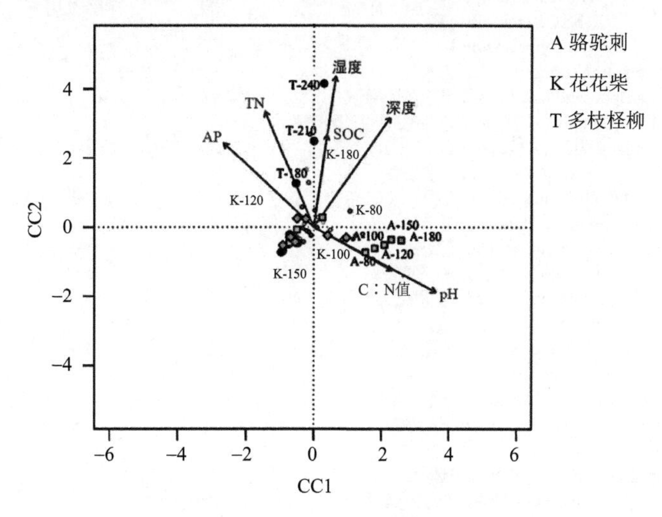

图 5.29　不同沙包土壤细菌 CCA 分析

AP. 土壤速效磷；TN. 土壤总氮；SOC. 土壤有机碳；C：N 值. 碳氮比，下同

3 种沙包土壤细菌群落的氨基酸转运与代谢基因（E：amino acid transport and metabolism），一般基因功能（R：general function prediction only）和碳水化合物转运与代谢（G：carbohydrate transport and metabolism）等相关功能的基因丰度较高，但是三者间没有显著差异（图 5.30）。骆驼刺与多枝柽柳的沙包土壤细菌群落的各类基因功能均无显著差异；骆驼刺与花花柴沙包土壤细菌在辅酶运输和代谢（H：coenzyme transport and metabolism）、真核细胞的细胞外结构（W：extracellular structures）和能量产生与转换（C：energy production and conversion）相关的基因有显著差异；花花柴和多枝柽柳的沙包土壤细菌的基因功能差异较大，包括了 H、C、W 和无机离子转运和代谢（P：inorganic ion transport and metabolism）等 12 类功能相关的基因在两者之间具有显著差异。3 种沙包土壤细菌丰度与功能的普氏分析结果表明（图 5.31），3 种沙包的土壤细菌群落差异不明显，基因丰度与功能间的偏移量较大。

2）真菌

3 种沙包中土壤真菌群落的多样性不同（图 5.32）。多枝柽柳、骆驼刺和花花柴 3 种沙包中土壤真菌的 ACE 指数和 Chao1 指数具有显著差异（P=0.009）。其中骆驼刺显著高于其他两种，多枝柽柳和花花柴沙包土壤真菌的多样性无显著差异。多枝柽柳沙包土壤真菌的 ACE 指数和 Chao1 指数在整个剖面上的变化幅度

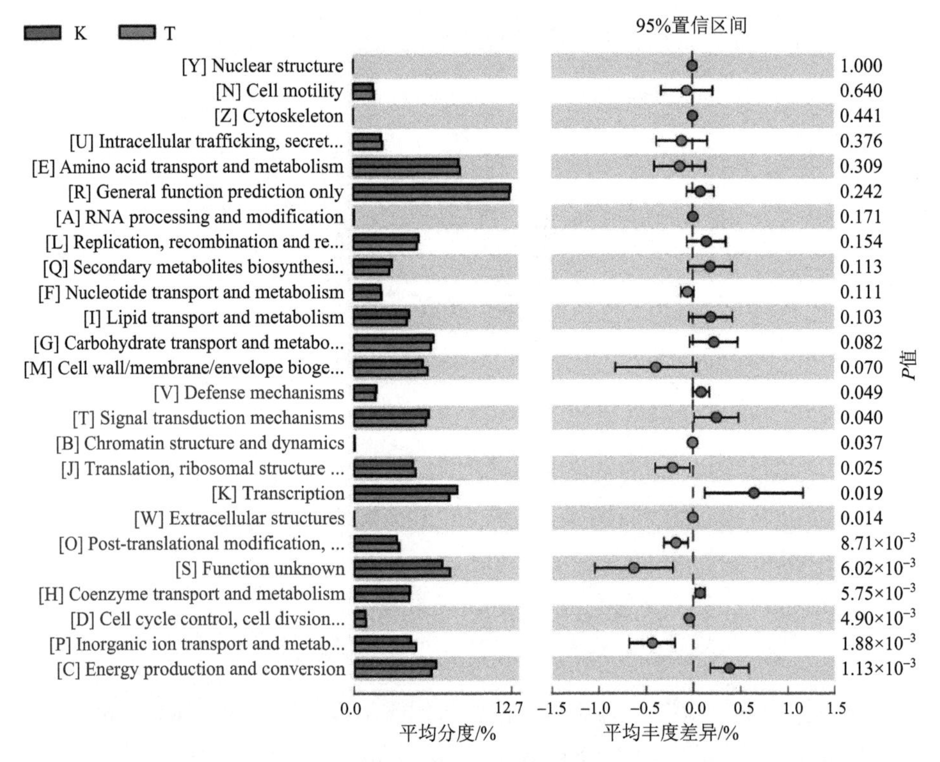

图 5.30　花花柴（K）和多枝柽柳（T）沙包土壤细菌群落基因功能差异

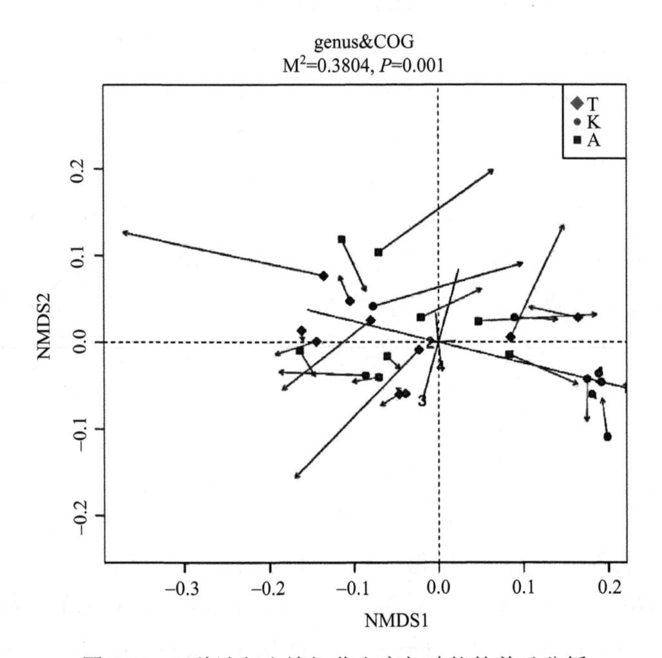

图 5.31　3 种沙包土壤细菌丰度与功能的普氏分析

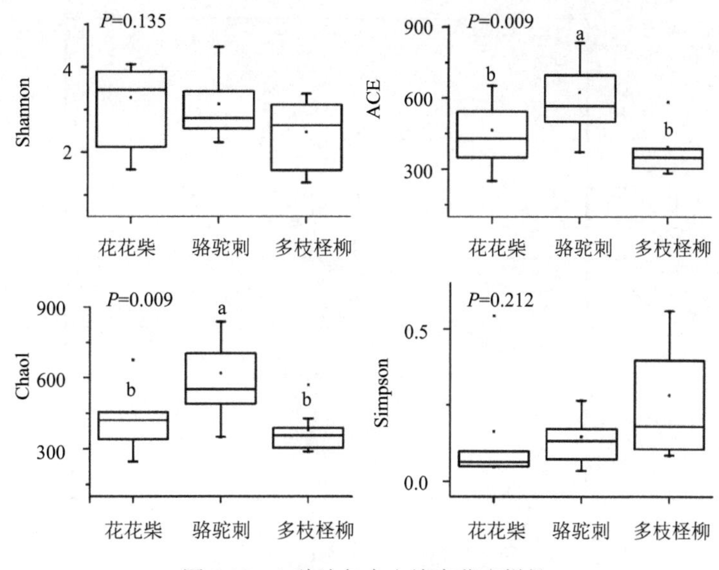

图 5.32　3 种沙包中土壤真菌多样性

较骆驼刺和花花柴小，其中花花柴沙包土壤真菌的 ACE 指数和 Chao1 指数变动幅度最大，说明多枝柽柳沙包土壤真菌群落结构较为稳定，花花柴沙包中土壤真菌易受干扰。3 种沙包土壤真菌的 ACE 指数和 Chao1 指数为 300～900。花花柴沙包土壤真菌的 Shannon 指数高于骆驼刺和花花柴。花花柴、骆驼刺和多枝柽柳的 Simpson 指数依次递增，多枝柽柳的 Simpson 指数在 150 cm 和 100 cm 的土层中分别为 0.54 和 0.36。3 种沙包中土壤真菌在剖面上分布不均匀，且与土层深度关系不大。

CCA 分析结果（图 5.33）显示影响 3 种沙包中土壤真菌多样性的因素不同。多枝柽柳沙包中土壤真菌分布与土壤含水量、氮含量和土壤深度有关，与土壤 pH 的关联性不大；花花柴沙包土壤真菌的决定因子可能是土壤 pH 和土壤 C∶N 值；骆驼刺沙包土壤真菌多样性受各种土壤因子的影响。土壤深度 3 种沙包土壤真菌的影响力不同，对多枝柽柳的影响随着深度加深，多枝柽柳沙包 150 cm 以上与土壤深度无明显关系，之后土壤深度对真菌的影响力加大；花花柴土壤真菌的多样性分布与土壤深度无明显关系，180 cm 和 80 cm 土壤特性更为相似，胜于 150 cm 和 180 cm，以及 100 cm 和 80 cm；骆驼刺沙包的不同土层的土壤特性更为紧密。土壤含水量、pH 和氮含量对沙包土壤真菌多样性的影响较大，SOC 对沙包土壤真菌群落组成的影响相对较小。

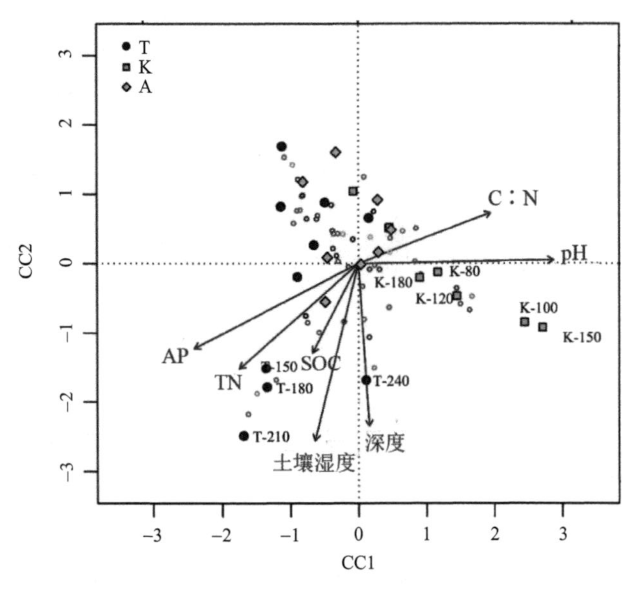

图 5.33　不同沙包土壤真菌 CCA 分析

5.4　小　　结

本章以塔南 3 种植物沙包为研究对象，分析沙包中凋落物的热解产物，以及在剖面上的分解规律；结合土壤微生物的变化规律和化学计量学理论，基本明确了沙包中凋落物分解规律，并结合释光测年数据，将分解规律与气候变化序列进行了比较，得出以下结论。

（1）荒漠植物的热解产物不同，在沙包中分解的速率也不同。塔南 3 种植物凋落物的热解产物以多糖类和木质素为主，但是不同植物、不同器官的热解产物相差较大。其中多枝柽柳凋落物（光合枝）的热解产物除了多糖类和木质素含量较高外，还有较多的酚类化合物；花花柴茎热解产物的含氮化合物（主要是咪唑类）高于骆驼刺和多枝柽柳，花花柴新鲜凋落物（叶片）的酚类化合物含量也较高（16.49%）；而骆驼刺叶片的热解产物中脂肪酸含量高（17.51%），茎的木质化程度高。将凋落物单位时间的加权欧氏距离作为分解常数（C），其值随着分解程度增加。结果表明，多枝柽柳沙包凋落物的 C 值最大，分解最快，花花柴沙包次之，骆驼刺沙包最慢。

（2）3 种植物沙包中土壤微生物的多样性在土壤剖面上呈现波动变化特征。本研究中 3 种植物沙包的土壤真菌群落的多样性在 2 m 左右的垂直剖面上，不随土壤剖面的加深而降低，而是整体上呈上下波动的状态。其中多枝柽柳沙包土壤真菌群落的多样性整体呈波动状态，在 30 cm 和 100 cm 处出现波峰，80 cm 和

120 cm 处呈现波谷；骆驼刺沙包土壤真菌群落多样性在 50 cm 和 150 cm 达到局部性的峰值，120 cm 的真菌群落多样性明显低于上下土层；花花柴沙包土壤真菌多样性达到最高的土壤层面与骆驼刺相近，但是在 100 cm 处真菌群落多样性最低。沙包土壤细菌群落的多样性在中下层较为丰富，CCA 分析结果表明，土壤深度对底层土壤细菌多样性变化贡献较大。

（3）塔南自然植物沙包中凋落物分解不连续，呈周期性分解状态。虽然 3 种植物凋落物的热解产物不同，但是在垂直空间上有相似的分解变化规律。3 种凋落物（多枝柽柳、花花柴茎和骆驼刺茎）的热解产物的组成结构，在剖面上呈阶段性降低或上升的趋势，如骆驼刺凋落物（茎）的热解分析结果表明多糖类和短链烷烯烃类化合物在剖面上呈不同的变化规律，在 30 cm 以上多糖类含量随土壤深度逐渐增加，而短链烷烯烃类物质逐渐减少；多枝柽柳凋落物的各类热解产物在 0～150 cm 的剖面上不止有一个减少-增加或增加-减少的变化趋势，而是呈减少-增加-减少或增加-减少-增加的趋势。3 种植物凋落物的热解产物，凋落物的 C∶N 值和土壤的 C∶N 值以及土壤中真菌群落在剖面上呈一致的变化规律，在这种变化周期下，土壤细菌多样性在后期增加。通过构建结构方程模型，发现凋落物 C∶N 值、土壤含水率和微生物多样性能够解释 3 种荒漠植物凋落物 5 种组分变化的 83%（图 5.34）。沙包中凋落物分解的每一个波动变化的化学计量学均符合凋落物分解的微生物利用规律，且 3 种沙包的规律一致。而这样的规律在沙包凋落物分解的过程中，可能不止一个。这种周期性分解的时间跨度，与古气候变化的时间一致，气候因子可能决定沙包凋落物的周期性分解规律。

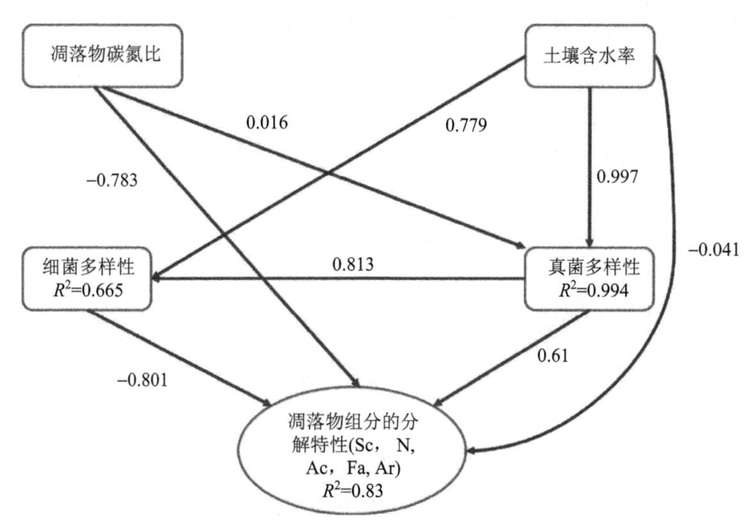

图 5.34　沙包中凋落物分解的结构方程

R^2 为解释量

第6章　多年生荒漠豆科植物固氮菌的海拔分布特征

尽管空气中的氮气含量非常丰富，但很难被生物所直接利用。自然界中的固氮方式主要有3种：闪电高温高压固氮、工业合成固氮以及生物固氮。其中，生物固氮不仅节约能源，减少环境污染，而且效率高、固氮量大，可以显著增加土壤肥力。生物固氮有多种方式，其中根瘤菌-豆科植物形成的共生固氮体系是农业生产的主要氮源，对农业、畜牧业等有重要意义（陈莹等，2022）。

植物内生菌是一类生活在植物健康组织内部并对植物本身无害的微生物，它们的存在不会引起宿主植物功能及性状的改变。在长期的协同进化中，寄主植物与植物内生菌之间已经形成了互相依赖、互惠互利的依存关系，两者在彼此生长代谢过程中至关重要（陆姣云等，2022；张雪等，2022）。根瘤菌是一种较为特殊的植物内生菌，它可以与豆科植物共生，使其根部结瘤并将空气中的氮气转化为氨态氮供寄主生长发育（陈莹等，2022）。在根瘤中同样存在其他植物内生菌，能与根瘤菌共存，对寄主植物也有一定的生物学作用。

目前全世界发现的豆科植物约2万种，共750属。我国的豆科植物资源非常丰富，约1500种，共172属，分布在热带、亚热带和温带地区。除此之外，还有许多豆科植物在被陆续发现和收录（陈文新，2004；Pang et al.，2021）。豆科植物在生物固氮、土壤改良等方面发挥着重要作用，这些功能依赖于与之共生结瘤的根瘤菌的巨大作用（陈莹等，2022）。虽然豆科植物功能强大，而进行过结瘤研究的豆科植物物种不足16%。其中，关于共生关系的研究也仅占0.5%。同时，目前关于根瘤菌共生体的研究通常倾向于对农业、牧业、林业发展有重大意义的豆科植物，如大豆、花生、田菁、苜蓿、紫云英和紫槐等，而极端干旱区和高海拔地区的荒漠豆科植物及根瘤菌在生态方面的相关研究则相对较少（赵龙飞等，2009；Pang et al.，2021）。

根瘤内生菌和根瘤菌共处于豆科植物根瘤微环境中，对寄主植物的作用存在明显差异。当前，对根瘤内生菌及其与宿主植物类型的关系，以及与来自不同生境的同种宿主植物关系等研究工作正在蓬勃开展。众多学者在生态、分子、基因组学等方向均取得了很大进展，但关于根瘤内生菌的研究依然十分有限（陈文新，2004）。根瘤-豆科植物共生体的内在固氮机制，它们在生态地理区域上的分布，根瘤菌之间的共生基因以及固氮酶体系的系统发育等都是值得探究思考的问题（徐琳等，2012）。

本章以策勒国家站为依托，对位于青藏高原北麓，塔克拉玛干沙漠南缘的中昆仑山北坡不同海拔梯度上的植被及土壤进行调查，采集豆科植物根瘤，以期揭示不同生态区域环境豆科植物根瘤内生菌以及潜在根瘤菌多样性的机制。研究结果不但有利于了解该地区根瘤内生菌资源，丰富根瘤内生菌资源库，发现新的菌种基因，而且也可以进一步阐明根瘤内生菌和潜在根瘤菌以及寄主植物、生态环境之间的内在联系，为干旱区生物固氮的生化生理和遗传机制、微生物和高等植物之间的共生关系等方面的科学研究提供帮助（Pang et al.，2021）。

6.1　根瘤及内生菌的形态特征

中昆仑山北坡地处蒙古-西伯利亚干燥反气旋控制范围内，属于暖温带塔里木荒漠和柴达木荒漠。研究区海拔为 1350～3600 m，地理坐标为 80°15′46.56″E～80°47′59.49″E，36°12′13.16″N～36°46′48.82″N。全年平均气温 4.7℃，极端最高温度 30.4～34℃，极端最低温度−25℃，年降水量小于 100 mm，主要集中在 7 月、8 月。沿策勒河自北向南海拔逐渐升高。海拔 1350～1500 m 为沙漠-绿洲过渡带，海拔 1500～1960 m 为戈壁分布区域，两个海拔范围内年平均降水量仅为 35.1 mm（岳泽伟等，2020）。海拔 1960 m 以上依次呈现山地荒漠、山地荒漠草原、山地典型草原、高寒草原等植被类型（图 6.1）（庞金凤等，2020；Pang et al.，2021）。

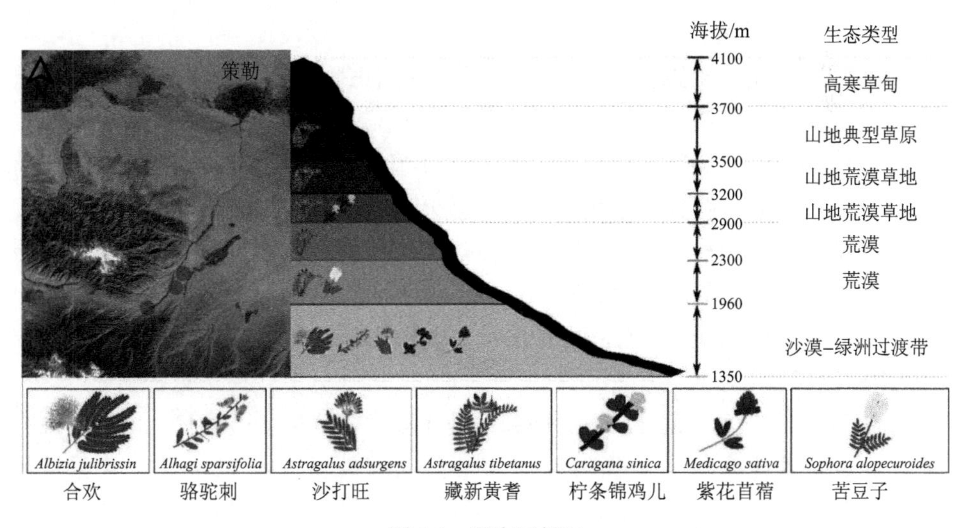

图 6.1　研究区概况

随着海拔的降低，中昆仑山北坡依次出现高寒草甸、山地典型草原植被、山地荒漠草地植被、荒漠植被、策勒沙漠-绿洲过渡带 5 个不同的景观格局。本研究所收集到的豆科植物包括：藏新黄耆（*Astragalus tibetanus*）、柠条锦鸡儿（*Caragana sinica*）、紫花苜蓿（*Medicago sativa*）、苦豆子（*Sophora alopecuroides*）、骆驼刺（*Alhagi sparsifolia*）、沙打旺（*Astragalus adsurgens*）、合欢（*Albizia julibrissin*）等。

对每个海拔梯度的 0～30 cm 土壤养分含量平均值进行比较分析（表 6.1），可知，随着海拔上升，有机碳和全氮含量逐渐增加，全磷、全钾含量和土壤含水率无明显变化趋势，但全磷和全钾随海拔变化而出现不同的变化，含水率则与全磷、全钾含量变化相反。其中，有机碳含量的变化范围为 0.81～14.94 g/kg，全氮含量的变化范围为 0.12～1.43 g/kg，全磷含量的变化范围为 0.35～0.67 g/kg，全钾含量的变化范围为 22.35～29.72 g/kg。

表 6.1　昆仑山北坡不同海拔土壤理化性质

海拔/m	有机碳/（g/kg）	全氮/（g/kg）	全磷/（g/kg）	全钾/（g/kg）	pH	含水率/%
1707	0.81±0.21c	0.12±0.04d	0.35±0.09b	22.35±6.81a	5.82±0.08e	8.63±4.14cde
1942	0.85±0.05c	0.14±0.01d	0.64±0.01a	27.39±0.21a	6.22±0.14d	4.59±1.14e
2438	1.79±0.32c	0.22±0.03c	0.37±0.04b	25.14±4.29a	6.32±0.10d	12.85±2.07bd
2900	2.85±0.10bc	0.29±0.02c	0.67±0.03a	29.22±0.55a	7.38±0.14c	10.89±2.27bc
3247	4.94±0.47b	0.51±0.03b	0.67±0.00a	29.72±0.19a	7.03±0.03b	15.25±0.27b
3576	14.94±2.46a	1.43±0.03a	0.64±0.03a	22.72±5.11a	6.70±0.06a	27.88±1.34a

注：同列不同字母表示差异显著（$P<0.05$）。

本实验取样地信息如表 6.2 所示。共采集豆科植物样本 8 种，分别有沙打旺、昆仑锦鸡儿、柠条锦鸡儿、合欢、紫花苜蓿、骆驼刺、苦豆子、藏新黄耆。其中海拔 1350 m 的策勒绿洲-沙漠过渡带物种最丰富，而海拔 2000 m 以上的以藏新黄耆居多，属于优势物种。采集得到的根瘤分布于豆科植物的主根和侧根上，相比而言主根位置上的较多。根瘤特征多为球状、棒状，少数为掌状、珊瑚状。根瘤颜色多为白色，少数为黄色或粉色。

本实验共计分离根瘤内生菌 328 株，多呈圆形隆起，大小不一，表面光滑，边缘整齐，呈乳白色或半透明（图 6.2～图 6.5）。其中，多数为芽孢杆菌属，2～3 天长出菌落，乳白色，光滑，表面凸起；潜在根瘤菌多呈半透明状，菌落较大，乳白色；德沃斯氏菌和叶瘤杆菌的菌落质地较为疏松，菌落长到一定程度呈现流体状、半透明状；较为特殊的是，从海拔 3383 m 藏新黄耆根瘤中分离出的叶瘤杆菌属分泌黑色物质。

表 6.2 昆仑山北坡豆科植物根瘤特征及地理来源信息

海拔/m	地理坐标	植物种	根瘤位置	根瘤形态	根瘤颜色	取样地
1350	N37°01′11.88″ E80°43′34.39″	沙打旺	主根、侧根	棒状、球状、珊瑚状	白色、粉色	沙漠-绿洲过渡带
1350	N37°01′11.88″ E80°43′34.39″	柠条锦鸡儿	主根、侧根	棒状、球状	白色	沙漠-绿洲过渡带
1350	N37°01′11.88″ E80°43′34.39″	合欢	主根、侧根	珊瑚状、掌状	白色、黄色	沙漠-绿洲过渡带
1350	N37°01′11.76″ E80°43′34.42″	紫花苜蓿	主根、侧根	球状、椭圆、掌状	白色、黄色	沙漠-绿洲过渡带
1350	N37°01′11.88″ E80°43′34.39″	骆驼刺	主根、侧根	球状、棒状	白色、粉红	沙漠-绿洲过渡带
2276	N36°26′50.83″ E80°36′57.46″	藏新黄耆	主根、侧根	球状、棒状	白色	砾质荒漠
2376	N36°21′54.27″ E80°32′02.62″	苦豆子	主根、侧根	球状、棒状、珊瑚状	白色	砾质戈壁
2385	N36°24′25.98″ E80°35′50.71″	藏新黄耆	主根、侧根	球状、棒状	白色	河谷二级山地
2654	N36°16′58.83″ E80°24′51.64″	紫花苜蓿	主根、侧根	球状、棒状	白色	河谷平原
2756	N36°16′03.67″ E80°22′45.44″	藏新黄耆	主根、侧根	球状、棒状、掌状	白色、粉色	河谷二级山地
2866	N36°15′31.09″ E80°21′23.81″	藏新黄耆	主根、侧根	棒状、掌状	白色	河谷二级山地
2998	N36°14′08.84″ E80°18′37.91″	昆仑锦鸡儿	侧根	球状、棒状	白色	砂质山坡
3258	N36°12′12.37″ E80°15′46.82″	藏新黄耆	主根、侧根	棒状、珊瑚状	白色、粉红	河谷二级台地
3383	N36°10′35.63″ E80°14′41.58″	藏新黄耆	主根	球状	白色	高山草甸
3495	N36°09′48.36″ E80°15′09.60″	藏新黄耆	主根、侧根	球状、棒状	白色	高山草甸
3529	N36°09′48.11″ E80°15′10.99″	藏新黄耆	主根	棒状、球状	白色	高山草甸
3534	N36°09′47.71″ E80°15′11.82″	藏新黄耆	主根	球状、棒状	白色	高山草甸

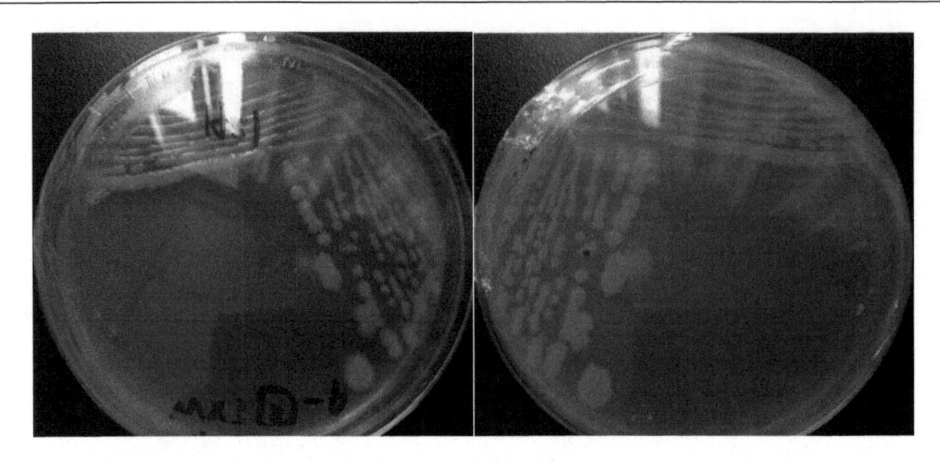

图 6.2　芽孢杆菌属（*Bacillus*）

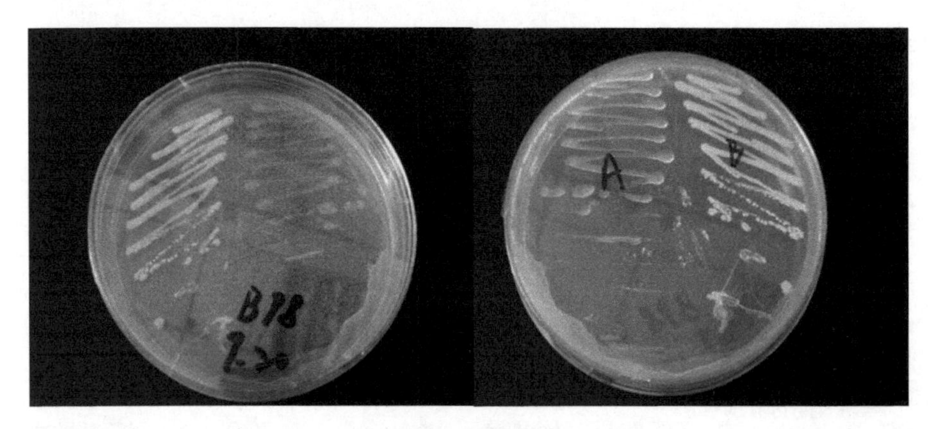

图 6.3　代表菌株

A. *Devosia*；B. *Ensifer*

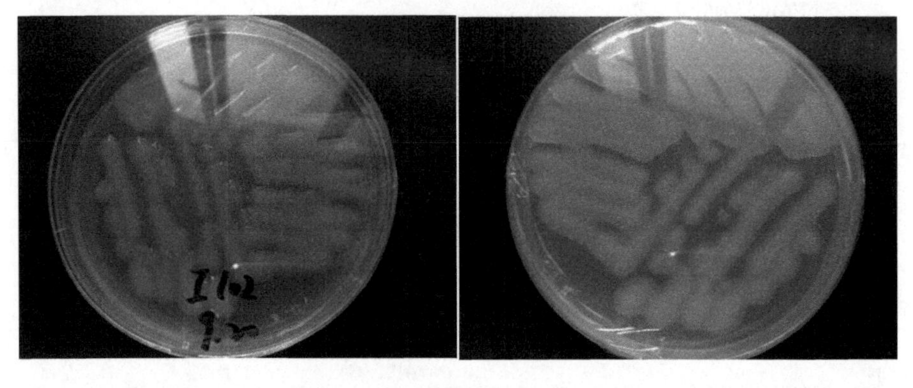

图 6.4　中华根瘤菌属（*Ensifer*）

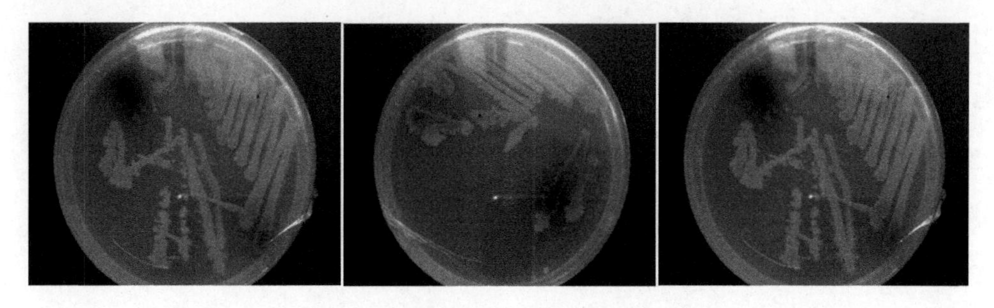

图 6.5　叶瘤杆菌属（*Phyllobacterium*）

6.2　根瘤菌 *rec*A 序列基因多样性及生理生化特征

16S rRNA 基因在鉴定菌种中应用广泛。*rec*A 基因也是菌群分类中的通用基因之一，与 16S rRNA 基因保持高度的一致性。此外，*rec*A 基因还具有较高的识别率，在根瘤菌分类中可以弥补 16S rRNA 基因的不足，能区分少数 16S rRNA 基因不能区分的类群，在一定程度上可以更精准地描述根瘤菌之间的亲缘关系。

6.2.1　根瘤菌 *rec*A 基因多样性

根据 16S rRNA 基因序列确认的 39 个潜在根瘤菌中有 3 个未扩增出 *rec*A 基因。剩余的 36 个分离菌株在 *rec*A 基因层面上被分为 8 个根瘤菌属，分别为 *Bosea*、*Microvirga*、*Allorhizobium*、*Pararhizobium*、*Ensifer*、*Rhizobium*、*Phyllobacterium*、*Agrobacterium*。整个 *rec*A 基因的系统发育树分为多个发育分支，与 16S rRNA 基因具有较好的一致性，且昆仑山北坡豆科植物潜在根瘤菌在 *rec*A 基因种水平上显示出较大的多样性，*Ensifer* 和 *Rhizobium* 是最大的群体。其中，*Ensifer* 只存在于海拔 3000 m 以下，寄主豆科植物为藏新黄耆、骆驼刺和合欢。而 *Rhizobium* 只存在海拔 1350 m，寄主植物为骆驼刺、沙打旺、合欢和柠条锦鸡儿。*Bosea* 存在于海拔 1350 m 的合欢和海拔 3200 m 的藏新黄耆根瘤中。*Pararhizobium* 存在于海拔 1350 m 的骆驼刺、沙打旺和海拔 3500 m 的藏新黄耆根瘤中。

6.2.2　潜在根瘤菌株的生理生化特征

Ashbys 甘露醇琼脂（AMA）培养基中无 N 源添加，微生物的生长只能依赖自身的固氮潜能。YMA 培养基中含有 N 源，可作为 AMA 培养基的对照。从表 6.3 可知，所有供试菌株均可以在 AMA 无 N 培养基中正常生长。

表 6.3　潜在根瘤菌在 Ashbys 甘露醇琼脂培养基上的生长状况

海拔/m	分离株数量	长势优于或近似于 YMA	长势弱于 YMA
1350	26	26	0
2300	0	0	0
2600	4	4	0
2900	2	2	0
3200	2	2	0
3500	5	5	0

所有供试菌株均可以在 25℃条件下正常生长，而无法在 45℃和 60℃条件下生长（表 6.4）。4℃条件下，海拔 1350 m 处的一半供试菌株可以正常生长，海拔 2600 m 以上的大多数供试菌株均可生长；45℃条件下，所有菌株均无法生长。

表 6.4　潜在根瘤菌在不同温度下生长状况

海拔/m	潜在根瘤菌株数量	4℃	25℃	45℃	60℃
1350	26	13	26	0	0
2300	0	0	0	0	0
2600	4	3	4	0	0
2900	2	1	2	0	0
3200	2	2	2	0	0
3500	5	4	5	0	0

在 C 源利用的测试中，所有的供试菌株均不能在以丙酸钠作为唯一 C 源的培养基上生长（表 6.5）。在麦芽糖、蔗糖和肌醇作为唯一 C 源的培养基中，绝大多数供试菌株均能生长；大多数供试菌株可以在柠檬酸三钠、淀粉、半乳糖、鼠李糖和木糖醇作为唯一 C 源的培养基中生长。在海拔 1350 m 处仅有两个供试菌株可利用 D-果糖，少数供试菌株可以在乙酸钠、草酸钠、葡萄糖、D-木糖、核糖为 C 源的培养基上生长。与此相反，海拔 3500 m 处供试菌株均能在 D-果糖和葡萄糖培养基上生长，绝大多数可很好地利用乙酸钠、草酸钠、D-木糖、核糖。

表 6.5　潜在根瘤菌对不同 C 源的利用情况

海拔/m	1350	2300	2600	2900	3200	3500
潜在根瘤菌株数量	26	0	4	2	2	5
丙酸钠	0	0	0	0	0	0
柠檬酸三钠	10	0	1	0	1	4
肌醇	24	0	3	1	2	5

续表

海拔/m	1350	2300	2600	2900	3200	3500
淀粉	21	0	2	1	2	5
乙酸钠	6	0	0	0	1	4
草酸钠	8	0	1	0	1	4
葡萄糖	6	0	1	0	2	5
D-果糖	2	0	2	0	1	2
蔗糖	24	0	3	1	2	5
麦芽糖	25	0	4	1	2	5
D-木糖	7	0	2	0	1	4
半乳糖	18	0	3	0	2	5
鼠李糖	14	0	2	1	2	5
核糖	6	0	2	0	1	4
木糖醇	10	0	2	0	2	5

在对 N 源的利用情况方面，大多数供试菌株均能生长在尿素、L-精氨酸、L-脯氨酸、L-组氨酸、L-天冬氨酸为唯一 N 源的培养基中，而只有极少数供试菌株可在硫酸铵和甘氨酸为 N 源的培养基上生长（表 6.6）。其中，海拔 2900 m 处菌株不能利用 L-丙氨酸和 L-苏氨酸，海拔 3200 m 处供试菌株不能在 L-丝氨酸培养基上生长。

表 6.6　潜在根瘤菌对不同 N 源的利用情况

海拔/m	1350	2300	2600	2900	3200	3500
潜在根瘤菌株数量	26	0	4	2	2	5
尿素	22	0	3	2	2	4
硫酸铵	2	0	0	0	0	0
L-苏氨酸	9	0	1	0	1	1
L-精氨酸	22	0	1	2	1	4
L-羟脯氨酸	14	0	2	1	1	1
L-丙氨酸	19	0	3	0	2	4
L-脯氨酸	22	0	3	1	2	3
L-组氨酸	24	0	3	2	2	3
L-丝氨酸	14	0	2	1	0	1
甘氨酸	6	0	0	1	0	1
L-赖氨酸	18	0	2	2	1	2
L-天冬氨酸	23	0	3	1	2	4

在耐盐性试验中，所有供试菌株均可以在 3% NaCl 上正常生长，而在 7%～8% NaCl 的平板上只有极少数菌株不受影响（表 6.7）。多数供试菌株可生长在 4% NaCl 中，5% NaCl 的平板上有大约一半的菌株生长正常。其中，在 8% NaCl 浓度上只有 F1（*Phyllobacterium*）、E6（*Phyllobacterium*）、P4（*Ensifer*）可以生长，其他菌株均不能生长。由此初步得出结论，位于高海拔的 *Phyllobacterium* 对高盐度环境具有一定的耐受能力，这一特性也与其菌落质地较为疏松，流体状、半透明状的形态特征相对应。

表 6.7　潜在根瘤菌耐盐性

海拔/m	1350	2300	2600	2900	3200	3500
潜在根瘤菌株数量	26	0	4	2	2	5
3%	26	0	4	2	2	5
4%	20	0	3	2	2	4
5%	10	0	1	1	1	2
6%	6	0	0	0	1	2
7%	3	0	0	0	1	1
8%	1	0	0	0	1	1

在 pH 生长范围测定试验中，所有供试菌株均不能在 pH 为 4 和 5 的培养基平板上正常生长，而在 pH 为 6～10 范围内，绝大多数供试菌株均能生长，只有海拔 2600 m 处的 2 个菌株和海拔 2900 m 处的 1 个菌株不能在 pH 为 7 的平板上正常生长（表 6.8）。

表 6.8　潜在根瘤菌酸、碱耐受性

海拔/m	1350	2300	2600	2900	3200	3500
潜在根瘤菌株数量	26	0	4	2	2	5
pH=4	0	0	0	0	0	0
pH=5	0	0	0	0	0	0
pH=6	26	0	4	2	2	5
pH=7	26	0	2	1	2	5
pH=8	26	0	4	2	2	5
pH=9	26	0	4	2	2	5
pH=10	26	0	4	2	2	5

在 BTB 产酸产碱反应中，大多数供试菌株在溴百里香酚蓝培养基中菌落周围

显现黄色，表现出产酸的特性，只有少数菌落周围无明显变化。结合之前酸碱耐受性实验中潜在根瘤菌表现出耐碱的特性，可推测这些供试菌株可能利用本身产酸与碱性环境相中和，以适应强碱环境（表 6.9）。

表 6.9　潜在根瘤菌 BTB 产酸产碱反应及吐温 80 测定

海拔/m	1350	2300	2600	2900	3200	3500
潜在根瘤菌数量	26	0	4	2	2	5
BTB（周围变黄数量）	23	0	4	1	0	2
吐温 80（有光圈数量）	9	0	3	1	0	2

在吐温 80 测定试验中，供试菌株菌落周围产生光圈的和周围无明显变化的数量与供试菌株所处海拔、寄主豆科植物等无明显关系，说明与菌株本身特性相关而受环境影响较小（表 6.9）。

6.3　根瘤内生菌的海拔分布特征

在不同海拔豆科植物根瘤内分离得到的 328 个菌株经过测序 NCBI 对比归类于 31 个不同的属（图 6.6）。其中，从海拔 1350 m 分离得到的根瘤内生菌归类于 13 个不同的属，包括 *Bacillus*、*Rhizobium*、*Sphingomonas*、*Devosia*、*Bosea*、*Variovorax*、*Paenibacillus*、*Pseudomonas*、*Pararhizobium*、*Shinella*、*Mycolicibacterium*、*Ensifer*、*Sphingopyxis*；从海拔 2300 m 分离得到的根瘤内生菌归类于 5 个不同的属，包括 *Bacillus*、*Paenibacillus*、*Pseudomonas*、*Serratia*、*Acinetobacter*；从海拔 2600 m 分离得到的根瘤内生菌归类于 7 个属，包括 *Bacillus*、*Paenibacillus*、*Ensifer*、*Acinetobacter*、*Stenotrophomonas*、*Achromobacter*、*Ewingella*；从海拔 2900 m 分离得到的根瘤内生菌归类于 7 个属，包括 *Bacillus*、*Paenibacillus*、*Pseudomonas*、*Ensifer*、*Fictibacillus*、*Staphylococcus*、*Phyllobacterium*；从海拔 3200 m 分离得到的根瘤内生菌归类于 7 个属，包括 *Bacillus*、*Bosea*、*Staphylococcus*、*Chitinophaga*、*Citricoccus*、*Pseudoarthrobacter*、*Cohnella*；从海拔 3500 m 分离得到的根瘤内生菌归类于 10 个属，包括 *Bacillus*、*Pararhizobium*、*Acinetobacter*、*Phyllobacterium*、*Erwinia*、*Lelliottia*、*Microvirga*、*Brevibacillus*、*Pseudoxanthomonas*、*Planococcus*。

从分离菌株的层面上来看，*Bacillus* 遍布于所有海拔之中，为分离菌株的优势菌属。其次，*Pseudomonas* 存在于海拔 3000 m 以下。而 *Bacillus*、*Sphingomonas*、*Bosea*、*Paenibacillus*、*Pseudomonas*、*Pararhizobium*、*Ensifer*、*Acinetobacter*、*Staphylococcus*、*Phyllobacterium* 这 10 个菌属分别位于两个不同的海拔或多于两

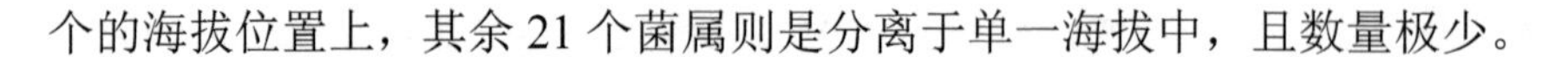
个的海拔位置上，其余 21 个菌属则是分离于单一海拔中，且数量极少。

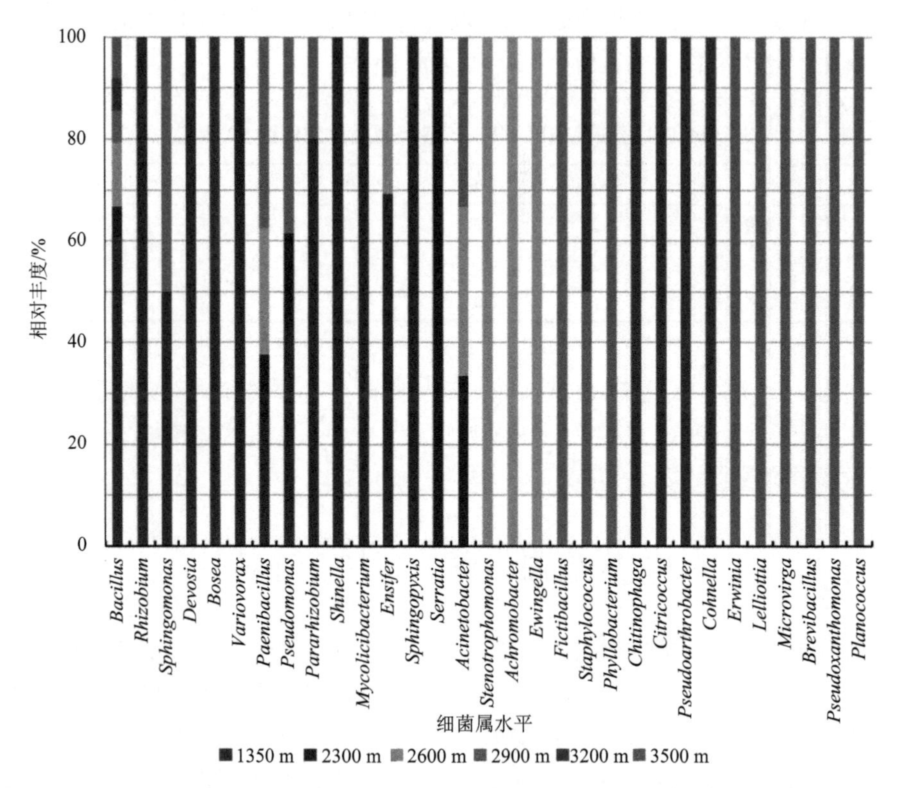

图 6.6　根瘤内生菌在海拔梯度上的分布（属水平）

所有分离菌株归属于共计 12 个目（图 6.7），包括 Chitinophagales、Xanthomonadales、Burkholderiales、Enterobacteriales、Pseudomonadales、Sphingo monadales、Rhizobiales、Mycobacteriales、Actinomycetales、Paenibacillales、Brevibacillales、Bacillales（或 Staphylococcales）。寄主豆科植物共两个大类，蝶形花亚科和含羞草亚科，包括 *Astragalus adsurgens*、*Astragalus tibetanus*、*Alhagi sparsifolia*、*Caragana sinica*、*Medicago sativa*、*Sophora alopecuroides*、*Albizia julibrissin*。所有寄主豆科植物根瘤共计分离 *Bacillales*/*Staphylococcales* 190 株菌，是其中最大的菌群，其次则为 Rhizobiales 和 Pseudomonadales。从海拔 1350～2500 m 共 5 种豆科植物根瘤中分离出 Rhizobiales 39 株。从海拔 1350～3000 m 共 3 种蝶形花亚科豆科植物根瘤中分离出 Pseudomonadales 35 株。其余分离出的菌株则被划分在 9 个目级菌群，每一个菌群的分离菌株数低于 10 个。

图 6.7　根瘤内生菌在海拔梯度上的分布（目水平）

分离出的 Rhizobiales 共 39 个，可将其视为潜在根瘤菌，有 5 种不同的寄主豆科植物，分属蝶形花亚科和含羞草亚科，39 个潜在根瘤菌株分布在 5 个海拔上。

不同海拔豆科植物分离根瘤内生菌数量如图 6.8 所示。海拔 1350 m 骆驼刺分离得到的菌株数最多，而海拔 2900 m 的昆仑锦鸡儿最少；所有样本豆科植物根瘤种均分离出了归类于 *Bacillus* 的菌株，位于海拔 1350 m 的骆驼刺最多，高于 70 个，而海拔为 1350 m 的紫花苜蓿、海拔 2300 m 的藏新黄耆和海拔 2900 m 的昆仑锦鸡儿较少，低于 10 个。海拔 1350 m 的寄主豆科植物物种最丰富，共 5 种，合欢和骆驼刺中分离得到的根瘤内生菌较多，在属水平上显示出较大的多样性，但从紫花苜蓿根瘤中只分离出 *Bacillus* 一个属。海拔 2600 m、3200 m 和 3500 m 只有单一豆科植物藏新黄耆，分离菌株多于 7 个属。昆仑山北坡海拔 2000 m 以上豆科植物物种较单一，同时随着地理环境的改变，从海拔 2866 m 藏新黄耆的根瘤中分离得到了叶瘤杆菌属（*Phyllobacterium*）以及海拔 3383 m 藏新黄耆的根瘤中出现了微枝形杆菌属（*Microvirga*）。

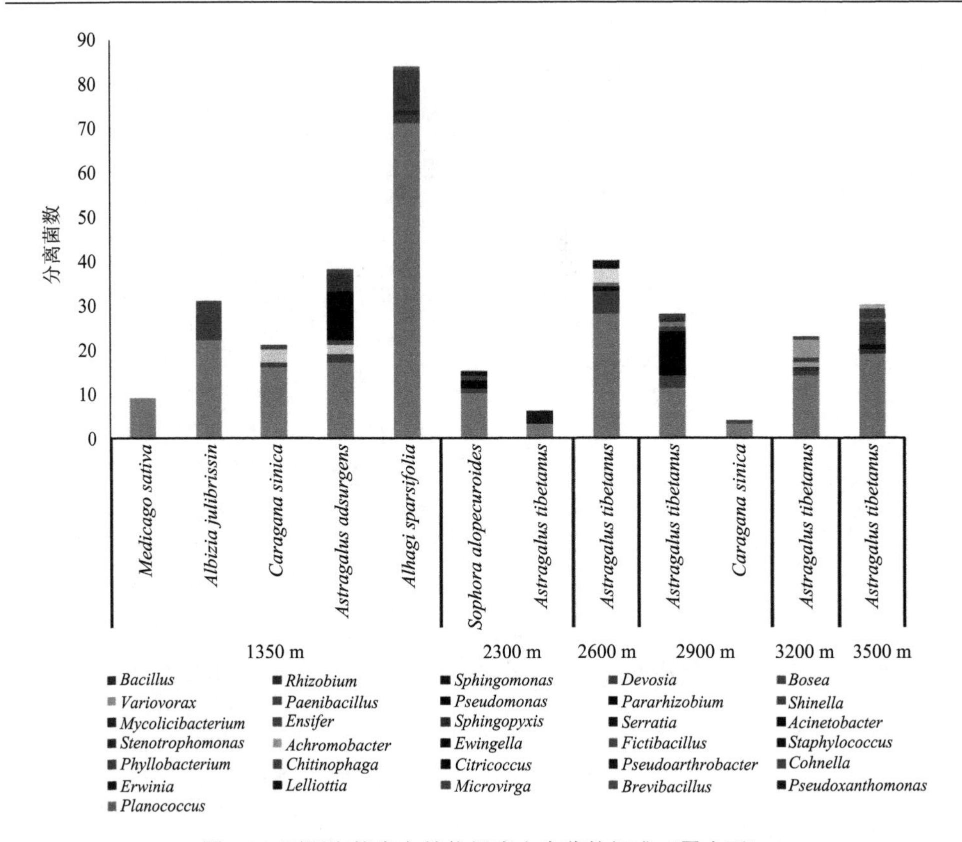

图 6.8　不同海拔寄主植物根瘤内生菌的组成（属水平）

从策勒沙漠-绿洲过渡带豆科植物骆驼刺、紫花苜蓿、合欢、沙打旺分离得到的潜在根瘤菌在寄主植物层面上十分相近，即相同地理位置的不同豆科植物根瘤中分离出相似的潜在根瘤菌属。例如，从合欢和骆驼刺根瘤中均分离出了中华根瘤菌属和根瘤菌属，从骆驼刺和沙打旺根瘤中分离出了副根瘤菌属；而从不同海拔的藏新黄耆根瘤中却分离出不同的潜在根瘤菌，如中华根瘤菌属出现在海拔 2600 m 和 2900 m 的藏新黄耆根瘤中，在海拔 2900 m 和 3500 m 同种植株根瘤中分离出叶瘤杆菌属，在海拔 3200 m 处得到了包西氏菌属（*Bosea*），而微小杆菌属只出现在海拔 3500 m 的藏新黄耆根瘤中。结合分离菌株所处的地理环境位置分析可知，根瘤菌的寄主专一性可能受地理环境因素影响更明显，海拔相近的根瘤菌之间亲缘关系较近。不同海拔寄主豆科植物分离根瘤内生菌的百分比分布如图 6.9 所示。*Bacillus* 在所有寄主豆科植物中所占比例最高，其次是 *Pseudomonas* 和 *Acinetobacter*。

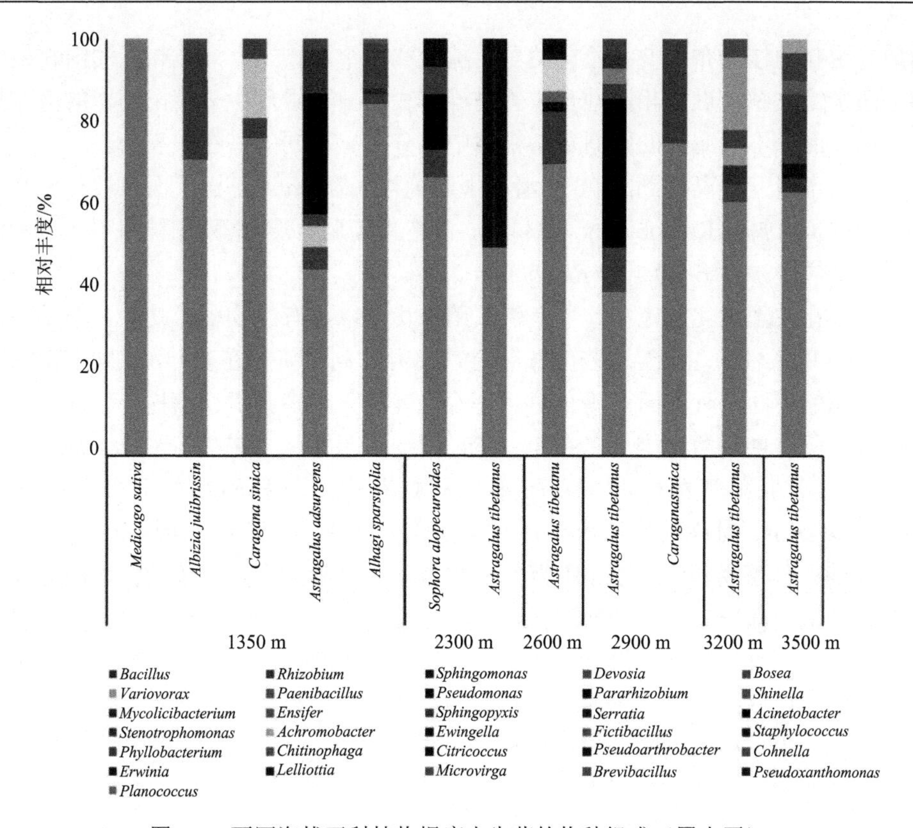

图 6.9　不同海拔豆科植物根瘤内生菌的物种组成（属水平）

6.4　小　　结

根瘤菌是一种能与豆科植物共生的革兰氏阴性菌，它可以识别、侵入、诱导豆科植物根部发生形态和生理变化，与豆科植物建立共生关系。根瘤菌可以执行固氮功能，将空气中的氮气还原为氨态氮，由根的传导组织运输至地上部分供植物利用。宿主植物则为根瘤菌提供了良好的居住环境以及养分来源。本章通过对中昆仑山北坡进行植被调查，野外采集豆科植物根瘤，从环境、基因及表型特征等方面分析得到如下结论。

（1）中昆仑山北坡的豆科植物主要包括蝶形花亚科和含羞草亚科。其中海拔 1350 m 的策勒沙漠-绿洲过渡带的豆科植物根瘤菌最丰富，骆驼刺中分离得到的根瘤内生菌较多，在基因中水平上显示出较大的多样性。根瘤内生菌的分离株中，*Bacillus* 在所有寄主豆科植物中所占比例最高，分布于所有海拔，其次则为 Rhizobiales 和 Pseudomonadales。分离出 Rhizobiales 共 39 个，可将其视为潜在根瘤菌。这些菌株分布在 5 种不同的豆科植物和 5 个海拔上，海拔相近的潜在根瘤菌之间亲缘关系较近，相同地理位置的不同豆科植物根瘤中分离出相似的潜在根瘤菌属，而从不同海拔的藏新黄耆根瘤中却分离出不同的潜在根瘤菌。

（2）本研究分离得到的 36 个潜在根瘤菌株，在 *rec*A 基因层面上被分为 9 个根瘤菌属，均属于 Rhizobiales。总体上，潜在根瘤菌 *rec*A 基因在种水平上显示出较大的多样性，以 *Ensifer* 和 *Rhizobium* 为主。

（3）在生理生化测定中，所有供试菌株均可以具有生物固氮功能，但不能在超过 45℃的条件下生长。这些菌株对同一 C 源的利用率存在差异，且同一菌株因原有生境的不同，对不同 C 源的利用率存在差异。大多数供试菌株能依赖测试 N 源生长。所有供试菌株均可以在 3% NaCl 上正常生长，而在 7%～8% NaCl 的平板上只有极少数菌株能够生存下来。从高海拔的豆科植物根瘤分离得到的 *Phyllobacterium* 对高盐度环境具有一定的耐受能力。所有供试菌株均不能在 pH 低于 5 的条件下生长，而在 pH 为 6～10 范围内，绝大多数供试菌株均能生长。大多数供试菌株能表现出产酸的特性，结合酸碱耐受性实验，潜在根瘤菌表现出耐碱的特性，可推测这些供试菌株可能利用本身产酸与碱性环境相中和，以适应强碱环境。供试菌株菌落周围产生光圈的和周围无明显变化的数量与供试菌株所处海拔、寄主豆科植物等无明显关系。

第7章　多年生荒漠植物种间互作对微生物群落结构的影响

间作是一种常见的最大化植物多样性的策略，在农业上通常用于抑制再植病和提高单位土地上的作物产量（李隆等，1999）。从生态学角度讲，间作能够通过增加土壤资源和生态位，提高地下生物的多样性，进而增强生态系统的稳定性（李隆，2016）。与单作相比，间作可通过改变根际微生物的群落结构，改善根际土壤肥力，提高相关酶活性（柏文恋等，2018；黄涛等，2022）。围绕植物间作，许多研究已经确定了植物-微生物的正反馈和负反馈对植物群落塑造的重要性，并发现植物间的相互作用主要表现在土壤细菌群落结构和氮素循环。然而，这类研究还需要明确植物之间的相互作用在不同区域、植被之间的差异，以及与氮素转移相关的节点是如何变化的。

根系对于植物间、植物-土壤、植物-微生物的相互关系至关重要。植物根系具有不同的功能模块，其中细根（1～2级根）的吸收功能较强，粗根（3～5级根）承担着营养运输的功能。植物细根对环境变换敏感，温度、水分和氮素等均会影响细根的特征（Liu et al.，2016）。因此，在研究植物之间、植物与土壤微生物之间的相互关系时，有必要考虑根系不同功能模块在其中所发挥的作用。

豆科和非豆科之间的相互作用是研究植物相互作用的理想模式。豆科植物根瘤中的固氮细菌可以吸收大气中的氮，从而减少甚至完全消除植物对氮肥的依赖。在农业上，非豆科作物和豆科作物的间作是提高作物产量的有效手段，该模式在全球范围内十分普及（李隆，2016）。氮素在株间的转移是豆科和非豆科植物互作的显著特征，其中氮素的转移量是衡量两者之间互作强度的有效指标（郭平林等，2020）。豆科植物将大气中的 ^{14}N 以生物固氮的方式固定到生物体内。植物体内的 $^{15}N/^{14}N$ 值越低，表明该植物的固氮能力越强。这些氮素最终以植物凋落物或分泌物的形式在土壤中运移，通过微生物的作用，优先分解轻氮（^{14}N），而将重氮（^{15}N）留在土壤中。而非豆科植物只能通过根系对土壤氮素的吸收来满足其生长发育的需要，从而导致其体内的 $^{15}N/^{14}N$ 值偏高。因此，$^{15}N/^{14}N$ 值可用于评判植物固氮能力的强弱。$\delta^{15}N$ 以非固氮植物的 $^{15}N/^{14}N$ 值为标准，能计算豆科植物的固氮能力，$\delta^{15}N$ 值越小，固氮能力越强。另外，间作模式也能增加微生物间相互作用的复杂性，进而提高与养分循环相关的生态系统的多功能性。然而，目前关于间作模式对荒漠生态系统地下微生物学过程的研究较少（郭平林等，2020）。

与绿洲农田生态系统持续的水肥供给相比，荒漠原生土壤中水分和养分相对匮乏，植物的生长和分布受水分和养分时空有效性的强烈限制。然而，本土植物能通过水力的再分配适应荒漠生境。例如，深根植物骆驼刺可通过其深层根系系统和共生微生物群将水分和养分输送到浅层土壤中，为周边植物提供资源。花花柴是一种耐盐、耐旱的多年生草本植物，根系较浅（Zhang et al.，2021a）。理论上，将这两种根系深度不同的植物进行间作，可在垂直方向上最大化土壤空间的利用率，在荒漠土壤中引入更多的微生物生态位，改变地下微生物的群落结构和生态服务，但这需要进一步探究。

豆科植物骆驼刺和非豆科植物花花柴是塔克拉玛干沙漠荒漠地区的主要建群种，在生态稳定和防治绿洲沙漠化中起到屏障作用，两者常相伴而生，广泛分布于沙漠-绿洲过渡带上（曾凡江等，2020）。因此，揭示骆驼刺和花花柴的互作机制对塔克拉玛干沙漠植被保护与恢复具有重要意义。为此，本章在自然和控制小区两种试验条件下，拟研究：①种间互作对土壤理化性质和微生物生物量的影响；②两种植物对氮素的利用特性；③种间互作对两种植物土壤和根际微生物的生物多样性、结构和共发生网络的影响。

7.1　种间互作对土壤性质和微生物生物量的影响

在策勒国家站人工控制试验场内设置骆驼刺和花花柴的单作和互作模式（图7.1）。由于两种植物生长速度的差异，分别在两个年份进行种植，错峰生长。于

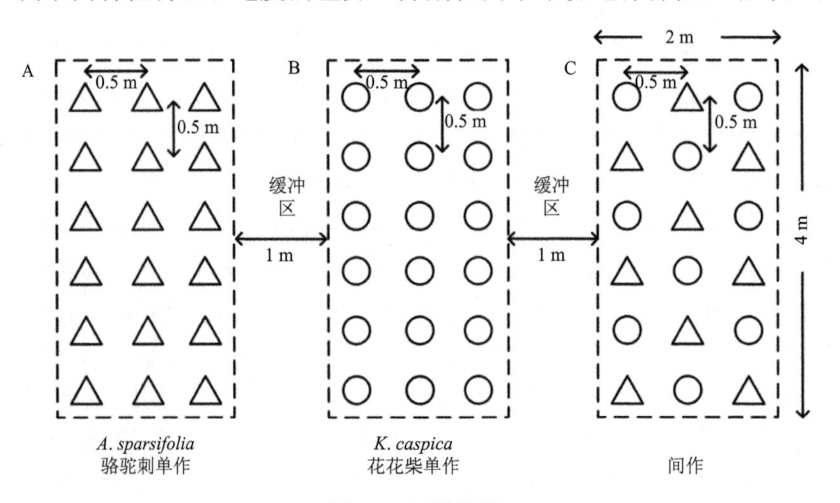

图 7.1　试验设计

A. 骆驼刺单作；B. 花花柴单作；C. 骆驼刺×花花柴间作

2017 年 7 月，将采集自附近自然群落中骆驼刺的种子进行播种。2018 年 9 月，收集自然群落中花花柴的地下茎进行繁殖。不同的处理小区设置 3 个重复，小区之间设置缓冲区，并用塑料膜隔开，防止根系和土壤养分间的交流。

植物配置模式、土层及其相互作用对土壤理化性质有不同的影响（表 7.1）。不同配置模式和土层对可溶性有机碳（DOC）、锌（Zn）、钙（Ca）含量均无显著影响（$P>0.05$）。电导率（EC）、SOC、铁（Fe）和铝（Al）含量受配置模式的显著影响（$P<0.05$）。例如，花花柴单作的土壤 EC 高于其他处理，然而其 SOC 水平最低。就土层而言，浅层（0～15 cm）土壤 pH 高于深层（15～30 cm），而 TP 则相反。植物配置模式与土层的相互作用显著影响了 SWC、TN、TK 和镁（Mg）的水平。

表 7.1　骆驼刺和花花柴的配置模式、土层对土壤理化性质的影响

土层 配置模式	无显著影响					
	0～15 cm			15～30 cm		
	A	K	A×T	A	K	A×T
DOC	16.82	14.54	12.62	13.33	12.74	13.97
Zn	38.45	37.91	38.75	39.43	40.35	37.84
Ca	68.24	64.55	67.45	67.61	66.16	66.92
土层	有显著的交互影响					
	0～15 cm			15～30 cm		
配置模式	A	K	A×T	A	K	A×T
SWC	0.43bc	0.533bc	0.38c	0.91bc	1.98a	1.15b
TN	0.24a	0.18b	0.21ab	0.24a	0.19b	0.24a
TK	17.44c	18.10a	17.76b	17.88b	17.73b	17.86b
Mg	14.62a	13.33c	13.87bc	14.34ab	13.94bc	14.35ab
配置模式	有显著影响但无交互					
	A	K	A×T	土层	0～15 cm	15～30 cm
EC	98.57b	121.35a	97.28b	pH	9.6a	9.57b
SOC	2.69a	2.27b	2.51ab	TP	0.60b	0.61a
Fe	20.86a	20.49ab	20.29b			
Al	32.07ab	30.76b	32.88a			

注：A. 骆驼刺单作；K. 花花柴单作；A×T. 骆驼刺×花花柴互作。根据双因素方差分析的结果，按照是否存在显著的交互作用，将该表分为三部分。同行中不同的小写字母表示组间存在显著差异（$P<0.05$）。DOC. 可溶性碳（mg/kg）；SOC. 土壤有机质碳（g/kg）；TN. 总 N（g/kg）；TP. 总 P（g/kg）；TK. 总 K（g/kg）；Ca. 钙（g/kg）；Mg. 镁（g/kg）；Fe. 铁（g/kg）；Zn. 锌（mg/kg）；Al. 铝（g/kg）；SWC. 土壤含水率（%）；EC. 电导率（μS/cm）。

不同植物配置模式下的土壤性质能够明显地区分开（图 7.2）。第 1 轴与植物配置类型相关，将花花柴单作与骆驼刺单作和两者的间作区分开来，解释了86%的变异，特征值较高的变量包括 TN、EC、Zn、Ca 和 DOC。第 2 轴显著区分了间作与单作模式。总的来说，间作与单作模式下的土壤性质存在显著不同。

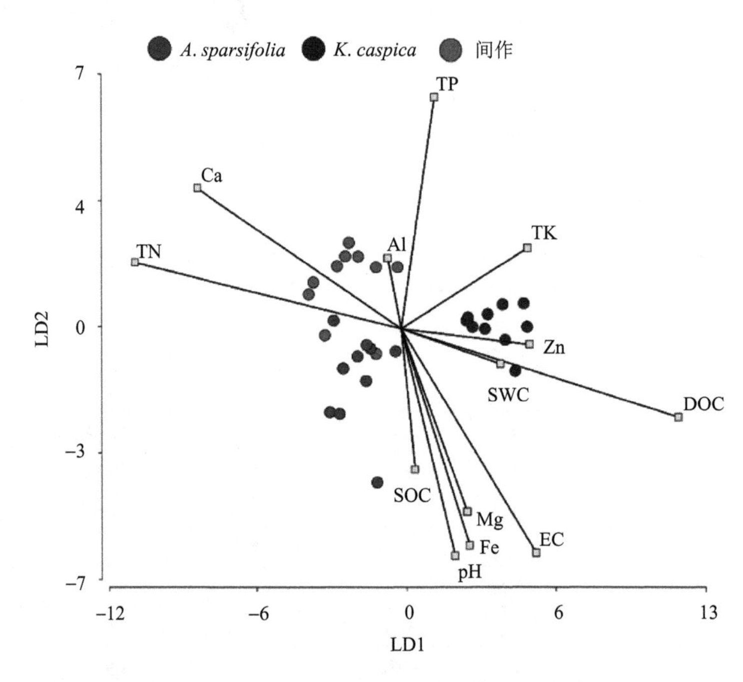

图 7.2　由线性判别分析（LDA）确定的土壤理化性质与群落的关系

微生物生物量碳（MBC）仅受土层的影响，在浅层土壤中的含量显著高于深层土壤（$P<0.05$）（图 7.3）。微生物生物量氮（MBN）和微生物生物量磷（MBP）受到土层和配置模式的交互影响（$P<0.05$）。间作模式下，MBN 在两个土层中均最低，而 MBP 最高。植物的配置模式显著影响了 MBC∶MBN 和 MBN∶MBP，前者在间作模式下最高，而后者则在间作模式下最低。不同模式下 MBC∶MBP 在两个土层中的变化趋势相反。

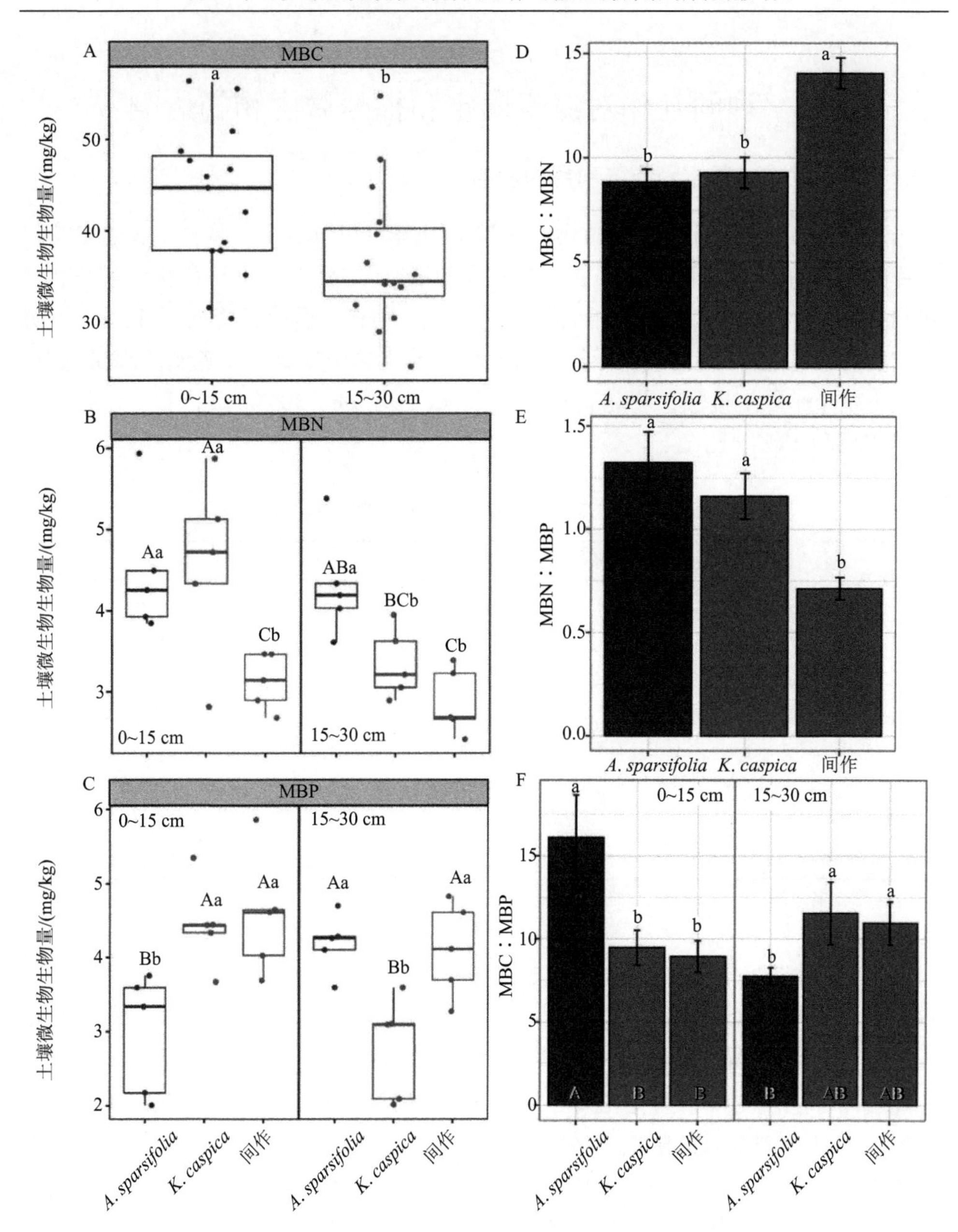

图 7.3 植物配置模式、土层对微生物生物量及化学计量比的影响

不同小写字母表示在区间存在显著差异（$P<0.05$），图F中的大写字母表示6个组间存在显著差异（$P<0.05$）

7.2　种间互作对氮素固定和根际微生物的影响

7.2.1　种间互作对氮素固定与利用的影响

表 7.2 为不同条件下两种植物的 $\delta^{15}N$ 值比较，可以看出，单独生长的骆驼刺叶片的 $\delta^{15}N$ 值均显著高于其与花花柴互作的情况。自然生境下与花花柴互作的骆驼刺叶片 $\delta^{15}N$ 值相比单独生长的降低了 37%，而在小区中只降低了 10%。说明骆驼刺的固氮能力在互作条件下更强，且在自然生境中促进了骆驼刺的固氮能力。自然生境与小区生境相比骆驼刺叶片 $\delta^{15}N$ 值平均降低 30%，互作和单作分别增加了 42%和 18%（图 7.4）。

表 7.2　不同条件下两种植物的 $\delta^{15}N$ 值比较

植物种	实验条件	模式	$\delta^{15}N$/‰
骆驼刺	自然	互作	1.130±0.228c
		单作	1.763±0.084b
	小区	互作	1.936±0.053b
		单作	2.143±0.067a
花花柴	自然	互作	7.703±0.237B
		单作	14.957±2.625A
	小区	互作	2.597±0.008D
		单作	3.885±0.175C

注：不同字母表示具有显著差异（$P<0.05$）。

与骆驼刺互作是花花柴获取氮素的另一重要途径，自然条件下花花柴通过与骆驼刺互作获取氮素更多。无论是在自然或是小区生境下，单独生长的花花柴叶片 $\delta^{15}N$ 值均显著高于互作的花花柴叶片 $\delta^{15}N$ 值。在自然生境下花花柴叶片的 $\delta^{15}N$ 值显著高于小区生境中的花花柴叶片的 $\delta^{15}N$ 值。自然生境下互作花花柴叶片的 $\delta^{15}N$ 值相比单独生长的降低了 49%，而在小区中互作花花柴叶片的 $\delta^{15}N$ 值只降低了 33%。自然生境与小区生境相比 $\delta^{15}N$ 平均降低了 71%，互作和单作分别降低了 66%和 74%（图 7.4）。以上结果说明花花柴和骆驼刺互作受环境因素和生物因素的共同调节，且环境因素对氮素转移的影响大于生物因素。

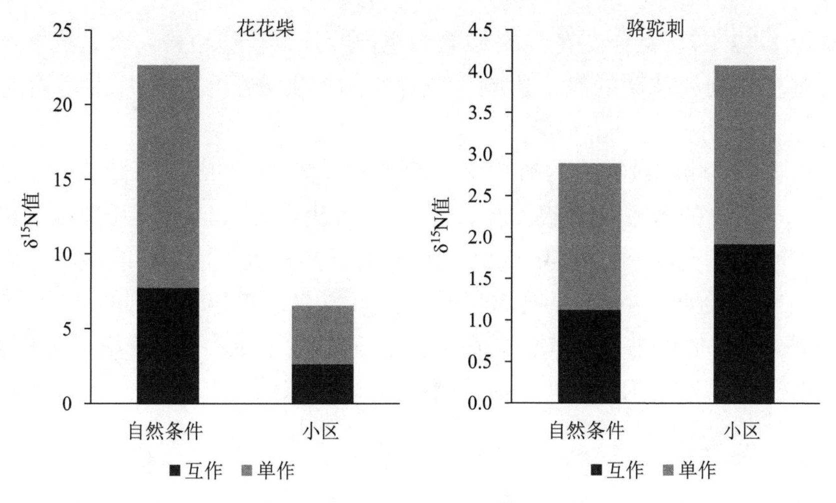

图 7.4　两种植物叶片的 $\delta^{15}N$ 值变化

7.2.2　种间互作对营养元素分配的影响

骆驼刺和花花柴叶片 $\delta^{15}N$ 值的分析结果表明，骆驼刺将固定下来的部分氮素转移给了花花柴，但是这部分氮素被花花柴吸收后对花花柴的影响还不清楚。因此对比分析两种种植模式下花花柴不同器官的 C、N 营养元素（图 7.5）。结果表明，花花柴与骆驼刺互作显著改变了花花柴各个组织的氮素含量。花花柴各部分氮含量依次为：根＜茎＜叶。互作的花花柴叶片 N 含量显著高于单作，而互作的花花柴茎的 N 含量显著低于单作，两种种植模式下的花花柴根系 N 含量没有显著差异。互作花花柴叶片的 C 含量显著高于单作的花花柴，但是根系 C 含量显著低于单作（$P<0.05$）。花花柴根∶茎∶叶的 N 含量比值，由单作的 1∶2.4∶6.6 变

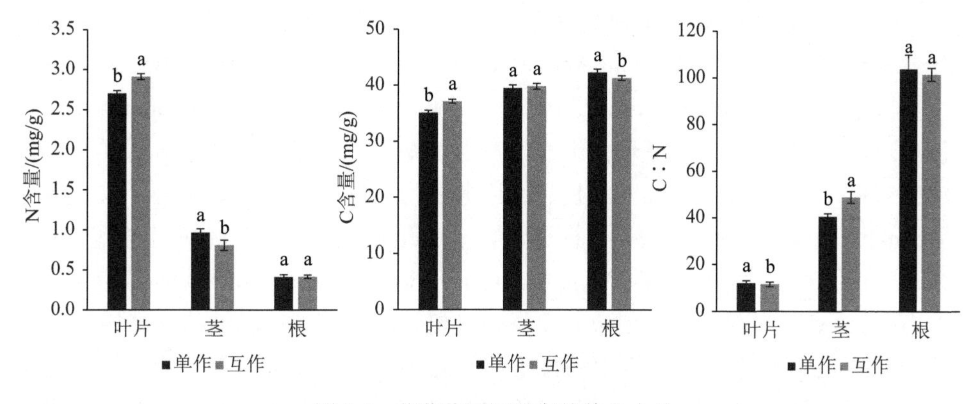

图 7.5　花花柴不同器官的养分含量

为互作的 1∶2∶7，互作花花柴的 C 含量也向叶片有转移趋势。研究结果表明，从骆驼刺转移到花花柴的氮素影响了花花柴的元素分配，向叶片中运输的氮素增多。

互作降低了骆驼刺根系的 N 含量，促进了 C 向细根的运输（图 7.6）。骆驼刺细根（1～2 级）的 N 含量最高，显著高于 3～5 级根的 N 含量。互作对骆驼刺不同级根 N 含量均有影响，对 4～5 级根的 N 含量影响最大，互作能够降低骆驼刺细根 20%的 N 含量，4～5 级根 30%以上的 N 含量。单作骆驼刺的 4～5 级根 C 含量显著高于其他根系。互作增加了细根的 C 含量，降低了 4～5 级根的 C 含量。骆驼刺细根的 C∶N 值低于 30，显著低于 3～5 级根的 C∶N 值。

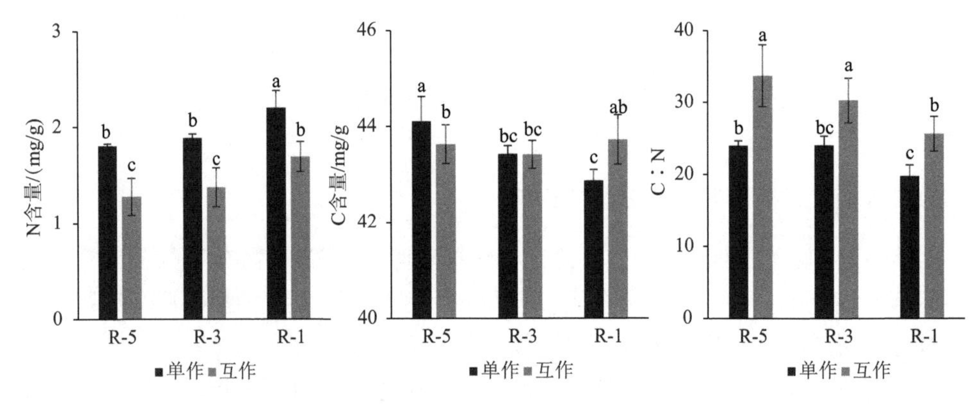

图 7.6　骆驼刺不同级细根的养分含量

R-1～R-5 表示不同根级

7.2.3　种间互作对根际细菌群落结构与功能特征的影响

骆驼刺根际细菌群落主要由变形菌门（Proteobacteria, 61.44%）、厚壁菌门（Firmicutes, 9.86%）、放线菌门（Actinobacteria, 13.64%）、拟杆菌门（Bacteroidetes, 4.01%）、酸杆菌门（Acidobacteria, 3.04%）和芽单胞菌门（Gemmatimonadetes, 1.5%）组成。其中变形菌门以 α 变形菌纲和 γ 变形菌纲为主。花花柴根际细菌群落主要由变形菌门（Proteobacteria, 71.88%）、厚壁菌门（Firmicutes, 8.59%）、放线菌门（Actinobacteria, 10.95%）、拟杆菌门（Bacteroidetes, 2.52%）、酸杆菌门（Acidobacteria, 1.44%）和芽单胞菌门（Gemmatimonadetes, 0.62%）组成。

互作改变了骆驼刺根际细菌 α 多样性，但是对花花柴根际细菌 α 多样性无显著影响。Simpson 指数指示微生物群落的 α 多样性，Simpson 指数值越大，说明群落多样性越低。骆驼刺与花花柴互作显著增加了 Simpson 指数（表 7.3）。花花柴根际细菌多样性在单作和互作条件下没有显著差异，这可能与花花柴根系较为光滑，土壤不易附着且根毛极少等特性有关。

表 7.3 不同处理下骆驼刺和花花柴根际细菌 α 多样性指数

多样性指数	骆驼刺			花花柴		
	单作	互作	*P* 值	单作	互作	*P* 值
Shannon	6.13±0.05	5.75±0.02	0.002	4.41±0.87	4.60±1.35	0.842
ACE	9868±32	9974±187	0.377	8024±2034	8052±753	0.983
Chao1	7212±152	7081±155	0.419	5647±1511	6082±855	0.686
Simpson	0.01±0.00	0.02±0.00	0.033	0.14±0.09	0.16±0.08	0.892

互作改变了骆驼刺细根（1～2 级）根际细菌的 α 多样性，对 4～5 级根没有显著影响。骆驼刺 3 级根和 4～5 级根的根际土壤细菌 Shannon 指数逐渐减少，3 级根的 ACE 指数最高。骆驼刺与花花柴互作整体上降低了骆驼刺不同根级的根际土壤微生物 α 多样性，但是没有改变多样性变化的规律。互作显著降低了细根根际细菌的 Shannon 指数，增加了细根根际细菌的 Simpson 指数。综上所述，骆驼刺与花花柴互作改变了细根根际土壤细菌群落的 α 多样性指数，对粗根没有显著影响（图 7.7）。

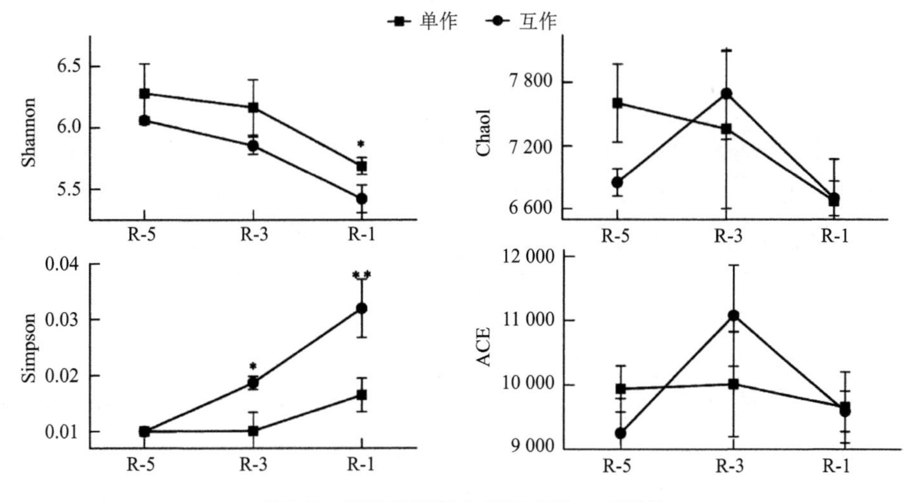

图 7.7 骆驼刺根际土壤细菌的 α 多样性

骆驼刺根际细菌群落与环境因子的 CCA 分析结果表明（图 7.8），互作改变了骆驼刺不同根际细菌群落组成。单作的骆驼刺细菌群落与土壤氮含量和 C∶N 值关系密切；而植物的 C、N 以及 C∶N 值与互作条件下的骆驼刺根际细菌群落关系密切。不同种植模式下骆驼刺 3 级根和 4～5 级根的根际微生物的主导环境因子不同。互作条件下，1～3 级根的根际微生物主要与根系的 C∶N 值关联较大，而在单作模式下，受土壤的有机碳含量和 C∶N 值的影响较大；粗根与土壤含水率，以及土壤和根系的氮含量相关性在单作种植时更大。

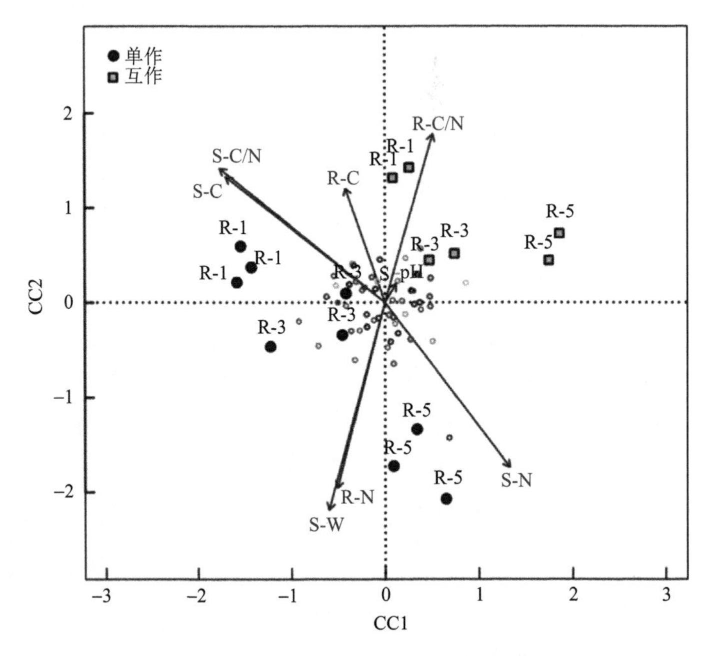

图 7.8　不同种植模式下骆驼刺根际细菌群落的 CCA 分析

采用 COG 基因功能注释法预测骆驼刺根际细菌的基因功能特性，结果表明，互作显著改变了骆驼刺根际细菌的基因功能。互作与单作的基因功能的差异主要体现在与运输氮素物质相关的基因上，如氨基酸和碳水化合物转运与代谢的相关基因在互作条件下显著高于单作的骆驼刺；而单作的骆驼刺的核苷酸转运与代谢相关基因显著高于互作的（图 7.9）。我们知道以游离氨基酸的形式转移氮素是植物体内转移氮素的重要途径，在转移氮素的同时，转运碳水化合物为氮素提供碳骨架。因此，可以看出与花花柴互作的骆驼刺根际微生物群落的结构和功能均发生了变化，向着更有利于运转氮素的微生物群落在演替。

骆驼刺不同根系的根际土壤细菌的基因功能不同（图 7.10）。骆驼刺细根的氨基酸和碳水化合物转运与代谢的相关基因丰度显著高于 4～5 级根，核苷酸转运与代谢相关基因显著低于 4～5 级根。分析单独和互作条件下细根根际土壤细菌的基因功能，结果表明，互作条件下细根的氨基酸和碳水化合物转运与代谢的相关基因显著高于 4～5 级根。

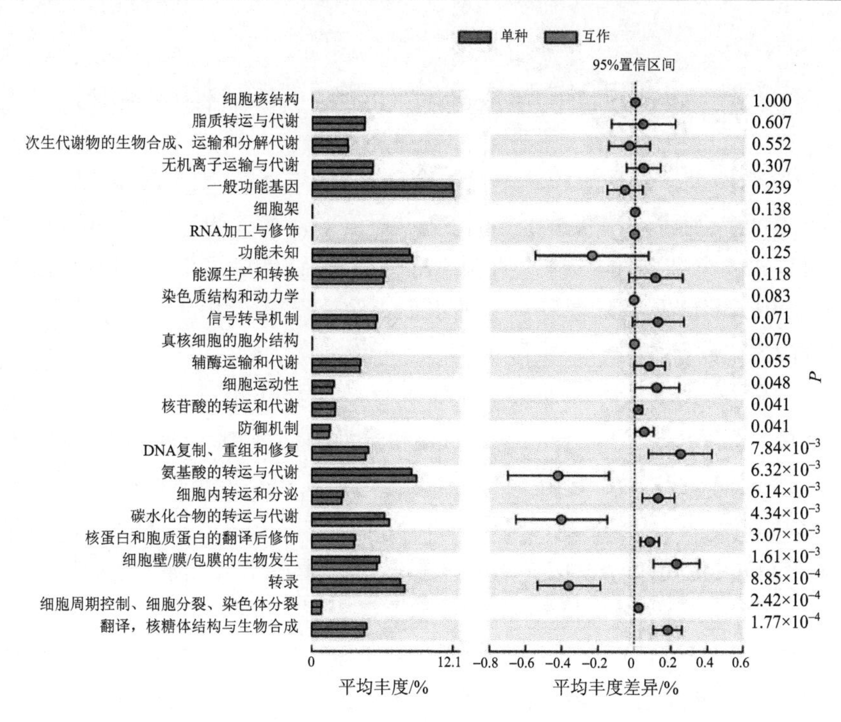

图 7.9　不同种植模式下骆驼刺根际细菌群落的功能预测

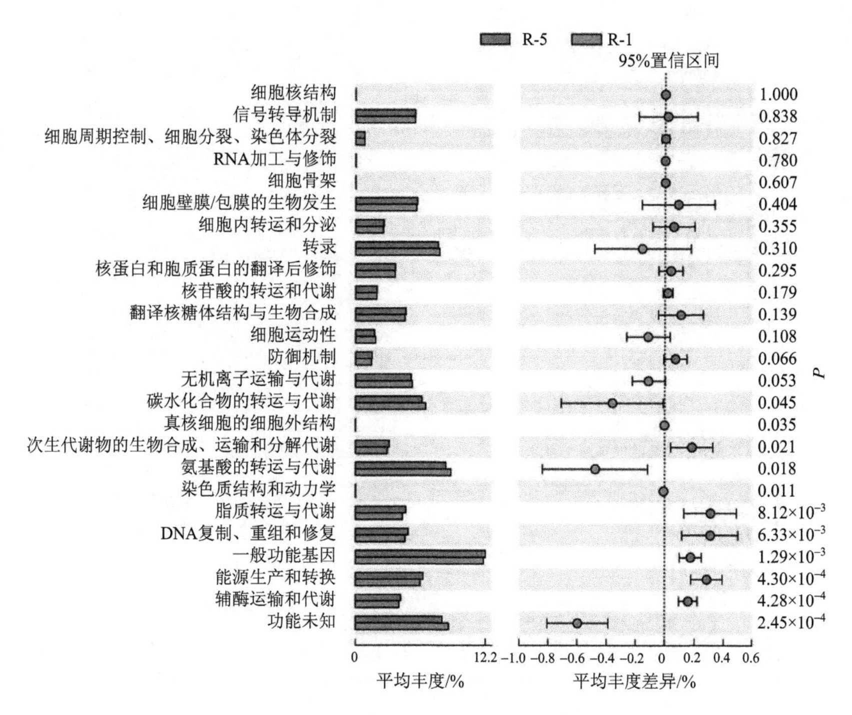

图 7.10　骆驼刺不同根际土壤细菌基因功能

7.3　种间互作对根系微生物群落结构的影响

本研究对两种植物配置模式下 12 个非根际土和根际土中的微生物进行了表征，经过质量控制后，共获得 1 760 559 个细菌序列和 1 892 987 个真菌序列，分别产生 111 425 个细菌和 7394 个真菌 ASV。细菌 ASV 中平均有 62.63%注释到了属水平。30%的真菌 ASV 注释到了种水平。除单作模式中的真菌 ASV 外，根际土壤中的 ASV 数量均高于非根际土壤。

不同配置模式下根际和非根际土中的优势类群（相对丰度>1%）组成见图 7.11。其中，放线菌门（Actinobacteria）和子囊菌门（Ascomycota）分别主导了细菌和真菌群落。放线菌门、担子菌门（Basidiomycota）、被孢菌门（Mortierellomycota）、球囊菌门（Glomeromycota）、毛霉门（Mucoromycota）和油壶菌门（Olpidiomycota）的相对丰度受植物配置方式、土壤分区和植物类型的影响较小（*P*>0.05）（图 7.11）。植物种类仅显著影响了拟杆菌门（Bacteroidetes）和芽单胞菌门（Gemmatimonadetes）的相对丰度。植物的配置模式显著影响了 α 变形菌纲、γ 变形菌纲、厚壁菌门（Firmicutes）、绿弯菌门（Chloroflexi）、酸杆

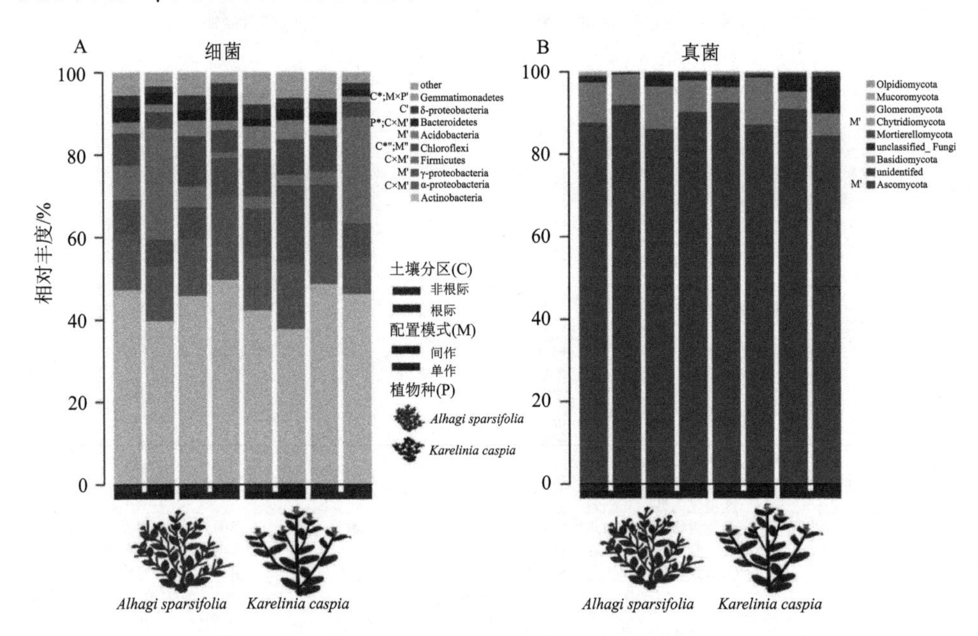

图 7.11　不同植物配置模式下土壤微生物中优势类群的组成

图例中物种名前的大写字母表示植物类型（P）、土壤分区（C）、配置模式（M）和它们的交互作用对物种相对丰度具有显著影响

菌门（Acidobacteria）、拟杆菌门、芽单胞菌门、子囊菌门和壶菌门（Chytridiomycota）的相对丰度。这些优势类群的丰度变化可能影响整个群落的 β 多样性。

在两种配置模式下，土壤分区对细菌群落丰富度均有显著影响，而真菌群落丰富度仅在间作系统中受影响（图 7.12）。除单作模式下真菌的丰富度外，两种配置模式下非根际土壤微生物的丰富度均显著高于根际。宿主植物的遗传背景对间作系统微生物 β 多样性无显著影响，而对单作系统微生物 β 多样性有显著影响（表 7.4）。配置方式（R^2=0.181，P<0.001）、土壤分区（R^2=0.149，P<0.001）及其交

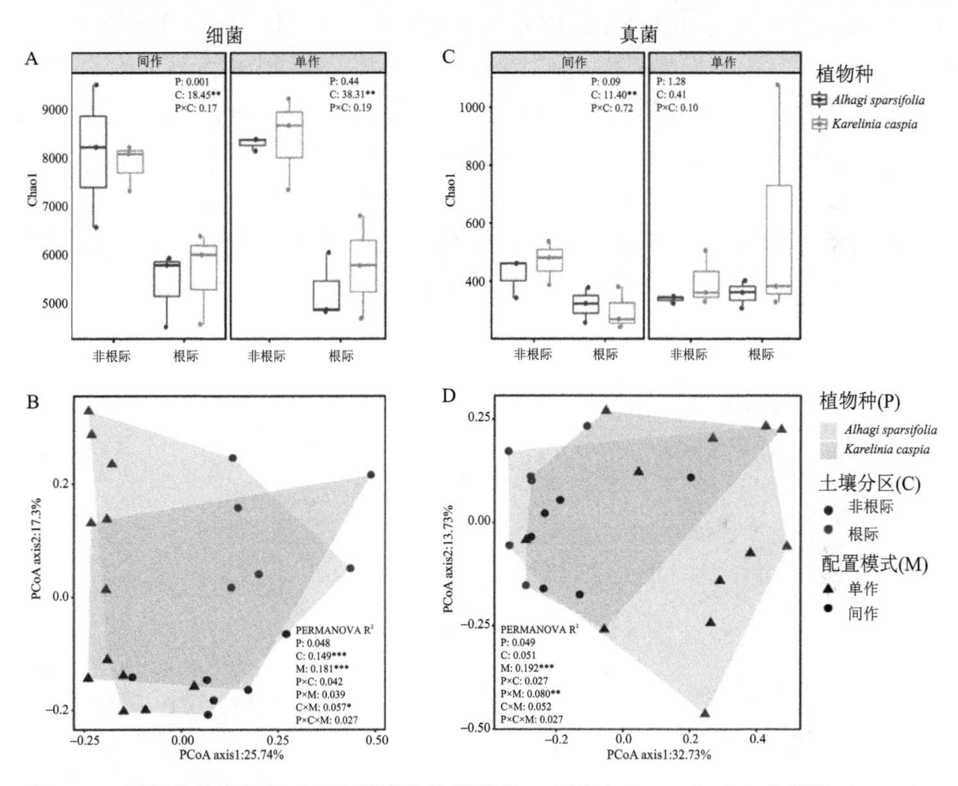

图 7.12　不同植物配置模式下土壤微生物群落的 α 多样性（A、C）和 β 多样性（B、D）

表 7.4　不同植物配置模式下植物类型和土壤分区对微生物群落组成的影响

影响因素	间作				单作			
	细菌		真菌		细菌		真菌	
	R^2	P	R^2	P	R^2	P	R^2	P
植物类型（P）	0.082	0.321	0.143	0.063	0.130	0.032	0.167	0.018
土壤分区（C）	0.244	0.006	0.157	0.042	0.260	0.001	0.115	0.110
P×C	0.068	0.475	0.032	0.993	0.093	0.142	0.081	0.431

注：基于 PERMANOVA 对 ASV Bray-Curtis 距离的 999 次置换检验。

互作用（R^2=0.057，P<0.05）对细菌群落 β 多样性有显著影响。不同种植方式（R^2=0.192，P<0.001）和不同植物类型（R^2=0.080，P<0.01）显著影响了真菌群落的 β 多样性。

7.4　种间互作对根系微生物群落共现模式的影响

微生物群落共现模式是微生物生态学研究中的一个重要问题，可以通过网络分析将其可视化。不同植物配置模式下的根际和非根际微生物的共现网络见图7.13。放线菌门、α 变形菌纲和 γ 变形菌纲在这些共现网络中占主导地位。间作系统中微生物间的相互作用以正相关为主，尤其是根际网络。间作系统中，非根际微生物网络内细菌-真菌跨界互作的比例最高。非根际微生物网络比根际网络拥有更多的节点（表 7.5）。间作系统根际微生物网络的节点数虽然最少，但平均度、边的密度和平均聚类系数较高。单作系统根际微生物网络直径和平均路径长度最大。间作下微生物网络比单作的模块化程度更高。

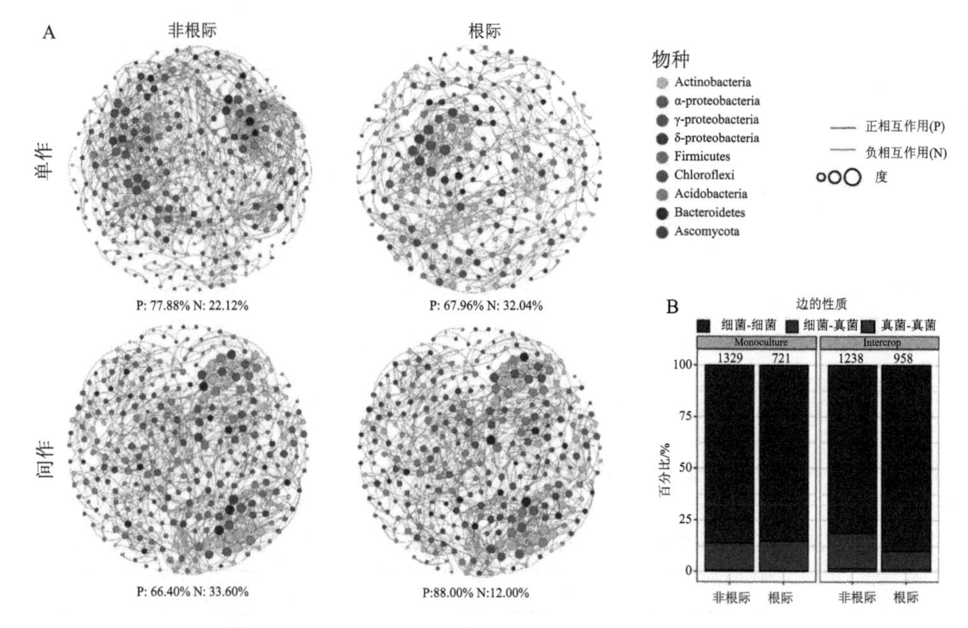

图 7.13　不同植物配置模式下土壤微生物的共现模式

A. 不同处理下的子网络；B. 网络边的组成

表 7.5　不同植物配置模式下微生物共现网络的性质

配置模式	土壤分区	数量	平均度	边的密度	直径	平均路径长度	平均聚类系数	模块性
单作	非根际	321	8.280	0.0259	17	6.020	0.471	0.642
	根际	250	5.768	0.0232	23	7.098	0.446	0.697
间作	非根际	329	7.526	0.0229	18	6.277	0.496	0.701
	根际	242	7.917	0.0329	20	6.531	0.579	0.690

图 7.14 显示了不同植物配置模式下共现网络中 psASV 度的分布和丰度。在根际和非根际网络内，间作系统中的 psASV 度的分布在中高范围内，而单作中 psASV 度的分布在较低范围。我们将丰度较高且度在前 1%的节点定义为关键类群（keystone）。这些关键类群均出现在间作模式中。

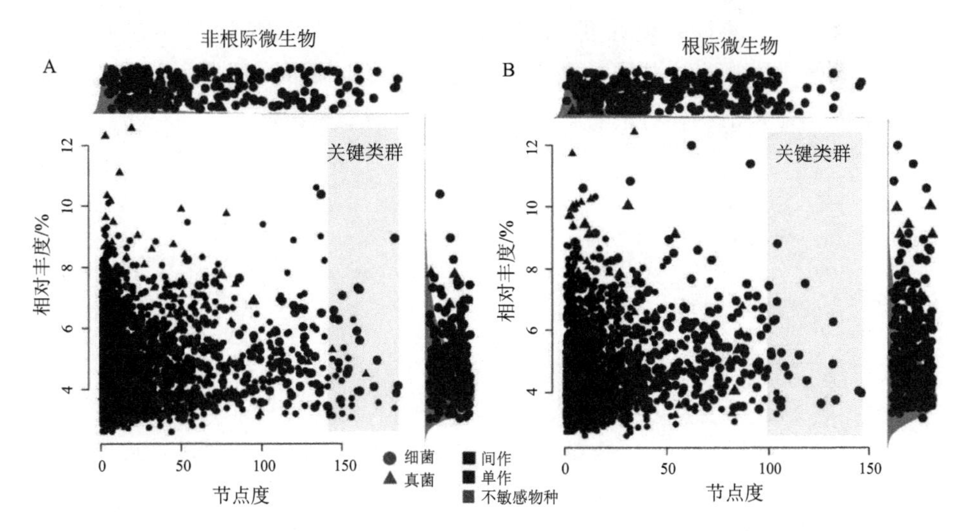

图 7.14　不同植物配置模式下微生物共现网络中 psASV 度的分布及其丰度

7.5　小　　结

本章通过典型的荒漠豆科与豆科植物的互作实验，探究了荒漠植物互作对土壤理化性质、植物间的养分转移、微生物学特征的影响，主要结论如下。

（1）骆驼刺与花花柴在自然和小区两种生存环境下均有 N 素转移特征，且自然生境下骆驼刺和花花柴的互作关系更为明显。自然生境中，从骆驼刺转移到花花柴的 N 素占花花柴总 N 量的 50%左右，而小区互作种植的骆驼刺固 N 作用降低，转移到花花柴的 N 素降低到 30%左右，花花柴各组织的 N 含量更多地向叶片转移。骆驼刺与花花柴互作改变了骆驼刺细根根际土壤细菌的基因功能；细根中与 N 转运相关的基因丰度在互作条件下更高，但互作对花花柴根际微生物群落无显著影响。另外，互作降低了骆驼刺细根 N 含量和细根根际土壤细菌多样性及其基因功能，骆驼刺细根可能是骆驼刺和花花柴互作的关键部位。综上所述，骆驼刺和花花柴互作增加了固氮量，有利于荒漠生态系统的稳定。

（2）与骆驼刺和花花柴相关的细菌和真菌群落在单作和间作下存在差异。在间作系统中，植物的遗传背景对根际微生物群落的影响有限。在单作模式下，不同土壤分区间的真菌群落没有明显的差异。非根际和根际细菌和真菌群落对单作和间作的响应不同。与非根际土壤相比，间作可提高根际微生物群落对环境扰动的抵抗力，以及根际微生物群落整体的复杂性。我们的数据还表明，间作可以增加非根际土壤微生物共现网络的模块化和稳定性，并有助于产生更多的微生物跨界间的相互作用。不同共现程度（degree）的微生物对植物配置方式的响应也不同。单作系统不影响高度共现的微生物。这些研究结果可为荒漠生态系统土壤微生物群落的调控和植物物种的合理配置提供一种潜在的策略。

第 8 章　结论与展望

8.1　结　　论

生长在极端干旱区的多年生荒漠植物与微生物保持着稳固的共生关系。这些植物不仅是优良的防风固沙植物，而且也是优质的饲草，在区域荒漠化防治和畜牧业发展中具有重要的作用。因此，研究多年生荒漠植物适应极端环境的微生物学过程，对于植被的稳定修复和优化管理具有重要意义。本研究运用高通量测序与传统培养手段相结合的方法，系统地解析了极端干旱区几种典型的多年生荒漠植物的根际效应、根系微生物的组装机制及对模拟干旱和氮沉降的响应、微生物的垂直分布、海拔分布格局和植物种间互作的关键生态学过程。这些工作的主要结论如下。

（1）骆驼刺、多枝柽柳和头状沙拐枣间的根际微生境显著不同。植物类型、土壤深度及其交互作用显著影响了根际微生境。骆驼刺根际生境养分条件较好，其根际土壤 pH、EC、C、N、C∶P 值、N∶P 值显著高于多枝柽柳和头状沙拐枣。根际微生物群落中细菌的数量和多样性显著高于真菌，其中骆驼刺根际细菌多样性最高，这主要与根际土壤养分状况相关。另外，本研究也证明了 N 是 3 种植物根际土壤养分的主要限制因子。

（2）骆驼刺根系微生物群落的组装受生长时间、根系分区和环境因子的显著影响。确定性因素主导了时间尺度上骆驼刺根系微生物群落的组装过程，其中对根际微生物群落的影响最大。生长时间对骆驼刺根系微生物群落组成的影响大于根系不同分区。不同生长时间骆驼刺根系微生物的 α 多样性和 β 多样性差异显著，沿着土壤–植物连续体方向 α 多样性逐渐降低，根内微生物的组成显著不同于根外，体现了明显的宿主选择效应。多年生骆驼刺根系微生物共现网络的复杂性和微生物间的连接程度最高，且根内网络的复杂性大于根外，反映了共现网络中生态位共享程度的时空差异性。根系微生物与环境因子的耦合分析表明，骆驼刺的比叶面积与根系微生物在生长时间和根系不同分区间的群落组成密切相关。驱动骆驼刺根系细菌群落在时间和空间上分化的因素具有一致性，包括比叶面积和土壤 C 水平。而对于根系真菌而言，在时间尺度上，影响其群落组成的因素不同；空间尺度上，沿着土壤–植物连续体的方向，其群落的组成对环境因素的敏感性逐渐增加，影响根内真菌群落的因素最多。

（3）短期氮水添加处理未改变确定性因素主导骆驼刺根系微生物群落组装过程的现状。根系分区与氮素和水分的交互作用是影响骆驼刺根系微生物群落组成的主要因素。氮素和水分变化未显著影响根系细菌的群落结构，而显著改变了真菌的群落结构，说明在骆驼刺根系定居的过程中与细菌群落建立了稳固的共生关系。氮水添加背景下，骆驼刺根系不同分区间微生物的 α 多样性和 β 多样性显著不同。根内微生物优势类群的相对丰度和 α 多样性较根外受氮水添加的影响更为显著，反映了骆驼刺的生理变化间接诱导了微生物群落对环境变化的响应。变形菌门（Proteobacteria）、子囊菌门（Ascomycota）等类群组成了氮素和水分波动下骆驼刺根系微生物的核心菌群。氮素、水分和两者的交互作用显著改变了骆驼刺根际和根内有关乙醛酸循环、碳水化合物降解、次生代谢物合成、植物信号转导等功能基因的丰度，以及根系不同分区微生物间的相互作用模式。根际微生物的共现网络最为复杂，而氮素和水分的增加会削弱网络内微生物间的交互作用和生态位的共享程度，增加网络的稳定性。氮水添加背景下的微生物群落与环境因子的关联分析显示，骆驼刺根系不同分区的微生物，尤其是根内菌群，参与了骆驼刺的耐旱生理过程，并受部分土壤因素的强烈影响。骆驼刺能够通过积累渗透调节物质，改变资源分配模式等应对干旱胁迫，在这个过程中，骆驼刺增加的对其根际的碳投资改变了根系微生物群落的组成，可能介导了骆驼刺的耐旱性。

（4）骆驼刺、花花柴和多枝柽柳凋落物的热解产物和分解速率不同。3 种植物凋落物的热解产物以多糖类和木质素为主，并存在植物类型、器官类型间的差异。多枝柽柳凋落物 C 含量最大，分解最快，花花柴次之，骆驼刺最慢。3 种植物凋落物分解不连续，呈周期性分解状态。这种周期性分解的时间跨度与古气候变化的时间一致，气候因子可能决定沙包凋落物的周期性分解规律。凋落物化学计量学的变化符合微生物的利用规律，且 3 种沙包的规律一致。

（5）中昆仑山北坡的多年生豆科植物主要包括蝶形花亚科和含羞草亚科，其中海拔 1350 m 的豆科植物根瘤菌最丰富。骆驼刺根瘤中分离得到的内生菌较多，并显示出较大的多样性。在分离株中，*Bacillus* 在所有寄主豆科植物中所占比例最高，普遍分布于所有海拔。其次则为 Rhizobiales，共分离出 39 株，分布在 5 种植物和 5 个海拔上，以 *Ensifer* 和 *Rhizobium* 为主。所有供试菌株均具有固氮功能，均适应 3% NaCl 和 pH>5 的条件，但对同一 C 源的利用率存在差异。

（6）豆科植物骆驼刺与非豆科植物花花柴之间存在 N 素转移特征。在自然生境中，从骆驼刺转移到花花柴的 N 占花花柴总 N 的 50%左右。骆驼刺细根是骆驼刺和花花柴互作的关键部位，种间互作改变了骆驼刺细根根际土壤细菌的基因功能，并且细根中与 N 周转相关的基因在互作条件下更高。非根际和根际细菌和真菌群落对单作和间作的响应不同。在间作系统中，植物的遗传背景对根际微生物群落的影响有限。在单作模式下，不同土壤分区（根际与非根际）间的真菌群落没有明显的差异。与非根际土壤相比，间作可提高根际微生物群落对环境扰动的抵抗力，以及根际微生物群落整体的复杂性。另外，间作可以增加非根际土壤微生物共现网络的模块化和稳定性，并有助于产生更多的微生物跨界间的相互作用。

8.2　展　　望

尽管目前我们已经清楚地认识到多年生荒漠植物与微生物相互作用的重要性，但受限于当前根系生态学研究方法的限制，目前我们对多年生荒漠植物微生物生态学的研究还很薄弱。

我们前期的研究工作虽然表征了几种典型多年生荒漠植物在垂直梯度下的根系微生物样品，但是由于 350 cm 以下土层坚硬以及挖掘取样手段的限制，使得我们无法对自然环境中荒漠植物根系微生物进行全根系的系统研究。不同深度（直到地下水）、不同根序的微生物群落结构和生态功能还有待探究。高通量测序和传统培养法的结合虽然能扩大对微生物群落的研究范围，但是对微生物群落研究仍存在盲点。目前利用分子生物学手段对不可培养微生物群落功能的研究主要基于与现有数据库的比对。准确获得这些微生物的生态功能仍需要结合传统培养手段。

调控根系微生物群落组装因素的复杂性制约了我们对环境变化影响植物根系微生物群落相关机制的全面阐明。植物微生物群落主要来自水平传播和垂直传播两种途径，但这两种途径很难辨别。土壤微生物被认为是植物微生物的种子库，其来源有动物、植物凋落物和尘土，因此受到生物和非生物等因素的综合影响。而本研究中所选择的因素，尤其是气候因素较少。最近的研究表明，植物也会通过释放易挥发有机物（VOC）塑造根际环境，且在宿主生长发育过程中呈动态变化，因此根际效应与采样方法密切相关。另外，根际与非根际由于不存在物理屏障，因此在实际采样过程中，无法精确区分这两个生态位。在后续的研究中，要尽可能收集多种关键要素，细化采样方案，这样有助于全面揭示环境–植物–微生物的三方联系。

我们针对根系微生物群落的研究是对 16S rRNA 和 ITS 在通用引物下 PCR 产物的高通量测序。通过这种技术手段研究根系微生物群落所获得的数据仅停留在群落水平，而对个体水平和相关功能类群的鉴定存在不足。另外，根系分泌物是植物塑造根系微生物最直接的线索，限于野外采样的操作性，很难表征这些复杂的化合物。在后续研究中，可以结合代谢组学、宏基因组学等技术手段，扩大土壤生物区系，全面探究植物与微生物间的相互关系，以及这种相互作用背后的分子机制。

本研究主要基于盆栽试验和野外采样，对多年生荒漠植物的调查局限于个体水平，且集中于地下部分。另外，植物对所处环境的适应是植物–土壤–微生物共同作用的结果，因此不同生态型的植物个体对其微生物群落的塑造也不同。相较于地下部分，荒漠植物地上部分长期受到高温、高辐射、周期性干湿交替等的影响，故地上部分微生物（叶际微生物）在荒漠植物长期应对恶劣环境变化过程中也发挥了重要作用，相关的研究比较缺乏。后续研究应扩大研究尺度，将地上部分的微生物纳入，并在区域尺度上构建多年生荒漠植物微生物群落的生物地理分布模式，以推动对多年生荒漠植物适应极端环境微生物学过程的理解。同时，对荒漠植物无菌体系和无菌植株的构建能够对推测的结论进行验证，这样有助于挖掘对植物生长有促进作用的微生物种质资源，从而更好地助力绿色农业的可持续发展和环境友好型社会的构建。

参考文献

柏文恋, 郑毅, 肖靖秀. 2018. 豆科禾本科间作促进磷高效吸收利用的地下部生物学机制研究进展[J]. 作物杂志, (4): 20-27.

陈秋宇, 吴应琴, 雷天柱, 等. 2018. 基于 Py-GC-MS/MS 技术的高寒草原土壤有机质不同组分指纹特征研究[J]. 生态学报, 38(8): 2864-2873.

陈文新. 2004. 中国豆科植物根瘤菌资源多样性与系统发育[J]. 中国农业大学学报, 9(2): 6-7.

陈莹, 吴繁琦, 耿业业, 等. 2022. 基于文献计量学的根瘤固氮对豆科植物影响研究可视化分析[J]. 中国农学通报, 38(18): 35-43.

高贵锋, 褚海燕. 2020. 微生物组学的技术和方法及其应用[J]. 植物生态学报, 44(4): 395-408.

高欢欢, 曾凡江, 赵秀芳, 等. 2019. 干旱沙漠区 2 种深根植物根际微生物数量分布及根际效应研究[J]. 现代农业科技, (8): 172-175, 183.

郭平林, 刘波, 张志浩, 等. 2020. 疏叶骆驼刺与花花柴互作对氮素固定和根际微生物的影响[J]. 生态学报, 40(18): 6632-6643.

贺俊霞, 穆桂金, 张鹂, 等. 2009. 塔克拉玛干沙漠南缘多枝柽柳冠下枯枝落叶沉积特征[J]. 第四纪研究, 29(4): 781-788.

黄彩变, 曾凡江, 雷加强. 2016a. 极端干旱区骆驼刺对水氮条件变化的生长响应[J]. 草地学报, 24(3): 581-589.

黄彩变, 曾凡江, 雷加强. 2016b. 骆驼刺幼苗生长和功能性状对不同水氮添加的响应[J]. 草业学报, 25(12): 150-160.

黄涛, 冯远娇, 王建武. 2022. 禾本科‖豆科间作对土壤微生物影响的研究进展[J]. 生态科学, 41(3): 229-236.

李隆. 2016. 间套作强化农田生态系统服务功能的研究进展与应用展望[J]. 中国生态农业学报, 24(4): 403-415.

李隆, 杨思存, 孙建好, 等. 1999. 小麦/大豆间作中作物种间的竞争作用和促进作用[J]. 应用生态学报, 10(2): 197-200.

刘博, 刘红玲, 穆雨迪, 等. 2018. 塔里木河下游柽柳沙包稳定同位素碳与灌丛的相关性[J]. 干旱区研究, 35(3): 728-734.

陆姣云, 张鹤山, 田宏, 等. 2022. 氮沉降影响草地生态系统土壤氮循环过程的研究进展[J]. 草业学报, 31(6): 221-234.

庞金凤, 张波, 王波, 等. 2020. 昆仑山中段北坡不同海拔梯度下土壤生态化学计量学特征[J]. 干旱区资源与环境, 34(1): 178-185.

苏培玺. 2022. 中国荒漠 C4 木本植物和土壤无机固碳研究回顾与展望[J]. 中国沙漠, 42(1): 23-33.

王晓毅. 2009. 中国罗布泊地区红柳沙包 $\delta^{13}C$ 特征与环境变化研究[D]. 石家庄: 河北师范大学硕士学位论文.

温学发. 2020. 新技术和新方法推动生态系统生态学研究[J]. 植物生态学报, 44(4): 287-290.

吴楠, 张元明, 潘惠霞, 等. 2013. 古尔班通古特沙漠地衣结皮中可培养细菌多样性初探[J]. 中国沙漠, 33(3): 710-716.

徐琳, 刘贤德, 张勇, 等. 2012. 祁连山部分地区豆科植物根瘤菌资源调查[J]. 干旱地区农业研究, 30(4): 236-241.

杨镰. 2003. 亲临秘境: 新疆探险史图说 [M]. 乌鲁木齐: 新疆人民出版社.

余洋, 张志浩, 杨建明, 等. 2022. 疏叶骆驼刺叶、根生态化学计量特征对水氮添加的响应[J]. 干旱区研究, 39(2): 551-559.

岳泽伟, 李向义, 李磊, 等. 2020. 氮添加对昆仑山高山草地土壤、微生物和植物生态化学计量特征的影响[J]. 生态科学, 39(3): 1-8.

曾凡江, 郭海峰, 刘波, 等. 2010a. 多枝柽柳和疏叶骆驼刺幼苗生物量分配及根系分布特征[J]. 干旱区地理, 33(1): 59-64.

曾凡江, 刘波, 贺俊霞, 等. 2010b. 骆驼刺幼苗氮素特征对不同灌溉量的响应[J]. 生态学报, 30(8): 2118-2127.

曾凡江, 张文军, 刘国军, 等. 2020. 中国典型沙漠区主要优势植被的稳定修复途径与可持续经营技术[J]. 中国科学院院刊, 35(6): 709-716.

张雪, 邱丽娟, 阎哲. 2022. 豆科植物结瘤自调控分子机制研究进展[J]. 土壤与作物, 11(1): 1-9.

赵龙飞, 邓振山, 杨文权, 等. 2009. 我国西北部分地区豆科植物根瘤菌资源调查研究[J]. 干旱地区农业研究, 27(6): 33-39.

赵元杰, 李雪峰, 夏训诚, 等. 2011. 罗布泊红柳沙包沉积纹层有机质碳氮含量与气候变化[J]. 干旱区资源与环境, 25(4): 149-154.

中国科学院中国植物志编辑委员会. 1993. 中国植物志[M]. 北京: 科学出版社.

Alsharif W, Saad M M, Hirt H. 2020. Desert microbes for boosting sustainable agriculture in extreme environments[J]. Frontiers in Microbiology, 11: 01666.

Badri D V, Vivanco J M. 2009. Regulation and function of root exudates[J]. Plant Cell and Environment, 32(6): 666-681.

Bever J D. 1994. Feedback between plants and their soil communities in an old field community[J]. Ecology, 75(7): 1965-1977.

Bever J D, Dickie I A, Facelli E, et al. 2010. Rooting theories of plant community ecology in microbial interactions[J]. Trends in Ecology & Evolution, 25(8): 468-478.

Caldwell M M, Dawson T E, Richards J H. 1998. Hydraulic lift: Consequences of water efflux from the roots of plants[J]. Oecologia, 113(2): 151-161.

Carrión V J, Perez-Jaramillo J, Cordovez V, et al. 2019. Pathogen-induced activation of disease-suppressive functions in the endophytic root microbiome[J]. Science, 366: 606-612.

Chen S, Waghmode T R, Sun R, et al. 2019. Root-associated microbiomes of wheat under the combined effect of plant development and nitrogen fertilization[J]. Microbiome, 7: 136.

Chen Y, Ding Q, Chao Y, et al. 2018. Structural development and assembly patterns of the root-associated microbiomes during phytoremediation[J]. Science of the Total Environment, 644: 1591-1601.

Choat B, Jansen S, Brodribb T J, et al. 2012. Global convergence in the vulnerability of forests to drought[J]. Nature, 491: 752–755.

Citlali F G, Devin C D, Etzel G, et al. 2016. The cacti microbiome: Interplay between habitat-filtering and host-specificity[J]. Frontiers in Plant Science, 7: 150.

Coleman-Derr D, Desgarennes D, Fonseca-Garcia C, et al. 2016. Plant compartment and biogeography affect microbiome composition in cultivated and native Agave species[J]. The New Phytologist, 209(2): 798-811.

Compant S, Reiter B, Sessitsch A, et al. 2005. Endophytic colonization of *Vitis vinifera* L. by plant growth promoting bacterium *Burkholderia* sp. strain PsJN[J]. Applied and Environmental Microbiology, 71(4): 1685-1693.

de Vries F T, Brown C, Stevens C J. 2016. Grassland species root response to drought: consequences for soil carbon and nitrogen availability[J]. Plant and Soil, 409(1/2): 297-312.

Dennis P G, Miller A J, Hirsch P R. 2010. Are root exudates more important than other sources of rhizodeposits in structuring rhizosphere bacterial communities?[J]. FEMS Microbiology Ecology, 72(3): 313-327.

Durán P, Thiergart T, Garrido-Oter R, et al. 2018. Microbial interkingdom interactions in roots promote *Arabidopsis* survival[J]. Cell, 175(4): 973-983. e914.

Edwards J, Johnson C, Santos-Medellin C, et al. 2015. Structure, variation, and assembly of the root-associated microbiomes of rice[J]. Proceedings of the National Academy of Sciences of the United States of America, 112(8): 911-920.

Edwards J, Santos-Medellín C, Liechty Z, et al. 2018. Compositional shifts in root-associated bacterial and archaeal microbiota track the plant life cycle in field-grown rice[J]. PLoS Biology, 16: e2003862.

Eisenlord S D, Freedman Z, Zak D R, et al. 2013. Microbial mechanisms mediating increased soil C storage under elevated atmospheric N deposition[J]. Applied and Environmental Microbiology, 79(4): 1191-1199.

Fang M, Kremer R J, Motavalli P P, et al. 2005. Bacterial diversity in rhizospheres of nontransgenic and transgenic corn[J]. Applied and Environmental Microbiology, 71(7): 4132-4136.

Fitzpatrick C R, Copeland J, Wang P W, et al. 2018. Assembly and ecological function of the root microbiome across angiosperm plant species[J]. Proceedings of the National Academy of Sciences of the United States of America, 115(6): 1157-1165.

Fukami T. 2015. Historical contingency in community assembly: Integrating niches, species pools, and priority effects[J]. Annual Review of Ecology Evolution & Systematics, 46: 1-23.

Gao, Y, Tariq A, Zeng F, et al. 2022. Allocation of foliar-P fractions of *Alhagi sparsifolia* and its relationship with soil-P fractions and soil properties in a hyperarid desert ecosystem[J].

Geoderma, 407: 115546.

Gordon H, Haygarth P M, Bardgett R D. 2008. Drying and rewetting effects on soil microbial community composition and nutrient leaching[J]. Soil Biology and Biochemistry, 40(2): 302-311.

Graham E B, Crump A R, Resch C T, et al. 2017. Deterministic influences exceed dispersal effects on hydrologically-connected microbiomes[J]. Environmental Microbiology, 19(4): 1552-1567.

Hirsch P R, Mauchline T H. 2012. Who's who in the plant root microbiome? [J]. Nature Biotechnology, 30(10): 961-962.

IPCC, 2021. Summary for Policymakers. *In*: Climate Change 2021: The Physical Science Basis. Intergovernmental Panel on Climate Change.

Jones D L, Nguyen C, Finlay R D. 2009. Carbon flow in the rhizosphere: carbon trading at the soil-root interface[J]. Plant and Soil, 321(1/2): 5-33.

Kramer C, Gleixner G. 2008. Soil organic matter in soil depth profiles: Distinct carbon preferences of microbial groups during carbon transformation[J]. Soil Biology and Biochemistry, 40(2): 425-433.

Liu B, He J, Zeng F, et al. 2016. Life span and structure of ephemeral root modules of different functional groups from a desert system[J]. New Phytologist, 211(1): 103-112.

Liu B, Zeng F J, Arndt S K, et al. 2013. Patterns of root architecture adaptation of a phreatophytic perennial desert plant in a hyperarid desert[J]. South African Journal of Botany, 86: 56-62.

Maestre F T, Quero J L, Gotelli N J, et al. 2012. Plant species richness and ecosystem multifunctionality in global drylands[J]. Science, 335: 214-218.

Makhalanyane T P, Valverde A, Gunnigle E, et al. 2015. Microbial ecology of hot desert edaphic systems[J]. Fems Microbiology Reviews, 39(2): 203-221.

Marasco R, Mosqueira M J, Fusi M, et al. 2018. Rhizosheath microbial community assembly of sympatric desert speargrasses is independent of the plant host[J]. Microbiome, 6(1): 215.

Marschner H, Romheld V, Cakmak I. 1987. Root-induced changes of nutrient availability in the rhizosphere[J]. Journal of Plant Nutrition, 10: 1175-1184.

Marschner P, Crowley D, Yang C H. 2004. Development of specific rhizosphere bacterial communities in relation to plant species, nutrition and soil type[J]. Plant and Soil, 261(1/2): 199-208.

Martirosyan V, Unc A, Miller G, et al. 2016. Desert perennial shrubs shape the microbial-community miscellany in laimosphere and phyllosphere space[J]. Microbial Ecology, 72(3): 659-668.

McNear D. 2013. The rhizosphere-roots, soil and everything in between[J]. Nature Education Knowledge, 4(3): 1.

Monson R K. 2014. Ecology and the Environment[M]. New York: Springer.

Monson R K, Smith S D. 1982. Seasonal water potential components of Sonoran Desert plants[J]. Ecology, 63(1): 113-123.

Morella N M, Weng F C H, Joubert P M, et al. 2020. Successive passaging of a plant-associated microbiome reveals robust habitat and host genotype-dependent selection[J]. Proceedings of the National Academy of Sciences of the United States of America, 117: 1148.

Pang J, Palmer M, Sun H J, et al. 2021. Diversity of root nodule-associated bacteria of diverse legumes along an elevation gradient in the Kunlun Mountains, China[J]. Frontiers in Microbiology, 12: 633141.

Philippot L, Raaijmakers J M, Lemanceau P, et al. 2013. Going back to the roots: The microbial ecology of the rhizosphere[J]. Nature Reviews Microbiology, 11(11): 789-799.

Phillips D A, Ferris H, Cook D R, et al. 2003. Molecular control points in rhizosphere food webs[J]. Ecology, 84(4): 816-826.

Preece C, Peñuelas J. 2016. Rhizodeposition under drought and consequences for soil communities and ecosystem resilience[J]. Plant and Soil, 409(1/2): 1-17.

Robinson D, Hodge A, Fitter A. 2003. Root Ecology: Constraints on the Form and Function of Root Systems[M]. Berlin: Springer Berlin Heidelberg.

Rosier A, Bishnoi U, Lakshmanan V, et al. 2016. A perspective on inter-kingdom signaling in plant-beneficial microbe interactions[J]. Plant Molecular Biology, 90(6): 537-548.

Schnitzer S A, Klironomos J N, HilleRisLambers J, et al. 2011. Soil microbes drive the classic plant diversity-productivity pattern[J]. Ecology, 92(2): 296-303.

Siepielski A M, Morrissey M B, Buoro M, et al. 2017. Precipitation drives global variation in natural selection[J]. Science, 355: 959-962.

Singh B K, Munro S, Potts J M, et al. 2007. Influence of grass species and soil type on rhizosphere microbial community structure in grassland soils[J]. Applied Soil Ecology, 36(2): 147-155.

Skujins J. 1984. Microbial ecology of desert soils[J]. Advances in Microbial Ecology, 7: 49-91.

Sun T, Dong L, Mao Z. 2015. Simulated atmospheric nitrogen deposition alters decomposition of ephemeral roots[J]. Ecosystems, 18(7): 1240-1252.

Tariq A, Ullah A, Sardans J, et al. 2022. *Alhagi sparsifolia*: An ideal phreatophyte for combating desertification and land degradation[J]. Science of the Total Environment, 844: 157228.

Toju H, Peay K G, Yamamichi M, et al. 2018. Core microbiomes for sustainable agroecosystems[J]. Nature Plants, 4(5): 247-257.

Tripathi B M, Stegen J C, Kim M, et al. 2018. Soil pH mediates the balance between stochastic and deterministic assembly of bacteria[J]. The ISME Journal, 12(4): 1072-1083.

UNEP. 1992. World atlas of desertification[M]. London: Edward Arnold.

van der Heijden M G A, Schlaeppi K. 2015. Root surface as a frontier for plant microbiome research[J]. Proceedings of the National Academy of Sciences of the United States of America, 112(8): 2299-2300.

Vandenkoornhuyse P, Quaiser A, Duhamel M, et al. 2015. The importance of the microbiome of the plant holobiont[J]. The New Phytologist, 206(4): 1196-1206.

Wu H, Zhang Y, Zhang W, et al. 2015. Transcriptomic analysis of the primary roots of *Alhagi sparsifolia* in response to water stress[J]. PLoS One, 10(3): e0120791.

Xun W, Li W, Xiong W, et al. 2019. Diversity-triggered deterministic bacterial assembly constrains community functions[J]. Nature Communications, 10(1): 3833.

Yuan X C, Cui J Y, Wu L Z, et al. 2022. Relationship between soil bacterial communities and dissolved organic matter in a subtropical *Pinus taiwanensis* forest after short-term nitrogen addition[J]. Forest Ecology and Management, 512: 120165.

Zhang L, Zhang W, Li Q, et al. 2020a. Deciphering the root endosphere microbiome of the desert plant *Alhagi sparsifolia* for drought resistance-promoting bacteria[J]. Applied and Environmental Microbiology, 86(11): e02863-02819.

Zhang Z, Chai X, Gao Y, et al. 2022a. Dynamics in diversity, co-occurrence pattern, and community assembly of a perennial desert plant root-associated bacteria[J]. Rhizosphere, 22: 100526.

Zhang Z, Chai X, Gao Y, et al. 2022b. *Alhagi sparsifolia* Harbors a Different Root-Associated Mycobiome during Different Development Stages.

Zhang Z, Chai X, Tariq A, et al. 2021a. Intercropping systems modify desert plant-associated microbial communities and weaken host effects in a hyperarid desert[J]. Frontiers in Microbiology, 12: 754453.

Zhang Z, Tariq A, Zeng F, et al. 2020b. Nitrogen application mitigates drought-induced metabolic changes in *Alhagi sparsifolia* seedlings by regulating nutrient and biomass allocation patterns[J]. Plant Physiology and Biochemistry, 155: 828-841.

Zhang Z, Tariq A, Zeng F, et al. 2021b. Nitrogen and water addition regulate fungal community and microbial co-occurrence network complexity in the rhizosphere of *Alhagi sparsifolia* seedlings[J]. Applied Soil Ecology, 164: 103940.

Zimmerman N, Izard J, Klatt C, et al. 2014. The unseen world: environmental microbial sequencing and identification methods for ecologists[J]. Frontiers in Ecology and the Environment, 12: 224-231.

附　　录

热解产物

化学组分	编号	出峰时间/min
短链烷烯烃（C≤20）	Sc	
2-甲基戊醛	Sc1	3.704
丁二酮	Sc2	4.388
辛醛	Sc3	8.884
3-羟基环己酮	Sc4	13.844
2, 4-己二烯醇	Sc5	17.718
1, 2-环戊二酮	Sc6	17.753
2-十三烷炔	Sc7	19.204
十一醛	Sc8	28.01
1-羟基-13-十七炔	Sc9	54.468
长链烷烯烃（C＞20）	Lc	
1-三十七醇	Lc1	57.499
17-三十五烯	Lc2	74.599
鲨烯	Lc3	77.005
虾青素	Lc4	74.599
脂肪酸	Fa	
3-羟基十二酸	Fa1	35.033
棕榈油酸	Fa2	43.94
二十碳四炔酸	Fa3	54.548
二十二四烯酸甲酯	Fa4	58.768
油酸	Fa5	62.242
二十二碳烯酸	Fa6	71.885
芳烃	Ar	
甲苯	Ar1	8.127
乙苯	Ar2	8.607
1, 2-二甲苯	Ar3	12.724
苯乙烯	Ar4	13.91
1, 2, 4, 5-四甲基-3-乙基苯	Ar5	42.589
多环芳烃	Pa	
茚	Pa1	25.64

续表

化学组分	编号	出峰时间/min
萘酮类化合物	Pa2	46.501
4-羟基喹啉	Pa3	56.424
木质素	Lg	
愈创木酚	Lg1	15.65
4-甲基愈创木酚	Lg2	18.74
2-甲氧基苯酚	Lg3	22.391
3-甲氧基邻苯二酚	Lg4	34.37
4-乙烯基-2-甲氧基苯酚	Lg5	36.233
4-丙烯基-2-甲氧基苯酚	Lg6	37.916
2, 6-二甲氧基苯酚	Lg7	38.196
5-丙烯基-2-甲氧基苯酚	Lg8	41.766
4-乙烯基-2, 6-二甲氧基苯酚	Lg9	45.851
4-丙烯基-2, 6-二甲氧基苯酚	Lg10	46.85
3, 5-二甲氧基-4-羟基苯乙酮	Lg11	50.898
4-羟基-3, 5-二甲氧基苯甲丙酮	Lg12	51.897
多糖类	Ps	
2-甲基呋喃	Ps1	4.536
2, 5-二甲基呋喃	Ps2	6.237
乙酸	Ps3	7.709
乙酸酐	Ps4	9.005
左旋葡萄糖酮	Ps5	9.152
糠醇	Ps6	15.057
苯葡萄糖	Ps7	16.937
左旋葡聚糖	Ps8	19.433
5-甲基糠醛	Ps9	19.896
麦芽酚	Ps10	24.174
辛糖	Ps11	26.372
乙酸甘露糖酯	Ps12	34.01
5-羟基麦芽糖	Ps13	35.631
熊果苷	Ps14	37.314
松三糖	Ps15	50.525
半乳糖苯胺	Ps16	51.382
含氮化合物	N	
氨基甲酸铵	N1	3.102
2-甲基丙醛肟	N2	4.284
1, 4-二甲基吡唑	N3	11.338

续表

化学组分	编号	出峰时间/min
3-氨基-2-噁烷酮	N4	12.116
2, 4, 5-三甲基异吡唑	N5	15.603
吲哚	N6	16.247
1-胺基-6-二甲基哌啶	N7	24.7
酚类	Ph	
苯酚	Ph1	11.585
1, 3-苯二酚	Ph2	20.469
4-甲基苯酚	Ph3	24.547
1, 3, 5-苯三酚	Ph4	31.505
3, 5-二甲基苯酚	Ph5	31.864
4-乙基苯酚	Ph6	33.212
2-甲基-5-异丙基对苯二酚	Ph7	47.033
5-叔丁基邻苯三酚	Ph8	47.949
氨基酸类	Ac	
1-甲基谷氨酸	Ac1	17.518
精氨酸	Ac2	25.08
N-苄氧羟基-L-缬氨酸	Ac3	25.484
3-羟基酪氨酸	Ac4	40.532
色氨酸乙酯	Ac5	42.976
多环类化合物	Pc	
3-脱氧雌二醇	Pc1	59.902
异胆酸乙酯	Pc2	65.079
桦木醇	Pc3	81.284
菜籽甾醇乙酸酯	Pc4	82.024
谷固醇	Pc5	87.741
几丁质	Chi	
甲酰基吡咯	Chi1	5.679

注：Fa. 脂肪酸（fatty acids）；Ar. 芳烃（aromatic）；Pa. 多环芳烃（polyaromatic）；Lg. 木质素（lignin）；Ph. 酚类化合物（phenol）；Ps. 多糖（polysaccharide）；N. 含氮化合物（N-compound）；Chi. 几丁质（chitin）。